"十三五"普通高等教育本科系列教材

高级计算机网络

编 著 程晓荣 赵惠兰 张铭泉

中国电力出版社
CHINA ELECTRIC POWER PRESS

内 容 提 要

本书为“十三五”普通高等教育本科系列教材。全书共九章，主要内容包括网络通信技术、网络互联、拥塞与流量控制、无线传感器网络、大数据处理技术与云计算等网络新技术。基本上反映了近几年计算机网络领域的最新技术和研究成果，具有内容广、技术新等特点，结合网络在智能电网中的应用，特色鲜明。

本书可作为电力类高等院校计算机类和电子信息类专业的研究生教材，也可作为本科提高型教材使用，以实现创新人才的培养。同时可供从事计算机事业的工程技术人员学习和使用。

图书在版编目（CIP）数据

高级计算机网络/程晓荣，赵惠兰，张铭泉编著．—北京：中国电力出版社，2020.5（2021.5 重印）

“十三五”普通高等教育规划教材

ISBN 978-7-5198-3284-1

Ⅰ．①高…　Ⅱ．①程…　②赵…　③张…　Ⅲ．①计算机网络－高等学校－教材　Ⅳ．①TP393

中国版本图书馆 CIP 数据核字（2019）第 286601 号

出版发行：中国电力出版社
地　　址：北京市东城区北京站西街 19 号（邮政编码 100005）
网　　址：http://www.cepp.sgcc.com.cn
责任编辑：张　旻（010-63412536）
责任校对：黄　蓓　闫秀英
装帧设计：赵姗姗
责任印制：吴　迪

印　　刷：北京天宇星印刷厂
版　　次：2020 年 5 月第一版
印　　次：2021 年 5 月北京第二次印刷
开　　本：787 毫米×1092 毫米　16 开本
印　　张：10.75
字　　数：259 千字
定　　价：35.00 元

前　言

“高级计算机网络”课程在计算机科学与技术硕士研究生培养中具有重要的地位和作用，它是计算机科学与技术、计算机软件与理论、计算机系统结构、信息安全等计算机类学科硕士研究生的专业课程，也是相关专业的计算机选修课程。

本课程的学习目的是使学生掌握计算机网络的基础理论知识和前沿理论知识，并将教学与科学研究相结合，目标是培养和提高硕士研究生的研究能力、创新能力，使学生了解计算机网络领域研究的方法及新进展，掌握研究计算机网络的技术路线和思考方法，培养学生独立分析问题和解决问题的能力，解决工程中遇到的实际问题和难题，实现创新能力培养，全面提高研究生培养质量，加速培养和造就一批高水平的研究型、创新型人才。

笔者对国内外计算机网络技术相关课程和教材进行了深入的调研，吸取了目前计算机网络技术相关教学教材的精华，参考和借鉴了书后所列文献的部分成果，参考了大量的文献和网站资料，由于篇幅有限，未能全部列出，在此对这些资料和文献的作者表示诚挚的谢意和敬意。

教材在编写过程中得到了中国电力出版社的大力支持和协助，华北电力大学的聂佳、李东阳、李丹阳、岳银涛、周庆波、王治博、刘子洲、高鹏等对本书的稿件、图表进行了编辑和校对工作，在此，对他们及对在教材编写过程中给予帮助和支持的老师、同学们表示诚挚的谢意。

由于各高校对学生的培养目标、教学要求和办学特色等尚有差别，因此希望大家在使用教材的过程中及时提出批评和改进意见，以便对其进行修改和完善。限于作者水平及时间，书中难免有疏漏和不妥之处，敬请广大读者批评指正。

作　者

2019 年 9 月

目　录

第1篇 计算机网络基础

第1章 绪　　论

1.1 计算机网络的发展过程

计算机网络是计算机技术与通信技术结合的产物，它已成为计算机应用中一个必不可少的方面，对整个社会的进步做出了巨大的贡献。计算机网络出现的历史不长，但发展很快，它的发展经历了以下几个过程。

第一阶段：20 世纪 60 年代，面向终端分布的计算机系统。

任何一种新技术的出现都必须具备两个条件：即强烈的社会需求与先期技术的成熟。计算机网络技术的形成与发展也证实了这条规律。1946 年世界上第一台电子数字计算机 ENIAC 在美国诞生时，计算机技术与通信技术并没有直接的联系。20 世纪 50 年代初，由于美国军方的需要，美国半自动地面防空系统 SAGE 进行了计算机技术与通信技术相结合的尝试。它将远程雷达与其他测量设施测到的信息通过总长度达 241 万 km 的通信线路与一台 IBM 计算机连接，进行集中的防空信息处理与控制。要实现这样的目的，首先要完成数据通信技术的基础研究。在这项研究的基础上，人们完全可以将地理位置分散的多个终端通过通信线路连到一台中心计算机上。用户可以在自己的办公室内的终端键入程序，通过通信线路传送到中心计算机，分时访问使用其资源和进行信息处理，处理结果再通过通信线路回送到用户终端显示或打印。人们把这种以单机为中心的联机系统称作面向终端的远程联机系统。20 世纪 60 年代初美国航空公司建成的由一台计算机与分布在全美国的 2000 多个终端组成的航空订票系统 SABRE-1 就是这种计算机通信网络。

面向终端的远程联机系统是计算机与通信结合的前驱，它把多台远程终端设备通过公用电话网连接到一台中央计算机，解决远程信息的收集、计算和处理。根据信息处理方式的不同，它们还可分为实时处理连机系统、成批处理连机系统和分时处理连机系统。面向终端的远程联机系统虽还称不上计算机网络，但它提供了计算机通信的许多基本技术，而这种系统本身也成为以后发展起来的计算机网络的组成部分。因此，这种终端连机系统也称为面向终端分布的计算机通信网，也有人称它为第一代的计算机网络。图 1-1 是这类计算机网络的示意。其中，M 为调制解调器，T 为终端。在主机边设置前置通信处理机 FEP（Front End Processor），由 FEP 专门负责与远程终端的通信，减轻主机的负担，让主机专门负责数据处理、计算任务。在远程终端比较集中的地方加一个终端集中器 TC（Terminator Concentrator），其一端用多条低速通信线路与各终端相连，在另一端通过一条高速线路与主机相连。这样，可以减少通信线路的数量和降低成本费用。

第二阶段：20 世纪 70 年代，分组交换网（PSN）出现。

随着计算机应用的发展，出现了多台计算机互联的需求。这种需求主要来自军事、科学

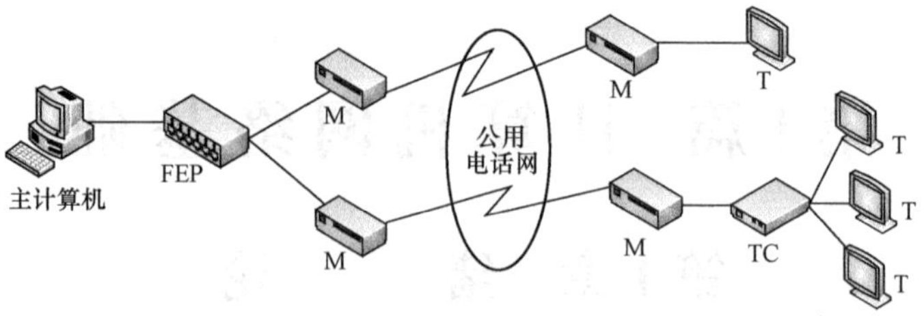

图 1-1 面向终端分布的计算机系统

研究、地区与国家经济信息分析决策、大型企业经营管理。他们希望将分布在不同地点的计算机通过通信线路互联成为计算机网络。网络用户可以通过计算机网络使用本地计算机的软件、硬件与数据资源，也可以使用网络中的其他地方计算机软件、硬件与数据资源，以达到计算机资源共享的目的。这一阶段研究的典型代表是美国国防部高级研究计划局 ARPA（Advanced Research Projects Agency）的 ARPANET（通常称为 ARPA 网）。

1969 年美国国防部高级研究计划局提出将多个大学、公司和研究所的多台计算机互联的课题。1969 年 ARPANET 只有 4 个节点，1973 年发展到 40 个节点，1983 年已经达到 100 多个节点。ARPANET 通过有线、无线与卫星通信线路，使网络覆盖了从美国本土到欧洲与夏威夷的广阔地域。ARPANET 是计算机网络技术发展的一个重要的里程碑，为计算机网络的发展奠定了基础。ARPANET 中提出的一些概念和术语至今仍被引用。ARPANET 不仅开创了第二代计算机网络，它的影响之深远，还在于由它发展成为了今天在世界范围广泛应用的国际互联网 Internet，它的 TCP/IP 协议族就已成为事实上的国际标准。

ARPNET 是由通信子网（Communication Subnet）和资源子网（Resource Subnet）组成的两级结构的计算机网络，如图 1-2 所示。A－E 为交换节点，又称接口报文处理机 IMP（Interface Message Processor），由它们和它们之间互联的通信线路一起构成了通信子网，负责主机 H1－H6 之间的通信任务，实现信息传输与交换。由通信子网互联的主机 H1－H6 组成资源子网，它负责信息处理、运行用户应用程序、向网络用户提供可共享的软硬件资源。

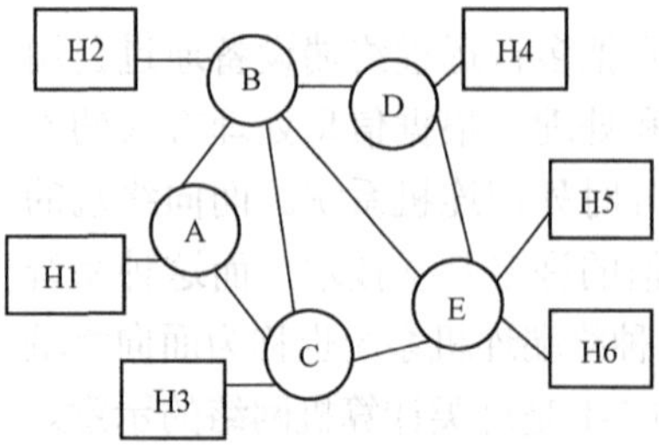

图 1-2 交换网结构示意

ARPANET 采用崭新的分组交换原理。从通信资源的分配角度来看，“交换”就是按照某种方式动态地分配传输线路的资源。交换即转接，是在交换通信网中实现数据传输必不可少的技术。

第三阶段：20 世纪 80 年代，开放式标准化网络。

计算机网络的发展，客观需要计算机网络体系结构要由封闭式走向开放式。计算机网络发展的第三阶段是加速体系结构与协议国际标准化的研究与应用。国际标准化组织 ISO（International Standards Organization）及下属的计算机与信息处理标准化技术委员会 TC97，经过多年卓有成效的努力，于 1984 年正式颁布了一个称为“开放系统互连基本参考模型”OSI RM（Open System Interconnection Reference Model），即 ISO/IEC 7498 国际标准。ISO/OSI RM 已被国际社会所公认，成为研究和制订新一代计算机网络标准的基础。20 世纪 80 年代，ISO 与 CCITT（国际电话电报咨询委员会）等组织为参考模型的各个层次制定了一系列的协议标准，组成了一个庞大的 OSI 基本协议集。我国也于 1989 年在《国家经济系统设计与应用标准化规范》中明确规定选定 OSI 标准作为我国网络建设标准。ISO/OSI RM 及标准协议的制定和完善正在推动计算机网络朝着健康的方向发展，自此，计算机网络开始了走向国际标准化网络的时代。国际标准化网络将具有统一的网络体系结构，遵循国际标准化的协议，目的是能支持各厂商生产的计算机系统互联。

第四阶段：20 世纪 90 年代，现代网络技术和协同计算技术的发展。

这一阶段计算机网络发展的特点是：互联、高速、智能与更为广泛的应用。

Internet 是覆盖全球的信息基础设施之一，对于用户来说，它像是一个庞大的远程计算机网络。用户可以利用 Internet 实现全球范围的电子邮件、电子传输、信息查询、语音与图像通信服务功能。它对推动世界经济、社会、科学、文化的发展产生不可估量的作用。

在互联网发展的同时，高速与智能网的发展也引起人们越来越多的注意。高速网络技术发展表现在宽带综合业务数据网 B-ISDN、帧中继、异步传输模式 ATM、高速局域网、交换局域网与虚拟网络上。随着网络规模的增大与网络服务功能的增多，各国正在开展智能网络 IN（Intelligent Network）的研究。

随着计算机网络应用业务的增长，地理范围的扩大，联网站点数的增加，网络产品的层出不穷，促使网络互联迅速发展。通过网络互连把各种信息“孤岛”连接成“超级”网络实现其互联操作和协同工作成为人们研究如何利用网络支持协同工作的一个方向。计算机支持的协同工作 CSCW 这一概念最早是在 1984 年由美国 MIT 的 Irene Grief 和 DEC 的 Paul Cashman 这两位研究人员用于描述他们正在组织安排的有关如何用计算机支持交叉学科的人们共同工作的课题时提出来的。

“计算机支持的协同工作”定义为地域分散的一个群体借助计算机及其网络技术，共同协调与协作来完成一项任务。它包括协同工作系统的建设、群体工作方式研究和支持群体工作的相关技术研究、应用系统的开发等部分。通过建立协同工作的环境，改善人们进行信息交流的方式，消除或减少人们在时间和空间上相互分隔的障碍，节省工作人员的时间和精力，提高群体工作质量和效率，从而提高企业、机关、团体乃至整个社会的整体效益和人类的生活质量。例如，共享文件系统提供的资源共享能力，电子邮件和多媒体会议系统提供的人与人之间的通信支持功能，工作流和决策支持系统的组织管理功能，一个企业如果有效地利用这些基本工具构造其企业协同管理信息系统，必将提高企业的管理水平和效益。我们把支持协同工作的计算机软件称为群件（Groupware）。CSCW 是一个多学科交叉的研究领域。不仅需要计算机网络与通信技术、多媒体技术等计算机技术的支持，还需要社会学、心理学、管理科学等领域学者共同协作。计算机协同工作将计算机技术、网络通信技术、多媒体技术以及各种社会科学紧密地结合起来，向人们提供了一种全新的交流方式。

1.2 计算机网络技术的发展趋势

人们常用 C&C（computer and communication）来描述计算机网络，但从系统观点看，这还很不够，计算机和通信系统是计算机网络中非常重要的基本要素，但计算机网络并不是计算机和通信系统的简单结合，也不是计算机或通信系统的简单扩展或延伸，而是融合了信息采集、存储、传输、处理和利用等一切先进信息技术，是具有新功能的新系统。因此，对于现代计算机网络的研究和分析，应该特别强调“计算机网络是系统”的观点，站在更高的高度来重新认识计算机网络结构、性能及网络工程技术和网络实际应用中的重要问题，便于把握计算机网络的发展趋向。

1.2.1 计算机网络的支撑技术

从系统的观点看，计算机网络是由单个节点和联结这些节点的链路所组成。单个节点主要是连入网内的计算机以及负责通信功能的节点交换机、路由器，这些设备的物理组成主要是集成电路，而集成电路的一个重要支撑就是微电子技术。网络的另一个组成部分就是通信链路，负责所有节点间的通信，通信链路的一个重要支撑就是光电子技术。为了对计算机网络的发展有所把握，我们首先要对计算机网络的两个重要的支撑技术，即微电子技术和光电子技术进行简要介绍。

微电子技术的发展是信息产业发展的基础，也是驱动信息革命的基础。其发展速度可用摩尔定理来预测，即微电子芯片的计算功能每 18 个月提高一倍。这一发展趋势到 2010 年趋于成熟，那时芯片最多可包含 10^{10} 个元件，理论上的物理极限是每个芯片可包含 10^{11} 个元件。对于典型的传统逻辑电路，每个芯片可包含的元件数少于 10^8 到 10^9 个。每个芯片的实际元件数可能因经济上的限制而低于物理上的极限值。自 1980 年以来，微处理器的速度一直以每 5 年 10 倍的速度增长。PC 的处理能力在 2000 年达 10^3MIPS（Million Instructions Per Second），预测在 2011 年可达 10^5MIPS。Metcalfe 定理用于预测网络性能的增长，该定理预测网络性能的增长是连到网上的 PC 能力的平方。这表示网络带宽的增长率是每年 3 倍。不久的将来会出现每秒 10^{15} 位的网络带宽需求。新的微电子工艺正在开发一种称为 Cu（铜）的芯片技术，其具有低阻抗、低电压、高计算能力特点。IBM 研制的第一块 Cu 芯片，其运行频率可达到 400M～500MHz，包含 150M～200M 个晶体管。另一种用紫外平面印刷技术的 EUV（Extreme Ultraviolet Radiation）工艺是 0.1μm 的新一代的芯片制造技术，目前 Intel、AMD、Motorola 均提供巨额经费进行研究。Intel 有望在 2011 年能生产每个芯片包含 10^9 个晶体管的产品。

驱动信息革命的另一个支撑技术是光电子技术。光电子技术是一个较为庞大的领域，可应用于信息处理的各个环节，这里我们讨论的是在信息传输中的光电子技术——光纤通信。评价光纤传输发展的标准是，传输的比特率和信号需要再生前可传输距离的乘积。在过去 10 年间，该性能每年翻一番，这种增长速度可望持续 10 到 15 年。第一代光纤传输使用 0.8μm 波长的激光器，传输速率可达 280Mb/s。第二代光纤使用 1.3μm 波长的激光器和单模光纤，传输速率可达 560Mb/s。第三代光纤使用单频 1.5μm 波长的激光器和单模光纤。目前使用的第四代光纤采用光放大器，数据传输率可达 10G～20Gb/s。随着光放大器的引入，它给光纤传输带来了突破性的进展。而波分复用技术对于传输容量的提高有极大影响，如一个 40Gb/s 的系统能在同一光纤中传送 16 种波长的信号，每一波长速率为 2.5Gb/s。因为允许所有波长同时放大，所以光放大器能提供很大的容量。在单芯光纤上传输 100Gb/s 含 40 种波长的商用系统已在 2000 年实现，可同时传送 100 万个话音信号和 1500 个电视频道。

1.2.2 计算机网络的关键技术

上面我们从系统物理组成的角度分析了计算机网络的发展趋势，下面我们再从系统的层次结构对计算机网络进行分析。计算机网络的发展方向将是 IP 技术＋光网络，光网络将会演进为全光网络。从网络的服务层面上看将是一个 IP 的世界；从传送层面上看将是一个光的世界；从接入层面上看将是一个有线和无线的多元化世界。因此，从计算机网络系统的结构上看，目前比较关键的技术主要有软交换技术、IPv6技术、光交换与智能光网络技术、宽带接入技术、3G以上的移动通信系统技术等。

（1）软交换技术。从广义上讲，软交换是指一种体系结构。利用该体系结构建立下一代网络框架，主要包含软交换设备、信令网关、媒体网关、应用服务器、综合接入设备等。从狭义上讲，软交换是指软交换设备，其定位是在控制层。它的核心思想是硬件软件化，通过软件的方式来实现原来交换机的控制、接续和业务处理等功能。各实体之间通过标准的协议进行连接和通信，以便于在下一代网络中更快地实现有关协议及更方便地提供服务。

软交换技术作为业务/控制与传送/接入分离思想的体现，是下一代网络体系架构中的关键技术之一，通过使用软交换技术，把服务控制功能和网络资源控制功能与传送功能完全分开。根据新的网络功能模型分层，计算机网络将分为接入与传输层，媒体层，控制层，业务/应用层（也叫网络服务层）四层，从而可对各种功能作不同程度的集成。

通过软交换技术能把网络的功能层分离开，并通过各种接口规约（规程公约的简称），使业务提供者可以非常灵活地将业务传送和控制规约结合，实现业务融合与业务转移，非常适用于不同网络并存互通的需要，也适用于从话音网向数据网和多业务多媒体网演进。引入软交换技术的切入点随运营商的侧重点而异，通常从经济效果比较突出的长途局和汇接局开始，然后再进入端局和接入网。

（2）IPv6技术。未来的计算机网络是基于IPv6技术的网络。现有的IPv4技术在地址空间方面有很大的局限性，已成为网络发展的最大障碍。此外，IPv4在服务质量，传送速度，安全性，支持移动性与多播等方面也有局限性，这些局限性妨碍网络的发展，使许多服务与应用难以开展。因此，在IPv6的设计过程中除了要根本解决地址短缺问题外，还要考虑在IPv4中解决不好的许多问题，例如提高网络吞吐量，改善服务质量，提高安全性，支持即插即用和移动性，更好地实现多播功能等。IPv6将使网络上升到一个新台阶，并将在发展过程中不断地完善。

（3）光交换与智能光网络技术。尽管波分复用光纤通信系统有巨大的传输容量，但它只提供了原始带宽，还需要有灵活的光网络节点实现更加有效与更加灵活的组网能力。当前组网技术正从具有上下光路复用（OADM，Optical Add/Drop Multiplexer）和光交叉连接（OXC，Optical Cross Connect）功能的光联网向由光交换机构成的智能光网络发展；从环形网向网状网发展；从光—电—光交换向全光交换发展。即在光联网中引入自动波长配置功能，也就是自动交换光网络（ASON，Automatic Switched Optical Network），使静态的光联网走向动态的光联网。其主要特点是：允许将网络资源动态的分配给路由；缩短业务层升级扩容的时间；显著增大业务层节点的业务量负荷，快速的业务提供和拓展；降低运营维护管理费用；具备光层的快速反应和业务恢复能力；也减少了人为出错的机会；还可以引入新的业务类型，例如按带宽需求分配业务，波长批发和出租，动态路由分配，光层虚拟专用网等；还具有可扩展的信令能力，提高了用户的自助性；提高了网络的可扩展性和可靠性等；总之，智能光网络将成为今后光通信网的发展方向和市场机遇。

（4）宽带接入技术。计算机网络必须要有宽带接入技术的支持，各种宽带服务与应用才有可能开展。因为只有接入网的带宽瓶颈问题被解决，核心网和城域网的容量潜力才能真正发挥。尽管当前宽带接入技术有很多种，但只要是不和光纤或光结合的技术，就很难在下一代网络中应用。目前光纤到户（FTTH，Fiber To The Home）的成本被多数用户接受。这里涉及两个新技术，一个是基于以太网的无源光网络（EPON，Ethernet Passive Optical Network）的光纤到户技术，一个是自由空间光系统（FSO，Free Space Optical）。

EPON 是把全部数据都装在以太网帧内传送的网络。EPON 的基本做法是在 G.983 的基础上，设法保留物理层 PON（Passive Optical Network），而用以太网代替 ATM（Asynchronous Transfer Mode）作为数据链路层，构成一个可以提供更大带宽，更低成本和更多更好业务能力的结合体。现今 95%的局域网都是以太网，故将以太网技术用于对 IP 数据最佳的接入网是非常合乎逻辑的。由 EPON 支持的光纤到户，现正在异军突起，它能支持千兆比特的数据并且不久的将来成本会降到与数字用户线路（DSL，Digital Subscriber Line）和光纤同轴电缆混合网（HFC，Hybrid Fiber Cable）相同的水平。

FSO 技术是通过大气而不是光纤传送光信号，它是光纤通信与无线电通信的结合。FSO 技术能提供接近光纤通信的速率，例如可达到 1Gb/s，它既在无线接入带宽上有了明显的突破，又不需要在稀有资源无线电频率上有很大的投资，因为不要许可证。FSO 和光纤线路比较，系统不仅安装简便，时间少很多，而且成本也低很多，大概是光纤到大楼成本的 1/3～1/10。FSO 现已在企业和居民区得到应用。但是和固定无线接入一样，易受环境因素干扰。

（5）3G 以上的移动通信系统技术。3G 系统比现用的 2G 和 2.5G 系统传输容量更大，灵活性更高，它以多媒体业务为基础，已形成很多的标准，并将引入新的商业模式。3G 以上包括后 3G、4G、5G 系统，它们将更是以宽带多媒体业务为基础，使用更高更宽的频带，传输容量会更上一层楼。它们可在不同的网络间无缝连接，提供满意的服务；同时网络可以自行组织，终端可以重新配置和随身携带，是一个包括卫星通信在内的端到端的 IP 系统，可与其他技术共享一个 IP 核心网。它们都是构成下一代移动互联网的基础设施。

此外 3G 必将与 IPv6 相结合。欧盟认为，IPv6 是发展 3G 的必要工具。制定 3G 标准的 3GPP 组织于 2000 年 5 月已经决定以 IPv6 为基础构筑下一代移动通信网，使 IPv6 成为 3G 必须遵循的标准。

1.2.3 计算机网络的研究热点

（1）下一代 Web 研究。下一代的 Web 研究涉及 4 个重要方向：语义互联网、Web 服务、Web 数据管理和网格。语义互联网是对当前 Web 的一种扩展，其目标是通过使用本体和标准化语言，如 XML、RDF（Resource Description Framework）和 DAML（DARPAAgent Markup Language），使 Web 资源的内容能被机器理解，为用户提供智能索引，基于语义内容检索和知识管理等服务。Web 服务的目标是基于现有的 Web 标准，如 XML、SOAP（Simple Object Access Protocol）、WSDL（Web Services Description Language）和 UDDI（Universal Description, Discovery and Integration），为用户提供开发配置、交互和管理全球分布的电子资源的开放平台。Web 数据管理是建立在广义数据库的基础上，在 Web 环境下，实现对信息方便而准确的查询与发布，以及对复杂信息的有效组织与集成。从技术上讲，Web 数据管理融合了 WWW 技术、数据库技术、信息检索技术、移动计算技术、多媒体技术及数据挖掘技术，是一门综合性很强的新兴研究领域。网格计算初期主要集中在高性能科学计算领域，提升计算能力，并不关心资源的语义，故不能有效的管理知识，但目前网格已从计算网络发展成为面向服务的网格，语义就成为提供有效服务的主要依据。

（2）网络计算。网络已经渗透到我们工作和生活中的每个角落，Internet 将遍布世界的大型和小型网络连接在一起，使它日益成为企事业单位和个人日常活动不可缺少的工具。

Internet上汇集了大量的数据资源、软件资源和计算资源，各种数字化设备和控制系统共同构成了生产、传播和使用知识的重要载体。信息处理也已步入网络计算（Network Computing）的时代。

目前，网络计算还处于发展阶段。网络计算有四种典型的形式：企业计算、网格计算（Grid Computing）、对等计算（P2P，Peer-to–Peer Computing）和普适计算（Ubiquitous Computing）。其中P2P与分布式已成为当今计算机网络发展的两大主流，通过分布式，将分布在世界各地的计算机联系起来；通过P2P又使通过分布式联系起来的计算机可以方便地相互访问，这样就充分利用了所有的计算资源。并且网络计算的主要实现技术也已从底层的套接字（Socket）、远程过程调用（RPC，Remote Procedure Call），发展到如今的中间件（Middleware）技术。

（3）业务综合化。所谓业务综合化，是指计算机网络不仅可以提供数据通信和数据处理业务，而且还可提供声音、图形、图像等通信和处理业务。业务综合化要求网络支持所有的不同类型和不同速率的业务，如话音、传真等窄带业务；广播电视，高清晰度电视等分配型宽带业务；可视电话、交互式电视、视频会议等交互型宽带业务；高速数据传输等突发型宽带业务等。为了满足这些要求，计算机网络需要有很高的速度和很宽的频带。例如，一幅640×480中分辨度的彩色图像的数据量为7.37Mb/帧。即便每秒传输一帧这样的图像，则网络传输率要大于7.37Mb/s方可，假如要求实现图像的动态实时传输，网络传输速率还应增加十倍。

业务综合化带来多媒体网络。一般认为凡能实现多媒体通信和多媒体资源共享的计算机网络，都可称为多媒体计算机网。它可以是局域网、城域网或广域网。多媒体通信是指在一次通信过程中所交换的信息媒体不止一种，而是多种信息媒体的综合体。所以，多媒体通信技术是指对多媒体信息进行表示、存储、检索和传输的技术。它可以使计算机的交互性、通信的分布性、电视的真实性融为一体。

（4）移动通信。便携式智能终端（PCS，Personal Communication System）可以使用无线技术，在任何地方以各种速率与网络保持联络。用户利用PCS进行个人通信，可在任何地方接收到发给自己的呼叫。PCS系统可以支持语音、数据和报文等各种业务。PCS网络和无线技术将大大改进人们的移动通信水平，成为未来信息高速公路的重要组成部分。

随着增加频谱、采用数字调制、改进编码技术和建立微小区和宏小区等措施，在未来十年里，无线系统的容量将增加1000倍以上。而且系统的容量通过动态信道分配技术将得到进一步的增长。利用自适应无线技术，将由电子信息组成的无线电波信号发送到接收方，并将其他的干扰波束清除，从而可降低干扰，提高系统的容量和质量。

第一代无线业务分为两类：一类是蜂窝/PCS广域网，提供语音业务，工作在窄带，服务区被分为宏小区；第二类是无线局域网，工作于更宽的带宽，提供本地的数据业务。新一代的无线业务将包括新的移动通信系统和宽带信道速率（64k/s～2Mb/s）在微小区之间进行的固定无线接入业务。

（5）网络安全与管理。当前网络与信息的安全受到严重的威胁，一方面是由于Internet的开放性和安全性不足，另一方面是由于众多的攻击手段的出现，诸如病毒、陷门、隐通道、拒绝服务、侦听、欺骗、口令攻击、路由攻击、中继攻击、会话窃取攻击等。以破坏系统为目标的系统犯罪，以窃取、篡改信息、传播非法信息为目标的信息犯罪，对国家的政治、军事、经济、文化都会造成严重的损害。为了保证网络系统的安全，需要完整的安全保障体系和完善的网络管理机制，使其具有保护功能、检测手段、攻击的反应以及事故恢复功能。

计算机网络从 20 世纪 60 年代末、70 年代初的实验性网络研究，经过 70 年代中后期的集中式、闭关网络应用，到 80 年代中后期的局部开放应用，一直发展到 90 年代的开放式大规模推广，其速度发展之快，影响之大，是任何学科不能与之相匹配的。计算机网络的应用从科研、教育到工业，如今已渗透到社会的各个领域，它对于其他学科的发展具有使能和支撑作用。目前，关于下一代计算机网络（NGN，Next Generation Network）的研究已全面展开，计算机网络正面临着新一轮的理论研究和技术开发的热潮，计算机网络继续朝着开放、集成、高性能和智能化方向的发展将是不可逆转的大趋势。

1.3 计算机网络体系结构

1.3.1 计算机网络体系结构的形成

计算机网络是个非常复杂的系统。为了说明这一点，可以设想一个最简单的情况：连接在网络上的两台计算机要互相传送文件。

显然，在这两台计算机之间必须有一条传送数据的通路。但这还远远不够。至少还有以下几件工作需要去完成：

（1）发起通信的计算机必须将数据通信的通路进行激活（activate）。所谓“激活”就是要发出一些信令，保证要传送的计算机数据能在这条通路上正确发送和接收。

（2）要告诉网络如何识别接收数据的计算机。

（3）发起通信的计算机必须查明对方计算机是否已开机，并且与网络连接正常。

（4）发起通信的计算机中的应用程序必须弄清楚，在对方计算机中的文件管理程序是否已做好文件接收和存储文件的准备工作。

（5）若计算机的文件格式不兼容，则至少其中的一个计算机应完成格式转换功能。

（6）对出现的各种差错和意外事故，如数据传送错误、重复或丢失，网络中某个节点交换机出故障等，应当有可靠的措施保证对方计算机最终能够收到正确的文件。

还可以举出一些要做的其他工作。由此可见。相互通信的两个计算机系统必须高度协调工作才行，而这种“协调”是相当复杂的。为了设计这样复杂的计算机网络，早在最初的 ARPANET 设计时即提出了分层的方法。“分层”可将庞大而复杂的问题，转化为若干较小的局部问题，而这些较小的局部问题就比较易于研究和处理。

1974 年，美国的 IBM 公司宣布了系统网络体系结构 SNA（System Network Architecture）。这个著名的网络标准就是按照分层的方法制定的。现在用 IBM 大型机构建的专用网络仍在使用 SNA。不久后，其他一些公司也相继推出自己公司的具有不同名称的体系结构。

不同的网络体系结构出现后，使用同一个公司生产的各种设备都能够很容易地互联成网。这种情况显然有利于一个公司垄断市场。用户一旦购买了某个公司的网络，当需要扩大容量时，就只能再购买原公司的产品。如果购买了其他公司的产品，那么由于网络体系结构的不同，就很难互相连通。

然而，全球经济的发展使得不同网络体系结构的用户迫切要求能够互相交换信息。为了使不同体系结构的计算机网络都能互联，国际标准化组织 ISO 于 1977 年成立了专门机构研究该问题。不久，他们就提出一个试图使各种计算机在世界范围内互联成网的标准框架，即著名的开放系统互联基本参考模型 OSI/RM（Open Systems Interconnection Reference Model），简称为 OSI。“开放”是指非独家垄断的。因此只要遵循 OSI 标准，一个系统就可以和位于世界上任何地方的、也遵循这同一标准的其他任何系统进行通信。这一点很像世界范围的电话和邮政系统，这两个系统都是开放系统。“系统”是指在现实的系统中与互联有关的各部分（我们知道，并不是一个系统中的所有部分都与互联有关。OSI/RM 参考模型是把与互联无关的部分除外，而仅仅考虑与互联有关的那些部分）。所以开放系统互联参考模型 OSI/RM 是个抽象的概念。在 1983 年形成了开放系统互联基本参考模型的正式文件，即著名的 OSI 7498 国际标准，也就是所谓的七层协议的体系结构。

OSI 试图达到一种理想境界，即全世界的计算机网络都遵循这个统一的标准，因而全世界的计算机将能够很方便地进行互联和交换数据。在 20 世纪 80 年代，许多大公司甚至一些国家的政府机构纷纷表示支持 OSI。当时看来似乎在不久的将来全世界一定会按照 OSI 制定的标准来构造自己的计算机网络。然而到了 20 世纪 90 年代初期，虽然整套的 OSI 国际标准都已经制定出来了，但由于因特网已抢先在全世界覆盖了相当大的范围，而与此同时却几乎找不到有什么厂家生产出符合 OSI 标准的商用产品。因此人们得出这样的结论：OSI 只获得了一些理论研究的成果，但在市场化方面 OSI 则事与愿违地失败了。现今规模最大的、覆盖全世界的因特网并未使用 OSI 标准。OSI 失败的原因可归纳如下。

（1）OSI 的专家们缺乏实际经验，他们在完成 OSI 标准时缺乏商业驱动力；

（2）OSI 的协议实现起来过分复杂，而且运行效率很低；

（3）OSI 标准的制定周期太长，因而使得按 OSI 标准生产的设备无法及时进入市场；

（4）OSI 的层次划分不太合理，有些功能在多个层次中重复出现。

按照一般的概念，网络技术和设备只有符合有关的国际标准才能大范围地获得工程上的应用。但现在情况却反过来了。得到最广泛应用的不是法律上的国际标准 OSI，而是非国际标准 TCP/IP。这样，TCP/IP 就常被称为是事实上的国际标准。从这种意义上说，能够占领市场的就是标准。在过去制定标准的组织中往往以专家、学者为主。但现在许多公司都纷纷挤进各种各样的标准化组织，使得技术标准具有浓厚的商业气息。一个新标准的出现，有时不一定反映其技术水平是最先进的，而是往往有着一定的市场背景。

顺便说一下，虽然 OSI 在一开始是由 ISO 来制定，但后来的许多标准都是 ISO 与原来的国际电报电话咨询委员会 CCITT 联合制定的。从历史上来看，CCITT 原来是从通信的角度考虑一些标准的制定，而 ISO 则关心信息的处理。但随着科学技术的发展，通信与信息处理的界限变得比较模糊了。于是，通信与信息处理就都成为 CCITT 与 ISO 所共同关心的领域。CCITT 的建议书 X.200 就是关于开放系统互联参考模型，它和上面提到的 ISO 7498 基本上是相同的。

1.3.1.1 协议与划分层次

在计算机网络中要做到有条不紊地交换数据，就必须遵守一些事先约定好的规则。这些规则明确规定了所交换的数据的格式以及有关的同步问题。这里所说的同步不是狭义的（即同频或同频同相）而是广义的，即在一定的条件下应当发生什么事件（如发送一个应答信息），因而同步含有时序的意思。这些为进行网络中的数据交换而建立的规则、标准或约定称为网络协议（network protocol）。网络协议也可简称为协议。更进一步讲，网络协议主要由以下三个要素组成。

（1）语法，即数据与控制信息的结构或格式。

（2）语义，即需要发出何种控制信息，完成何种动作以及做出何种响应。

（3）同步，即事件实现顺序的详细说明。

由此可见，网络协议是计算机网络的不可缺少的组成部分。实际上，只要我们想让网络上的另一台计算机做点什么事情（例如，从网络上的某个主机下载文件），我们都需要有协议。但是当我们经常在自己的 PC 机上进行文件存盘操作时，就不需要任何网络协议，除非这个用来存储文件的磁盘是网络上的某个文件服务器的磁盘。

协议通常有两种不同的形式。一种是使用便于人来阅读和理解的文字描述。另一种是使用让计算机能够理解的程序代码。这两种不同形式的协议都必须能够对网络上信息交换过程做出精确的解释。

ARPANET 的研制经验表明，对于非常复杂的计算机网络协议，其结构应该是层次式的。我们可以举一个简单的例子来说明划分层次的概念。

现在假定我们在主机 1 和主机 2 之间通过一个通信网络传送文件。这是一件比较复杂的工作，因为需要做不少的工作。

我们可以将要做的工作划分为三类。第一类工作与传送文件直接有关。例如，发送端的文件传送应用程序应当确信接收端的文件管理程序已做好接收和存储文件的准备。若两个主机所用的文件格式不一样，则至少其中的一个主机应完成文件格式的转换。这两件工作可用一个文件传送模块来完成。这样，两个主机可将文件传送模块作为最高的一层，如图 1-3 所示。在这两个模块之间的虚线表示两个主机系统交换文件和一些有关文件交换的命令。

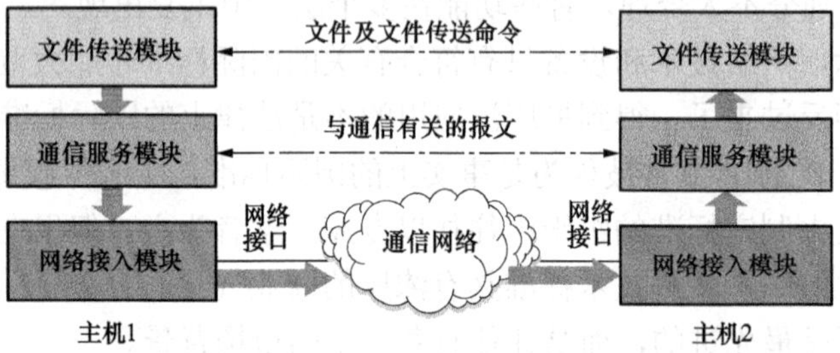

图 1-3　划分层次的举例

但是，我们并不想让文件传送模块完成全部工作的细节，这样会使文件传送模块过于复杂。可以再设立一个通信服务模块，用来保证文件和文件传送命令可靠地在两个系统之间交换。也就是说，让位于上面的文件传送模块利用下面的通信服务模块所提供的服务。我们还可以看出，如果将位于上面的文件传送模块换成电子邮件模块，那么电子邮件模块同样可以利用在它下面的通信服务模块所提供的可靠通信的服务。

同样道理，我们再构造一个网络接入模块，让这个模块负责做与网络接口细节有关的工作，并向上层提供服务，使上面的通信服务模块能够完成可靠通信的任务。

从上述简单例子可以更好地理解分层可以带来很多好处。

（1）各层之间是独立的。某一层并不需要知道它的下一层是如何实现的，而仅仅需要知道该层通过层间的接口（即界面）所提供的服务。由于每一层只实现一种相对独立的功能，因而可将一个难以处理的复杂问题分解为若干个较容易处理的更小一些的问题。这样，整个问题的复杂程度就下降了。

（2）灵活性好。当任何一层发生变化时（例如由于技术的变化），只要层间接口关系保持不变，则在这层以上或以下各层均不受影响。此外，对某一层提供的服务还可进行修改。当某层提供的服务不再需要时，甚至可以将这层取消。

（3）结构上可分割开。各层都可以采用最合适的技术来实现。

（4）易于实现和维护。这种结构使得实现和调试一个庞大而又复杂的系统变得易于处理，因为整个的系统已被分解为若干个相对独立的子系统。

（5）能促进标准化工作。因为每一层的功能及其所提供的服务都已有了精确的说明。

分层时应注意使每一层的功能非常明确。若层数太少，就会使每一层的协议太复杂。但层数太多又会在描述和综合各层功能的系统工程任务时遇到较多的困难。通常各层所要完成的功能主要有以下一些（可以只包括一种，也可以包括多种）：

1）差错控制 使得和网络对等端的相应层次的通信更加可靠。

2）流量控制 使得发送端的发送速率不要太快，要使接收端来得及接收。

3）分段和重装 发送端将要发送的数据块划分为更小的单位，在接收端将其还原。

4）复用和分用 发送端几个高层会话复用一条低层的连接，在接收端再进行分用。

5）连接建立和释放 交换数据前先建立一条逻辑连接。数据传送结束后释放连接。分层当然也有一些缺点，例如，有些功能会在不同的层次中重复出现，因而产生了额外开销。

我们把计算机网络的各层及其协议的集合，称为网络的体系结构（Architecture）。换种说法，计算机网络的体系结构就是这个计算机网络及其构件所应完成的功能的精确定义。需要强调的是：这些功能究竟是用何种硬件或软件完成的，则是一个遵循这种体系结构的实现（implementation）的问题。体系结构的英文名词 Architecture 的原意是建筑学或建筑的设计和风格。它和一个具体的建筑物的概念很不相同。例如，我们可以走进一个明代的建筑物中，但却不能走进一个明代的建筑风格之中。同理，我们也不能把一个具体的计算机网络说成是一个抽象的网络体系结构。总之，体系结构是抽象的，而实现则是具体的，是真正在运行的计算机硬件和软件。

1.3.1.2 具有五层协议的体系结构

OSI 的七层协议体系结构[（见图 1-4（a)] 的概念清楚，理论也较完整，但它既复杂又不实用。TCP 体系结构则不同，但它现在却得到了非常广泛的应用。TCP 是一个四层的体系结构[（见图 1-4（b)]，它包含应用层、运输层、网际层和网络接口层。不过从实质上讲，TCP 只有最上面的三层，因为最下面的网络接口层并没有什么具体内容。因此在学习计算机网络的原理时往往采取折中的办法，即综合 OSI 和 TCP 的优点，采用一种只有五层协议的体系结构［见（图 1-4（c)]，这样既简洁又能将概念阐述清楚。

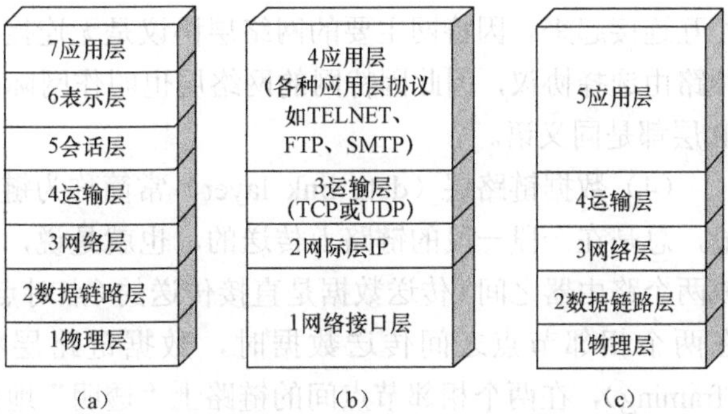

图 1-4 计算机网络体系结构

（a）OSI 七层体系结构；（b）TCP/IP 四层体系结构；

（c）五层协议的体系结构

现在结合因特网的情况，自上而下地、非常简要地介绍一下各层的主要功能。

（1）应用层（application layer）应用层是体系结构中的最高层。应用层直接为用户的应用进程提供服务。这里的进程就是指正在运行的程序。在因特网中的应用层协议很多，如支持万维网应用的 HTTP 协议，支持电子邮件的 SMTP 协议，支持文件传送的 FTP 协议等。

（2）运输层（transport layer）运输层的任务就是负责向两个主机中进程之间的通信提供服务。由于一个主机可同时运行多个进程，因此运输层有复用和分用的功能。复用就是多个应用层进程可同时使用下面运输层的服务，分用则是运输层把收到的信息分别交付给上面应用层中的相应的进程。

运输层主要使用以下两种协议。

1）传输控制协议 TCP（Transmission Control Protocol）——面向连接的，数据传输的单位是报文段（segment），能够提供可靠的交付。

2）用户数据报协议 UDP（User Datagram Protocol）——无连接的，数据传输的单位是用户数据报，不保证提供可靠的交付，只能提供“尽最大努力交付（best - effort delivery）”。

（3）网络层（network layer）。网络层负责为分组交换网上的不同主机提供通信服务。在发送数据时，网络层把运输层产生的报文段或用户数据报封装成分组或包进行传送。在 TCP/IP 体系中，由于网络层使用 IP 协议，因此分组也叫作 IP 数据报，或简称为数据报。本书把“分组”和“数据报”作为同义词使用。

请注意：不要将运输层的“用户数据报 UDP ”和网络层的“IP 数据报”弄混。

还有一点也请注意：无论在哪一层传送的数据单元，习惯上都可笼统地用“分组”来表示。在阅读国外文献时，特别要注意 packet（分组或包）往往是作为任何一层传送的数据单元的同义词。

网络层的另一个任务就是要选择合适的路由，使源主机运输层所传下来的分组，能够通过网络中的路由器找到目的主机。

这里要强调指出，网络层中的“网络”二字，已不是我们通常谈到的具体的网络，而是在计算机网络体系结构模型中的专用名词。

因特网是一个很大的互联网，它由大量的异构（heterogeneous）网络通过路由器（router）相互连接起来。因特网主要的网络层协议是无连接的网际协议 IP（Internet Protocol）和许多种路由选择协议，因此因特网的网络层也叫作网际层或 IP 层。在本书中，网络层、网际层和 IP 层都是同义语。

（4）数据链路层（data link layer）常简称为链路层。我们知道，两个主机之间的数据传输，总是在一段一段的链路上传送的，也就是说，在两个相邻节点之间（主机和路由器之间或两个路由器之间）传送数据是直接传送的（点对点）。这时就需要使用专门的链路层的协议。在两个相邻节点之间传送数据时，数据链路层将网络层交下来的 IP 数据报组装成帧（framing），在两个相邻节点间的链路上“透明”地传送帧（frame）中的数据。每一帧包括数据和必要的控制信息（如同步信息、地址信息、差错控制等）。典型的帧长是几百字节到一千多字节。

“透明”是一个很重要的术语。它表示：某一个实际存在的事物看起来却好像不存在一样（例如，你看不见在你前面有 100%透明的玻璃的存在）。“在数据链路层透明传送数据”表示无论什么样的比特组合的数据都能够通过这个数据链路层。因此，对所传送的数据来说，这些数据就“看不见”数据链路层。或者说，数据链路层对这些数据来说是透明的。

在接收数据时，控制信息使接收端能够知道一个帧从哪个比特开始和到哪个比特结束。这样，数据链路层在收到一个帧后，就可从中提取出数据部分，上交给网络层。

控制信息还使接收端能够检测到所收到的帧中有无差错。如发现有差错，数据链路层就简单地丢弃这个出了差错的帧，以免继续传送下去白白浪费网络资源。如果需要改正错误，就由运输层的 TCP 协议来完成。

（5）物理层（Physical layer）在物理层上所传数据的单位是比特。物理层的任务就是透明地传送比特流。也就是说，发送方发送 1（或 0）时，接收方应当收到 1（或 0）而不是 0（或 1）。因此物理层要考虑用多大的电压代表“1”或“0”，以及接收方如何识别出发送方所发送的比特。物理层还要确定连接电缆的插头应当有多少根引脚以及各条引脚应如何连接。当然，哪几个比特代表什么意思，则不是物理层所要管的。请注意，传递信息所利用的一些物理媒体，如双绞线、同轴电缆、光缆、无线信道等，并不在物理层协议之内而是在物理层协议的下面。因此也有人把物理媒体当作第 0 层。

在因特网所使用的各种协议中，最重要的和最著名的就是 TCP 和 IP 两个协议。现在人们经常提到的 TCP/IP 并不一定是单指 TCP 和 IP 这两个具体的协议，而往往是表示因特网所使用的整个 TCP/IP 协议族（protocol suite）。

图 1-5 说明的是应用进程的数据在各层之间的传递过程中所经历的变化。这里为简单起见，假定两个主机是直接相连的。

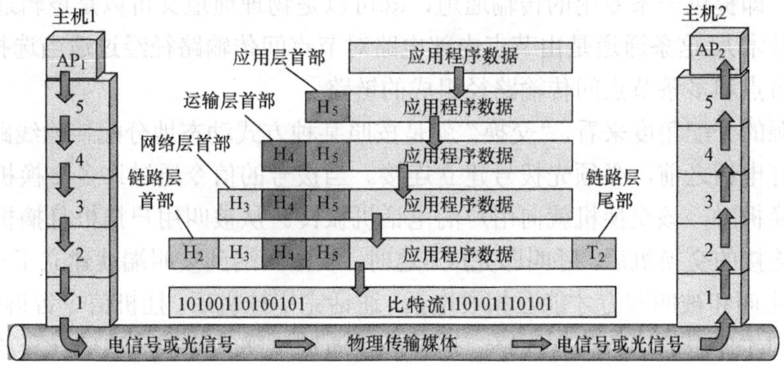

图 1-5 数据在各层之间的传递过程

假定主机 1 的应用进程 AP_1 向主机 2 的应用进程 AP_2 传送数据。AP_1 先将其数据交给本主机的第 5 层（应用层）。第 5 层加上必要的控制信息 H_5 就变成了下一层的数据单元。第 4 层（运输层）收到这个数据单元后，加上本层的控制信息，再交给第 3 层（网络层），成为第 3 层的数据单元。依次类推。不过到了第 2 层（数据链路层）后，控制信息分成两部分，分别加到本层数据单元的首部（H_2）和尾部（T_2），而第 1 层（物理层）由于是比特流的传送，所以不再加上控制信息。请注意，传送比特流时应从首部开始传送。

OSI 参考模型把对等层次之间传送的数据单位称为该层的协议数据单元 PDU（Protocol Data Unit）。这个名词现已被许多非 OSI 标准采用。

当这一串的比特流离开主机 1 经网络的物理媒体传送到目的站主机 2 时，首先从主机 2 的第 1 层依次上升到第 5 层。每一层根据控制信息进行必要的操作，然后将控制信息剥去，将该层剩下的数据单元上交给更高的一层。最后，把应用进程 AP_1 发送的数据交给目的站的

应用进程 AP_2。

可以用一个简单例子来比喻上述过程，有一封信从最高层向下传，每经过一层就包上一个新的信封，写上必要的地址信息。包有多个信封的信件传送到目的站后，从第 1 层起，每层拆开一个信封后就把信封中的信交给它的上一层。传到最高层后，取出发信人所发的信交给收信人。

虽然应用进程数据要经过如图 1-5 所示的复杂过程才能送到终点的应用进程，但这些复杂过程对用户来说，却都被屏蔽掉了，以致应用进程 AP_1 觉得好像是直接把数据交给了应用进程 AP_2。同理，任何两个同样的层次（例如在两个系统的第 4 层）之间，也好像如同图 1-3 中的水平虚线所示的那样，将数据（即数据单元加上控制信息）通过水平虚线直接传递给对方。这就是所谓的“对等层”（peer layers）之间的通信。我们以前经常提到的各层协议，实际上就是在各个对等层之间传递数据时的各项规定。

1.4 交 换 技 术

常用的交换技术有三种：电路交换、分组交换和报文交换，下面介绍几种交换技术及特点。

1.4.1 电路交换

电路交换是一种直接的交换方式，它为一对需要进行通信的装置（站）之间提供一条临时的专用通道，即提供一条专用的传输通道，既可以是物理通道又可以是逻辑通道（使用时分或频分复用技术）。这条通道是由节点内部电路对节点间传输路径经过适当选择、连接而完成的，由多个节点和多条节点间传输路径组成的链路。

从通信资源的分配角度来看，“交换”就是按照某种方式动态地分配传输线路的资源。在使用电路交换打电话之前，必须先拨号建立连接。当拨号的信令通过许多交换机到达被叫用户所连接的交换机时，该交换机就向用户的电话机振铃。从被叫用户摘机且摘机信令传送回到主叫用户所连接的交换机后，呼叫即完成。这时，从主叫端到被叫端就建立了一条连接（物理通路）。此后主叫和被叫双方才能互相通电话。通话完毕挂机后，挂机信令告诉这些交换机，使交换机释放刚才使用的这条物理通路。这种必须通过“建立连接→通信→释放连接”三个步骤的联网方式称为面向连接的（connection-oriented）。电路交换必定是面向连接的。

图 1-6 为电路交换的示意。简单起见，图中没有区分市话交换机和长途电话交换机。图中电话机 A 和 B 之间的通路共经过了四个交换机，而电话机 C 和 D 是属于同一个交换机的地理覆盖范围中的用户，因此这两个电话机之间建立的连接就不需要再经过其他的交换机。

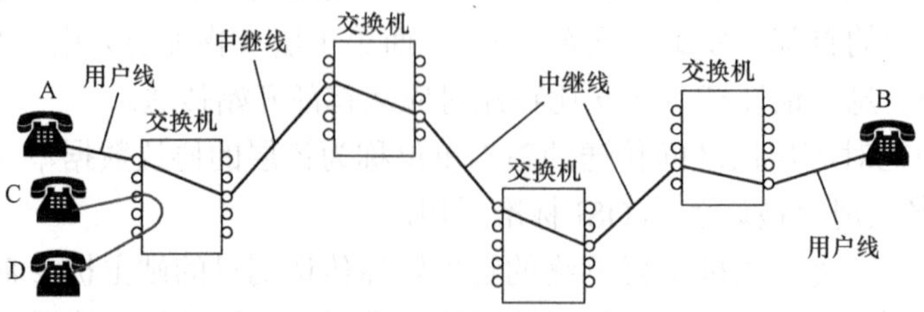

图 1-6 电路交换的示意

电路交换的关键是，在通话的全部时间内，通话的两个用户始终占用端到端的固定传输带宽。电路交换方式的优点是传输可靠，不会丢失、失序，没有延迟。但是电路交换方式有时可能是非常浪费的，因为一旦连接建立好后，即便两个站点间没有数据要传输，网络资源也没法供其他用户使用。例如终端和计算机间通信等交互式应用，大多数时间信道处于空闲状态。同时，如果连接生命期非常短，连接建立和释放带来的开销可能会得不偿失。因此，电路交换一般适用于系统间要求高质量的大量数据传输。

当使用电路交换来传送计算机数据时，其线路的传输效率往往很低。因为计算机的数据是突发式和间歇性地出现在传输线路上，在整个占线期间，真正传送数据的时间往往不到10%甚至1%。在绝大部分时间里，已被用户占用的通信线路实际上是空闲的。另外，呼叫过程相对传送数据来说也太长，因此就要寻找一种新的方式。

1.4.2 报文交换

在报文交换网中，网络节点通常为一台专用计算机，带有足够的外存，以便在报文进入时，进行缓冲存储。节点接收一个报文之后，报文暂存放在节点的存储设备之中，等输出线路空闲时，再根据报文中所附的目的地址转发到下一个合适的节点，如此往复，直到报文到达目标数据终端。所以报文交换也称为存储转发（store and forward）。

在报文交换中，每一个报文由传输的数据和报头组成，报头中有源地址和目标地址。节点根据报头中的目标地址为报文进行路径选择，并且对收发的报文进行相应的处理，如差错检查和纠错、调节输入/输出速度进行数据速率转换、进行流量控制，甚至可以进行编码方式的转换等，所以报文交换是在两个节点间的一段链路上逐段传输，不需要在两个主机间建立多个节点组成的电路通道。

报文交换具有下列特征：

（1）源站和目标站在通信时不需要建立一条专用的通路，因此与电路交换相比，报文交换没有建立线路和拆除线路所需的等待和时延。

（2）线路利用率高，节点间可根据线路情况选择不同的速度传输，能高效地传输数据。

（3）要求节点具备足够的报文数据存放能力，一般节点由微机或小型机担当。

（4）数据传输的可靠性高，每个节点在存储转发中，都进行差错控制，即检错、纠错。

（5）由于采用了对完整报文的存储/转发，节点存储/转发的时延较大，不适用于交互式通信，如电话通信。由于每个节点都要把报文完整地接收、存储、检错、纠错、转发，产生了节点延迟，并且报文交换对报文长度没有限制，报文可以很长，这样就有可能使报文长时间占用某两节点之间的链路，不利于实时交互通信。分组交换即所谓的包交换正是针对报文交换的缺点而提出的一种改进方式。

1.4.3 分组交换

分组交换采用存储－转发技术。图 1-7 画的是分组的概念。通常我们将欲发送的整块数据称为一个报文（message）。在发送报文之前，先将较长的报文划分成为一个个更小的等长数据段，例如，每个数据段为 1024 位。在每一个数据段前面，加上一些必要的控制信息组成的首部（header）后，就构成了一个分组（packet）。分组又称为“包”，而分组的首部也可称为“包头”。分组是在计算机网络中传送的数据单元。在一个分组中，“首部”是非常重要的，正是由于分组的首部包含了诸如目的地址和源地址等重要控制信息，每一个分组才能在分组交换网中独立地选择路由。因此，分组交换的特征是基于标记（label-based）。上述的分组首部就是一种标记。使用分组交换时，在传送数据之前可以不必先建立一条连接。这样就减少了建立连接和释放连接所需的开销，使得数据的传输效率更高。这种不先建立连接而随时可以发送数据的联网方式，称为无连接（connectionless）方式。分组交换还可以使用面向连接方式，因此面向连接的网络不一定是电路交换的网络。

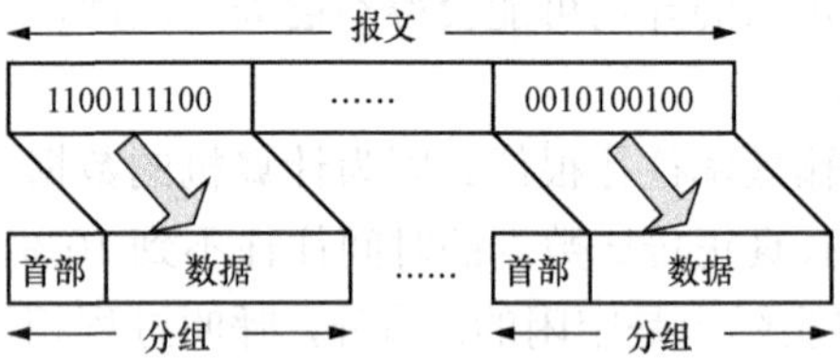

图 1-7 分组的概念

分组交换网由若干个节点交换机（node switch）和连接这些交换机的链路组成。图 1-8（a）是其示意。用圆圈表示的节点交换机是网络的核心部件。从概念上讲，一个节点交换机就是一个小型计算机。图 1-8（a）和图 1-8（b）的表示方法是一样的，但强调了节点交换机具有多个端口的概念。端口就是节点交换机和外部线路相连接的地方。图 1-8（b）用一个方框表示节点交换机。我们应注意到，每一个节点交换机都有两组端口。一些小半圆表示的一组端口用来和计算机相连，所连接的链路速率较低。而一些小方框表示的一组端口则用高速链路和网络中其他的节点交换机相连。图中 H1～H6 都是一些可进行通信的计算机，但在计算机网络中常称它们为主机（host）。在图 1-8 中的主机和节点交换机的作用明显不同。主机是为用户进行信息处理的，并且可以通过网络和其他的主机交换信息。节点交换机则是进行分组交换的，是用来转发分组的。各节点交换机之间也要经常交换路由信息，但这是为了进行路由选择，即为转发分组找出一条最好的路径。

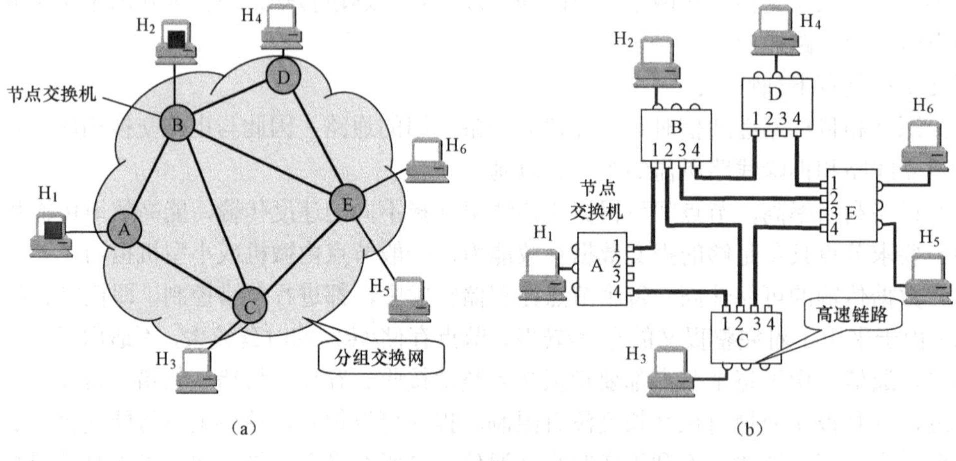

图 1-8 分组交换网的示意

（a）分组交换网；（b）节点交换机

这里特别要强调的是，在节点交换机中的输入和输出端口之间是没有直接连线的。节点交换机处理分组的过程是：将收到的分组先放入缓存，再查找转发表，找出到某个目的地址应从哪个端口转发，最后由交换机将该分组传递给适当的端口转发出去。

现在假定图 1-8（b）的主机 H_1 向主机 H_5 发送数据。主机 H1 先将分组逐个地发往与它直接相连的节点交换机 A。此时，除链路 H_1—A 外，网内其他通信链路并不被目前通信的双方所占用。需要注意的是，即使是链路 H_1—A 也只是当分组正在此链路上传送时才被占用。在各分组传送之间的空闲时间，链路 H_1—A 仍可为其他主机发送的分组使用。

节点交换机A将主机H_1发来的分组放入缓存。假定从节点交换机A的转发表中查出应将该分组送到该节点交换机的端口4。于是分组就经链路A—C到达节点交换机C。当分组正在链路A—C传送时，该分组并不占用网络其他部分的资源。

节点交换机C继续按上述方式查找转发表，假定查出应从其端口3进行转发。于是分组又经节点交换机C的端口3向节点交换机E转发。当分组到达节点交换机E时，交换机E就将分组直接交给主机H_5。

假定在某一个分组的传送过程中，链路A—C的通信量太大，那么节点交换机A可以将分组转发端口改为端口1。于是分组就沿另一个路由到达节点交换机B。交换机B再通过其端口3将分组转发到节点交换机E，最后将分组送到主机H_5。图1-8（a）还画出了在网络中可同时有其他主机在进行通信，如主机H_2经过节点交换机B和E与主机H_6通信。

这里要注意，节点交换机暂时存储的是一个个短分组，而不是整个的长报文。短分组是暂存在交换机的存储器（即内存）中而不是存储在磁盘中。这就保证了较高的交换速率。在图中只画了两对主机（H_1和H_5，H_2和H_6）在进行通信。实际上，一个分组交换网可以容许很多主机同时进行通信，而一个主机中的多个进程（即正在运行中的多道程序）也可以各自和不同主机中的不同进程进行通信。

在传送分组的过程中，由于采取了专门的措施，因而保证了数据的传送具有非常高的可靠性。当分组交换网中的某些节点或链路突然被破坏时，在各节点交换机中运行的路由选择协议（Protocol）能够自动找到其他路径转发分组。

从以上所述可知，采用存储转发的分组交换，实质上是采用了在数据通信的过程中动态分配传输带宽的策略。这对传送突发式的计算机数据非常合适，使得通信线路的利用率大大提高了。综上所述，分组交换网的主要优点可归纳如表1-1所示。

表1-1 分组交换的优点

优点	所采用的手段
高效	在分组传输的过程中动态分配传输带宽，对通信链路是逐段占用
灵活	为每一个分组独立地选择转发路由
迅速	以分组作为传送单位，可以不先建立连接就能向其他主机发送分组；网络使用高速链路
可靠	完善的网络协议；分布式多路由的分组交换网，使网络有很好的生存性

分组交换也带来一些新的问题。例如，分组在各节点存储转发时需要排队，这就会造成一定的时延。当网络通信量过大时，这种时延也可能会很大。在表1-1中提到分组交换的优点之一是“迅速”，是指和电路交换相比时，分组交换可以省去建立连接所花费的时间，而且还可以在高速链路上以较高的数据率来传送数据。但分组交换网中的每一个节点又因存储转发产生了时延。因此，整个分组交换网是否能够比电路交换更快地传送数据，还取决于网络中的节点是否能够迅速地转发分组。

1.4.4 三层交换

三层交换（也称多层交换技术，或IP交换技术）是相对于传统交换概念而提出的。传统的交换技术是在OSI网络标准模型中的第二层——数据链路层进行操作的，而三层交换技术是在网络模型中的第三层实现了数据包的高速转发。简单地说，三层交换技术就是：二层交换技术+三层转发技术。三层交换技术的出现，解决了局域网中网段划分之后，网段中子网必须依赖路由器进行管理的局面，解决了传统路由器低速、复杂所造成的网络瓶颈问题。

一个具有三层交换功能的设备，是一个带有第三层路由功能的第二层交换机，但它是二者的有机结合，并不是简单地把路由器设备的硬件及软件叠加在局域网交换机上。

三层交换的原理是：假设两个使用 IP 协议的站点 A、B 通过第三层交换机进行通信，发送站点 A 在开始发送时，把自己的 IP 地址与 B 站的 IP 地址比较，判断 B 站是否与自己在同一子网内。若目的站 B 与发送站 A 在同一子网内，则进行二层的转发。若两个站点不在同一子网内，如发送站 A 要与目的站 B 通信，发送站 A 要向"缺省网关"发出 ARP（地址解析）封包，而"缺省网关"的 IP 地址其实是三层交换机的三层交换模块。当发送站 A 对"缺省网关"的 IP 地址广播出一个 ARP 请求时，如果三层交换模块在以前的通信过程中已经知道 B 站的 MAC 地址，则向发送站 A 回复 B 的 MAC 地址。否则三层交换模块根据路由信息向 B 站广播一个 ARP 请求，B 站得到此 ARP 请求后向三层交换模块回复其 MAC 地址，三层交换模块保存此地址并回复给发送站 A，同时将 B 站的 MAC 地址发送到二层交换引擎的 MAC 地址表中。从这以后，当 A 向 B 发送的数据包便全部交给二层交换处理，信息得以高速交换。由于仅仅在路由过程中才需要三层处理，绝大部分数据都通过二层交换转发，因此三层交换机的速度很快，接近二层交换机的速度，同时比相同路由器的价格低很多。

三层交换机可以根据其处理数据的不同而分为纯硬件和纯软件两大类。

（1）纯硬件的三层技术相对来说技术复杂，成本高，但是速度快，性能好，带负载能力强。其原理是，采用 ASIC 芯片，采用硬件的方式进行路由表的查找和刷新，如图 1-9 所示。

当数据由端口接口芯片接收进来以后，首先在二层交换芯片中查找相应的目的 MAC 地址，如果查到，就进行二层转发，否则将数据送至三层引擎。在三层引擎中，ASIC 芯片查找相应的路由表信息，与数据的目的 IP 地址相比对，然后发送 ARP 数据包到目的主机，得到该主机的 MAC 地址，将 MAC 地址发到二层芯片，由二层芯片转发该数据包。

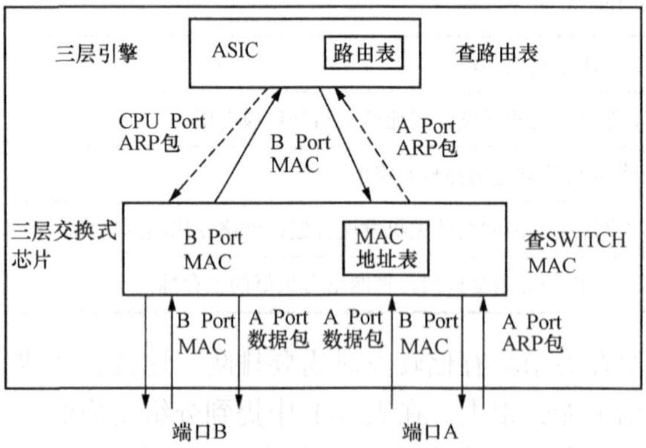

图 1-9 纯硬件三层交换机原理

（2）基于软件的三层交换机技术较简单，但速度较慢，不适合作为主干。其原理是，采用 CPU 软件的方式查找路由表，如图 1-10 所示。

当数据由端口接口芯片接收进来以后，首先在二层交换芯片中查找相应的目的 MAC 地址，如果查到，就进行二层转发，否则将数据送至 CPU。CPU 查找相应的路由表信息，与数据的目的 IP 地址相比对，然后发送 ARP 数据包到目的主机得到该主机的 MAC 地址，将 MAC 地址发到二层芯片，由二层芯片转发该数据包。因为低价 CPU 处理速度较慢，因此这种三层交换机处理速度较慢。

总之，三层交换机从概念的提出到今天的普及应用，虽然只历经了几年的时间，但其扩展的功能也不断结合实际应用得到丰富。随着 ASIC 硬件芯片技术的发展和实际应用的推广，三层交换的技术与产品也会得到进一步发展。

1.4.5 软交换

软交换的概念最早起源于美国。当时在企业网络环境下，用户采用基于以太网的电话，通过一套基于PC服务器的呼叫控制软件（Call Manager、Call Server），实现PBX（Private Branch Exchange，用户级交换机）功能（IP PBX）。对于这样一套设备，系统不需单独铺设网络，而只通过与局域网共享就可实现管理与维护的统一，综合成本远低于传统的PBX。由于企业网环境对设备的可靠性、计费和管理要求不高，主要用于满足通信需求，设备门槛低，许多设备商都可提供此类解决方案，因此IP PBX应用获得了巨大成功。

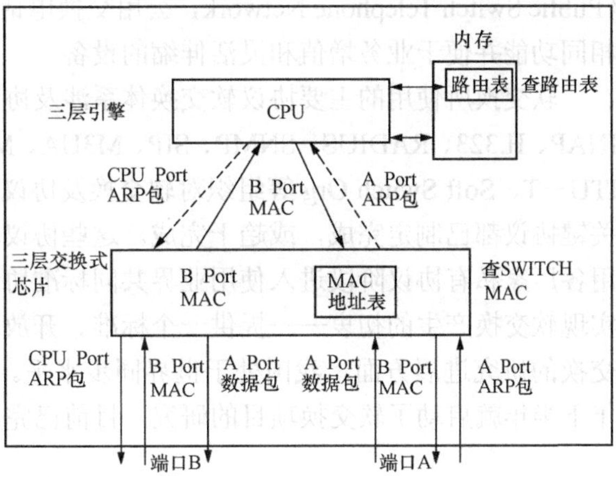

图 1-10　软件三层交换机原理

受到IP PBX成功的启发，为了提高网络综合运营效益，网络的发展更加趋于合理、开放，更好地服务于用户，业界提出了这样一种思想：将传统的交换设备部件化，分为呼叫控制与媒体处理，二者之间采用标准协议（MGCP、H248）且主要使用纯软件进行处理，于是Soft Switch（软交换）技术应运而生。

软交换概念一经提出，很快便得到了业界的广泛认同和重视，ISC（International Soft Switch Consortium）的成立更加快了软交换技术的发展步伐，软交换相关标准和协议得到了IETF、ITU—T等国际标准化组织的重视。

根据国际Soft Switch论坛ISC的定义，Soft Switch是基于分组网利用程控软件提供呼叫控制功能和媒体处理相分离的设备和系统。因此，软交换的基本含义就是将呼叫控制功能从媒体网关（传输层）中分离出来，通过软件实现基本呼叫控制功能，从而实现呼叫传输与呼叫控制的分离，为控制、交换和软件可编程功能建立分离的平面。软交换主要提供连接控制、翻译和选路、网关管理、呼叫控制、带宽管理、信令、安全性和呼叫详细记录等功能。与此同时，软交换还将网络资源、网络能力封装起来，通过标准开放的业务接口和业务应用层相连，可方便地在网络上快速提供新的业务。

软交换技术区别于其他技术的最显著特征，也是其核心思想的三个基本要素如下。

（1）开放的业务生成接口。软交换提供业务的主要方式是通过API与“应用服务器”配合以提供新的综合网络业务。与此同时，为了更好地兼顾现有通信网络，它还能够通过INAP（Intelligent Network Application Protocol）与IN（Intelligent Network，智能网）中已有的SCP（Service Control Point，业务控制点）配合以提供传统的智能业务。

（2）综合的设备接入能力。软交换可以支持众多的协议，以便对各种各样的接入设备进行控制，最大限度地保护用户投资并充分发挥现有通信网络的作用。

（3）基于策略的运行支持系统。软交换采用了一种与传统OAM（Operation Administration and Maintenance）系统完全不同的、基于策略（Policy-based）的实现方式来完成运行支持系统的功能，按照一定的策略对网络特性进行实时、智能、集中式的调整和干预，以保证整个系统的稳定性和可靠性。

软交换的实现目标是在媒体设备和媒体网关的配合下，通过计算机软件编程的方式来实现对各种媒体流进行协议转换，并基于分组网络（IP/ATM）的架构实现IP网、ATM网、PSTN（Public Switch Telephone Network，公用交换电话网）网等的互联，以提供和电路交换机具有相同功能并便于业务增值和灵活伸缩的设备。

软交换所使用的主要协议软交换体系涉及协议非常众多，包括H.248、SCTP、ISUP、TUP、INAP、H.323、RADIUS、SNMP、SIP、M3UA、MGCP、BICC、PRI、BRI等。国际上，IETF、ITU－T、Soft Switch Org等组织对软交换及协议的研究工作一直起着积极的主导作用，许多关键协议都已制定完成，或趋于完成。这些协议将规范整个软交换的研发工作，使产品从使用各厂家私有协议阶段进入使用业界共同标准协议阶段，各家之间产品互通成为可能，真正实现软交换产生的初衷——提供一个标准、开放的系统结构，各网络部件可独立发展。在软交换的研究进展方面，我国处于世界同步水平。信息产业部网络与交换标准研究组在1999年下半年就启动了软交换项目的研究，目前已完成了《软交换设备总体技术要求》。

第 2 章　数据链路层与局域网

2.1　局 域 网 概 述

局域网的应用范围极广，主要用于办公自动化、生产自动化、企业事业单位的管理、银行业务处理、军事指挥控制、商业管理、校园网等方面。随着网络技术的发展，计算机局域网将更好地实现计算机之间的连接，更好地实现数据通信与交换、资源共享和数据分布处理。

20 世纪 80 年代初期，多种类型的局域网络纷纷出现，越来越多的制造商投入到局域网络的研制潮流中，其中有 Xerox、DEC 和 Intel 公司联合研制的第二代 Ethernet 网络，Zilog 公司推出的 Z-net 网，Corvus 公司和 Intel 公司研制的 Omninet 网，Cromemco 公司研制的 C-net 网等。美国、日本和西欧一些国家的大学投入了相当大的力量研究局域网络。同时，各种先进的网络组件，如传播介质和转接器件也不断出现，连同高性能的微机一起构成了局域网的基本硬件基础。由于新技术和新器件不断出现。所以局域网也被赋予更强的功能和生命力。

20 世纪 80 年代是局域网飞速发展的年代，到了 80 年代末期，先后推出了 3＋open、Novell 和 LAN Manager 等性能优异、极具代表性的局域网络。到了 90 年代，由于集线器（Hub）技术的发展，局域网的发展也上了一个台阶，出现了交换式以太网、高速局域网和虚拟局域网，其性能更优，应用更广。

局域网是将小范围的通信设备连在一起的通信网。一般说来，局域网有以下特点。

（1）为一个单位所拥有，且地理范围和站点数目均有限；

（2）较高的通信速率。局域网的传输速率在每秒 10Mb/s 的数量级以上，可达 Gb/s;

（3）较低的时延和误码率，一般为 10^{-8}～10^{-11}；

（4）各站点为平等关系而不是主从关系；

（5）能支持简单的点对点或多点通信；

（6）支持多种传输介质。

与多用户系统相比，局域网有如下一些主要优点。

（1）能方便共享昂贵的外设、主机以及软件、数据，从一个站点访问全网；

（2）便于系统的扩展和逐渐地演变；

（3）提高了系统的可靠性和可用性；

（4）响应速度较快；

（5）各设备的位置可灵活地调整和改变，有利于数据的处理和办公自动化。

局域网的拓扑结构是指连接网络设备的传输媒体的铺设形式，构成局域网的网络拓扑结构主要有如图 2-1 所示的星型结构、环型结构、总线型结构和树型结构。

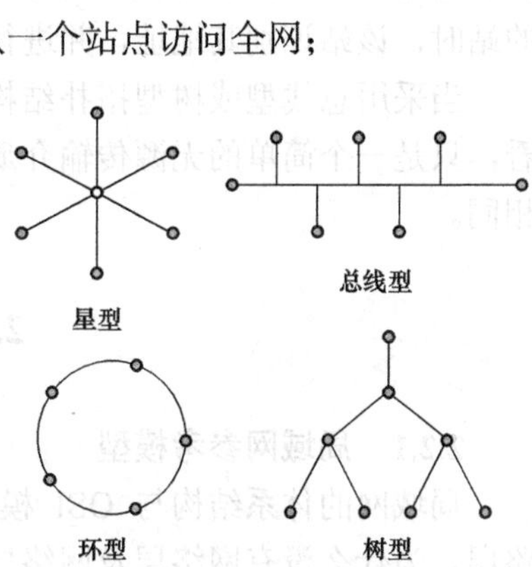

图 2-1　局域网的拓扑结构

（1）星型拓扑结构。在星型拓扑结构中，每个站由点到点链路连接到公共中心，任意两个站之间的通信均要通过公共中心，星型拓扑结构不允许两个站直接通信。因为所有通信都要通过中央节点，所以中心节点一般都比较复杂，各个站的通信处理负担比较小。中心节点可以是一个中继器，也可以是一个局域网交换器，发送数据的站以帧的形式进入中心节点，以帧中所包含的目的地址到达目的站点，实现了站间链路的简单通信。目前局域网系统中大部分采用星型拓扑结构，几乎取代了环形和总线结构。

（2）环型拓扑结构。在环型拓扑结构中，局域网是由一组转发器（repeater，又称中继器）通过点到点链路连接成封闭的环所构成的。因此，每个转发器连通两条链路。转发器是较简单的设备，它能接收一条链路上的数据，并以相同的速度（转发器中无须缓冲）将数据逐比特地发送到另一条链路上去，各条链路都是单向的，即数据仅沿一个方向传送，并且所有链路都顺次向一个方向传送。因此，数据是沿一个方向（顺时针或逆时针）绕环运行的。

每个站在转发器处与网络连接数据以帧来传送，每一帧包含被发送的数据和一些控制信息，包括所希望到达的目的站地址。对大的数据块，发送站将其分成若干较小的块，并将每一小块用一帧来发送。一个站每当要发送下一帧时，它都要等待到下一个轮次，然后才可发送。由于发送的帧要通过所有其他的站，当此帧经过目的站时，该站就可识别其地址，并在本地缓冲器中复制该帧。此帧将继续环行，直至回到源发站，并在那里被除去。

因为多个站共享一个环，为了确定每个站在什么时候可以插入数据包，就要进行控制。通常采用某种分布式控制方式，每个站都包含一定的控制发送和接收用的访问逻辑。

（3）总线型和树型拓扑结构。就总线型拓扑结构来说，通信网络只是传输介质，没有交换机，也没有转发器。所有站通过合适的硬件直接接到一条线状传输介质（即总线）上，任何一个站的发送都在介质上传播并能被所有其他站所接收。

树型拓扑结构是总线型拓扑结构的一般化。传输介质是不构成闭合环路的分支电缆。同样，来自任何站的发送也都在介质上传播，并能被所有其他站接收。通常把总线型和树型拓扑结构的介质称为多点式或广播式介质。

因为所有站共享一条公共传输链路，所以在某一时刻只有一个设备能够发送。为了确定哪个站可以发送（即占有传输介质），需要某种访问控制。通常采用某种由所有被连接的站共享的协议来进行这种控制（分布式控制）。有时，也采用集中式控制。

如同环型拓扑结构一样，一般用帧传输来进行通信。发送站将报文分成若干帧，一次一帧地进行发送，但在介质上或许会与来自其他站的帧相交错。当这些帧通过所希望到达的目的站时，该站识别其地址，并进行复制。不存在中间站，因而本质上不涉及交换。

当采用总线型或树型拓扑结构时，此种网络免除了全部的通信处理负荷，从通信角度来看，只是一个简单的无源传输介质。被连接的站所处理负荷在数量级上差不多与环型连接的相同。

2.2 局域网体系结构

2.2.1 局域网参考模型

局域网的体系结构与 OSI 模型有相当大的区别，局域网只涉及 OSI 的物理层和数据链路层。为什么没有网络层及网络层以上的各层呢？首先，局域网是一种通信网，只涉及有关的通信功能，所以至多与 OSI 参考模型中的下 3 层有关。其次，由于局域网基本上采用共享信道的技术，所以也可以不设立单独的网络层。也就是说，不同局域网技术的区别主要在物理层和数据链路层，当这些不同的局域网需要在网络层实现互联时，可以借助其他已有的通用网络层协议（如 IP 协议）实现。

从图 2-2 可见，OSI/RM 的数据链路层功能，在局域网参考模型中被分成媒体访问控制 MAC（Medium Access Control）和逻辑链路控制 LLC（Logical Link Control）两个子层。

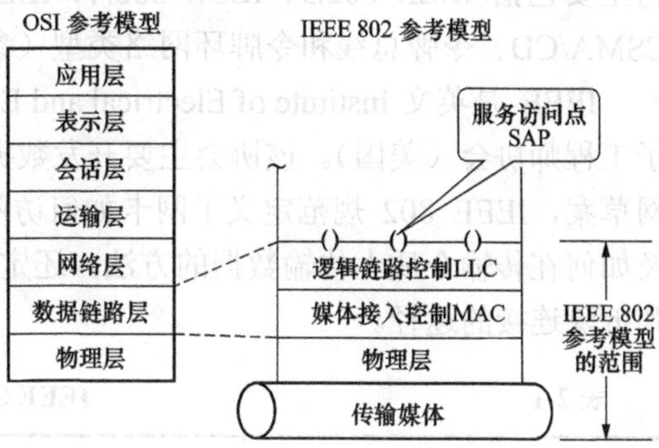

图 2-2　IEEE 802 参考模型

（1）物理层。局域网的物理层是和 OSI 参考模型的物理层功能相当的，主要涉及局域网物理链路上原始比特流的传输，定义局域网物理层的机械、电气、规程和功能特性。如信号的传输与接收、同步序列的产生和删除等，物理连接的建立、维护、撤销等。

物理层还规定了局域网所使用的信号、编码、传输介质、拓扑结构和传输速率。例如，信号编码可以采用曼彻斯特编码，传输介质可采用双绞线、同轴电缆、光缆甚至是无线传输介质。拓扑结构则支持总线型、星型、环型和混合型等，可提供多种不同的数据传输率。

物理层由以下 4 个部分组成。

1）物理介质（PMD）：提供与线缆的物理连接。

2）物理介质连接设备（PMA）：生成发送到线路上的信号，并接收线路上的信号。

3）连接单元接口（AUI）。

4）物理信号（PS）。

（2）数据链路层。局域网的数据链路层分为逻辑链路控制（LLC，Logical Link Control）和介质访问控制（MAC，Medium Access Control）两个功能子层。其中，MAC 子层负责介质访问控制机制的实现，即处理局域网中各站点对共享通信介质的争用问题，不同类型的局域网通常使用不同的介质访问控制协议，另外 MAC 子层还涉及局域网中的物理寻址；而 LLC 子层负责屏蔽掉 MAC 子层的不同实现，将其变成统一的 LLC 界面，从而向网络层提供一致的服务，LLC 子层向网络层提供的服务通过与网络层之间的逻辑接口实现，这些逻辑接口又被称为服务访问点（SAP，Service Access Point）。这样的局域网体系结构不仅使得 IEEE 802 标准更具有可扩充性，有利于其将来接纳新的介质访问控制方法和新的局域网技术，同时也不会使局域网技术的发展或变革影响到网络层。

尽管将局域网的数据链路层分成了 LLC 和 MAC 两个子层，但这两个子层是都要参与数据的封装和拆封过程的，而不是只由其中某一个子层来完成数据链路层帧的封装及拆封。在发送方，网络层下来的数据分组首先要加上 DSAP（Destination Service Access Point）和 SSAP（Source Service Access Point）等控制信息在 LLC 子层被封装成 LLC 帧，然后由 LLC 子层将其交给 MAC 子层，加上 MAC 子层相关的控制信息后被封装成 MAC 帧，最后由 MAC 子层交局域网的物理层完成物理传输；在接收方，则首先将物理的原始比特流还原成 MAC 帧，在 MAC 子层完成帧检测和拆封后变成 LLC 帧交给 LLC 子层，LLC 子层完成相应的帧检验和拆封工作将其还原成网络层的分组上交给网络层。总之，局域网的 LLC 子层和 MAC 子层共同完成类似于 OSI 参考模型中的数据链路层功能，只是考虑到局域网的共享介质环境，在数据链路层的实现上增加了介质访问控制机制。

2.2.2　局域网标准 IEEE 802

IEEE 802 标准实际上是 IEEE 对于局域网技术制定的一系列标准的集合（参见表 2-1），它主要包括 IEEE 802.3、IEEE 802.4、IEEE 802.5 三个局域网标准，这些标准分别描述了 CSMA/CD、令牌总线和令牌环网络类型（参见表 2-2）。

IEEE 是英文 Institute of Electrical and Electronics Engineers 的简称，中文译名是电气和电子工程师协会（美国）。该协会主要开发数据通信标准。其中 IEEE 802 委员会负责起草局域网草案，IEEE 802 规范定义了网卡如何访问传输介质（如光缆、双绞线、无线网络等），以及如何在传输介质上传输数据的方法，还定义了在传输信息的网络设备之间连接建立、维护和拆除连接的途径。

表 2-1　　IEEE 802 系列标准

标准	主要功能描述
IEEE 802.1	IEEE 802.1A------局域网体系结构
	IEEE 802.1B------寻址、网络互联与网络管理
IEEE 802.2	逻辑链路控制子层（LLC）
IEEE 802.3	CSMA/CD 及 100BASE X
IEEE 802.4	令牌总线网 Token Bus
IEEE 802.5	令牌环网 Token Ring
IEEE 802.6	城域网（MAN）
IEEE 802.7	宽带网
IEEE 802.8	FDDI 访问控制方法与物理层规范
IEEE 802.9	综合数据话音网络
IEEE 802.10	LAN 的安全与保密技术
IEEE 802.11	无线局域网访问控制方法
IEEE 802.12	100VG-AnyLAN 访问控制方法与物理层规范
IEEE 802.13	100BASE-T
IEEE 802.14	交互式电视网（Cable Mode m）

表 2-2　　OSI 与 IEEE 802 标准的比较

OSI	IEEE 802		
高层协议	IEEE 802.10 客户在 LAN 中的安全与保密技术		
	IEEE 802.1 系统结构与网络互联		
数据链路层	IEEE 802.2 逻辑链路控制子层 LLC		
	介质访问控制子层		
	802.3 CSMA/CD	802.4Token Bus	802.5Token Ring
物理层	CSMA/CD 介质	Token Bus 介质	Token Ring 介质

2.2.3　介质访问控制方法

将传输介质的频带有效地分配给网上各站点用户的方法称为介质访问控制方法。介质访问控制方法是局域网最重要的一项基本技术，对局域网体系结构、工作过程和网络性能产生决定性影响。常用的介质访问控制方法有 3 种：总线型结构的带冲突检测的载波监听多路访问 CSMA/CD 方法、环型结构的令牌环（Token Ring）访问控制方法和令牌总线（Token Bus）访问控制方法。

2.2.3.1　载波监听多点接入/碰撞检测 CSMA/CD

CSMA/CD（Carrier Sense Multiple Access/Collision Detection）是采用争用技术的一种介质访问控制方法。CSMA/CD 通常用于总线型拓扑结构的局域网中。

总线型的特点是：当一台计算机发送数据时，总线上的所有计算机都能检测到这个数据。这种通信方式是广播通信。但我们并不总是希望使用广播通信。为了在总线上实现一对一的通信，可以使每一台计算机拥有一个与其他计算机都不同的地址。在发送数据帧时，在帧的首部写明接收站的地址。现在的电子技术可以很容易做到：仅当数据帧中的目的地址与计算机的地址一致时，该计算机才能接收这个数据帧。计算机对不是发送给自己的数据帧，则一律不接收（即丢弃）。

如图 2-3 所示，设现在计算机 B 向 D 发送数据，总线上的每一个工作的计算机都能检测到 B 发送的数据信号。但由于只有计算机 D 的地址与数据帧首部写入的地址一致，因此只有 D 才接收这个数据帧，而其他所有的计算机（A，C 和 E）都检测到不是发送给它们的数据帧，因此它们就丢弃这个数据帧而不能够收下来。这样，具有广播特性的总线上就实现了一对一的通信。总线两端的匹配电阻是为了吸收在总线上传播的电磁波信号的能量，避免在总线上产生有害的电磁波反射。

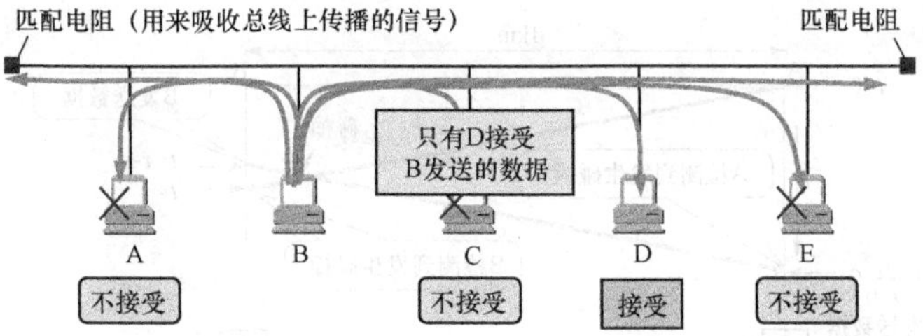

图 2-3　B 向 D 发送数据，在局域网上只有计算机 D 才能接收此数据

人们也常把局域网上的计算机称为“主机”“工作站”“站点”或“站”。它的每个站点都能独立决定发送帧，若两个或多个站同时发送，即产生冲突。每个站都能判断是否有冲突发生，如冲突发生，则等待随机时间间隔后重发，以避免再次发生冲突。

以太网采用的协调方法就是载波监听多点接入/碰撞检测 CSMA/CD。

“多点接入”就是说明这是总线型网络，许多计算机以多点接入的方式连接在一根总线上。协议的实质是“载波监听”和“碰撞检测”。

“载波监听”是指每一个站在发送数据之前先要检测一下总线上是否有其他计算机在发送数据，如果有，则暂时不要发送数据，以免发生碰撞。

这里要指出，以太网标准规定各计算机发送的数据都使用曼彻斯特编码的信号。因此总线上并没有什么“载波”。因此，“载波监听”就是用电子技术检测总线上有没有其他计算机发送的数据信号。

“碰撞检测”就是计算机边发送数据边检测信道上的信号电压大小。当几个站同时在总线上发送数据时，总线上的信号电压摆动值将会增大（互相叠加）。当一个站检测到的信号电压摆动值超过一定的门限值时，就认为总线上至少有两个站同时在发送数据，表明产生了碰撞。所谓“碰撞”就是发生了冲突。因此“碰撞检测”也称为“冲突检测”。在发生碰撞时，总线上传输的信号产生了严重的失真，无法从中恢复出有用的信息来。因此，每一个正在发送数据的站，一旦发现总线上出现了碰撞，就要立即停止发送，免得继续浪费网络资源，然后等待一段随机时间后再次发送。

既然每一个站在发送数据之前已经监听到信道为“空闲”，那么为什么还会出现数据在总线上的碰撞呢？这是因为电磁波在总线上总是以有限的速率传播的。因此当某个站监听到总线是空闲时，也可能总线并非真正是空闲的。图 2-4 所示的例子可以说明这种情况。设图中的局域网两端的站 A 和 B 相距 1km，用同轴电缆相连。电磁波在 1km 电缆的传播时延约为 5μs。因此，A 向 B 发出的信息，在约 5μs 后才能传送到 B。换言之，B 在 A 发送的信息到达 B 之前发送自己的帧（因为这时 B 的载波监听检测不到 A 所发送的信息），则必然要在某个时间和 A 发送的帧发生碰撞。碰撞的结果是两个帧都变得无用。在局域网的分析中，常将总线上的单程端到端传播时延记为τ。发送数据的站希望尽早知道是否发生了碰撞。那么，A 发送数据后，最迟要经过多长时间才能知道自己发送的数据和其他站发送的数据有没有发生碰撞？从图 2-4 不难看出，这个时间最多是两倍的总线端到端的传播时延 2τ，或总线的端到端往返传播时延。由于局域网上任意两个站之间的传播时延有长有短，因此局域网按最坏情况设计，即取总线两端的两个站之间的传播时延（这两个站之间的距离最大）为端到端传播时延。

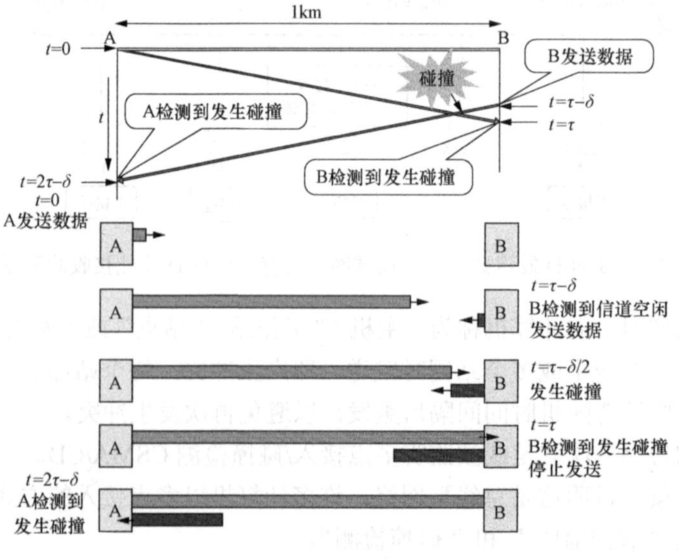

图 2-4 传播时延对载波监听的影响

显然，在使用 CSMA/CD 协议时，一个站不可能同时进行发送和接收。因此使用 CSMA/CD 协议的以太网不可能进行全双工通信而只能进行双向交替通信（半双工通信）。

下面是图 2-4 中的一些重要的时刻。

在 $t=0$ 时，A 发送数据，B 检测到信道为空闲。

在 $t=\tau-\delta$ 时，A 发送的数据还没有到达 B 时，由于 B 检测到信道是空闲，因此 B 发送数据。

经过时间 $\delta/2$ 后，即在 $t=\tau-\delta/2$ 时，A 发送的数据和 B 发送的数据发生了碰撞。

在 $t=\tau$ 时，B 检测到发生了碰撞，于是停止发送数据。

在 $t=2\tau-\delta$ 时，A 也检测到发生了碰撞，因而也停止发送数据。

A 和 B 发送数据均失败，它们都要推迟一段时间再重新发送。

由此可见，每一个站在自己发送数据之后的一小段时间内，存在着遭遇碰撞的可能性。这一小段时间是不确定的，它取决于另一个发送数据的站到本站的距离。如果发生了碰撞，发送数据的站就必须推迟一段时间重新发送。因此，以太网不能保证一定在某一时间之内能够将自己的数据帧成功地发送出去（因为还不知道会不会产生碰撞）。以太网的这一特点称为发送的不确定性。如果希望在以太网上发生碰撞的机会很小，必须使整个以太网的平均通信量远小于以太网的最高数据率。

从图 2-4 可看出，最先发送数据帧的 A 站，在发送数据帧后至多经过时间 2τ 就可知道所发送的数据帧是否遭受了碰撞，这就是 $\delta\to0$ 的情况。因此以太网的端到端往返时延 2τ 称为争用期（contention period），它是一个很重要的参数，争用期又称为碰撞窗口（collision window）。这是因为一个站在发送完数据后，只有通过争用期的“考验”，即经过争用期这段时间还没有检测到碰撞，才能肯定这次发送不会发生碰撞。

现在考虑一种情况。当某个站正在发送数据时，有另外两个站有数据要发送。这两个站进行载波监听，发现总线忙，于是就等待。当它们发现总线变为空闲时，就立即发送自己的数据。但这必然再次产生碰撞。经碰撞检测发现了碰撞，就停止发送，然后再重新发送。……这样下去，一直不能发送成功。因此必须设法解决这个问题。

以太网使用截断二进制指数类型（truncated binary exponential type）的退避算法来解决这一问题。截断二进制指数类型退避算法很简单，就是让发生碰撞的站在停止发送数据后，不是立即再发送数据，而是推迟（这叫作退避）一个随机的时间。这样做是为了使重传时再次发生冲突的概率减小。具体做法如下。

（1）确定基本退避时间，一般是取为争用期 2τ。

（2）定义参数 k，$k=$［等于重传次数，10］。因此，k 不超过 10。

（3）从离散的整数集合［0，1，…，(2^k-1)］中随机地取出一个数，记为 r。重传所需的时延就是 r 倍的基本退避时间。

（4）当重传达 16 次仍不能成功时（这表明同时打算发送数据的站太多. 以致连续发生冲突），则丢弃该帧，并向高层报告。

例如，在第 1 次重传时，$k=1$，$r=0$ 或 1。因此重传的站可选择的重传推迟时间是 0 或 2τ，在这两个时间中随机选择一个。若再发生碰撞，则在第 2 次重传时，$k=2$，$r=0$，1，2，3。因此重传推迟的时间是在 0，2τ，4τ 和 6τ 这 4 个数之间随机地选取一个。依此类推，若连续多次发生冲突，就表明可能有较多的站参与争用信道，因此，各站应在更大的整数集合中随机选择自己的退避时间，这样才能减小再次冲突的概率。

使用上述退避算法可使重传需要推迟的平均时间随重传次数而增大（这也称为动态退

避），有利于整个系统的稳定。

但以太网的这种退避算法会产生“捕获效应”，它引起某些站往往不能公平地“捕获”到总线，因而使这些站不能公平地发送数据。例如，设网上只有两个站A和B，它们都有大量数据等待发送。现在A和B同时发送了数据，因而发生碰撞，双方都要推迟重传。A和B都要在r=0或1中随机选择地一个数。假定A选择了0而B选择了1。这样，A马上就可进行重传，但B要等待。A发送完数据后立刻可接着发送第二帧数据。这就和B又发生了碰撞。请注意：A仍然是在r=0或1中随机选择一个数。但B因为是再次发生碰撞，因此B要在r=0，1，2，3中（共4个数）随机选择一个。这样，A先获得发送权的概率就较大。假定A又先获得了发送权。以后A再次和B发生碰撞。A仍然是在r=0或1中随机地选择一个，但B就要在r=0，1，2，…，7（共8个数）中随机地选择一个。所以很可能B又比A晚发送数据。这种不公平现象一直继续下去，直到A将其发送队列中的数据全部发送完毕，或B重传达16次后将其计数器复位，重新和A一起公平地争用信道。

为解决这一问题，IEEE的802.3工作组在1994年提出了一个新的退避算法，即二进制对数仲裁方法BLAM（Binary Logarithmic Arbitration Method）。虽然BLAM改善了原来老的退避算法，但由于现在人们已将兴趣转移到全双工以太网（不使用CSMA/CD），因此BLAM并没有成为以太网的标准。

综上所述，CSMA/CD的工作原理可概括成四句话，即先听后发，边发边听，冲突停止，随机延迟后重发。具体过程如下。

（1）当一个站点想要发送数据的时候，它检测网络查看是否有其他站点正在传输，即监听信道是否空闲。如果信道忙，则等待，直到信道空闲；如果信道闲，站点就传输数据。

（2）在发送数据的同时，站点继续监听网络确信没有其他站点在同时传输数据。因为有可能两个或多个站点都同时检测到网络空闲然后几乎在同一时刻开始传输数据。如果两个或多个站点同时发送数据，就会产生冲突。当一个传输节点识别出一个冲突，它就发送一个拥塞信号，这个信号使得冲突的时间足够长，让其他的节点都能发现。

（3）其他节点收到拥塞信号后，都停止传输，等待一个随机产生的时间间隙（回退时间，Backoff Time）后重发。

总之，CSMA/CD采用的是一种“有空就发”的竞争型访问策略，因而不可避免地会出现信道空闲时多个站点同时争发的现象，无法完全消除冲突，只能是采取一些措施减少冲突，并对产生的冲突进行处理。因此采用这种协议的局域网环境不适合对实时性要求较强的网络进行应用。

2.2.3.2 令牌环（Token Ring）访问控制

Token Ring是令牌传输环（Token Passing Ring）的简写。令牌环介质访问控制方法，是通过在环型网上传输令牌的方式来实现对介质的访问控制，如图2-5所示。只有当令牌传输至环中某站点时，它才能利用环路发送或接收信息。当环线上各站点都没有帧发送时，令牌标记为01111111，称为空标记。当一个站点要发送帧时，需等待令牌通过，并将空标记置换为忙标记01111110，紧跟着令牌，用户站点把数据帧发送至环上。由于是忙标记，所以其他站点不能发送帧，必须等待。

发送出去的帧将随令牌沿环路传输下去。在循环一周又回到原发送站点时，由发送站点将该帧从环上移去，同时将忙标记换为空标记，令牌传至后面站点，使之获得发送的许可权。

发送站点在从环中移去数据帧的同时还要检查接收站载入该帧的应答信息，若为肯定应答，说明发送的帧已被正确接收，完成发送任务。若为否定应答，说明对方未能正确收到所发送的帧，原发送站点需在带空标记的令牌第二次到来时，重发此帧。采用发送站从环上收回帧的策略，不仅具有对发送站点自动应答的功能，而且还具有广播特性，即可有多个站点接收同一数据帧。

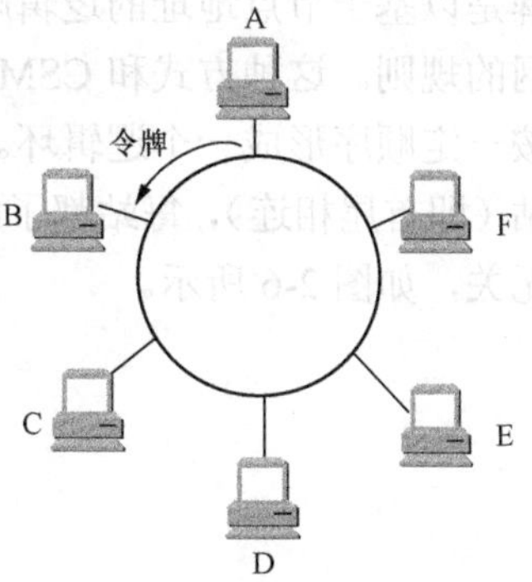

图 2-5　令牌环访问控制的逻辑运行

接收帧的过程与发送帧不同，当令牌及数据帧通过环上站点时，该站将帧携带的目标地址与本站地址相比较。若地址符合，则将该帧复制下来放入接收缓冲器中，待接收站正确接收后，即在该帧上载入肯定应答信号；若不能正确接收则载入否定应答信号，之后再将该帧送入环上，让其继续向下传输。若地址不符合，则简单地将数据帧重新送入环中。所以当令牌经过某站点而它既不发送信息，又无处接收时，会稍经延迟，继续向前传输。

在系统负载较轻时，由于站点需等待令牌到达才能发送或接收数据，因此效率不高。但若系统负载较重，则各站点可公平共享介质，效率较高。为避免所传输数据与标记形式相同而造成混淆，可采用前面所讲过的位填入技术，以区别数据和标记。使用令牌环介质访问控制方法的网络，需要有维护数据帧和令牌的功能。如：可能会出现因数据帧未被正确移去而始终在环上传输的情况，也可能出现令牌丢失或只允许一个令牌的网络中出现了多个令牌等异常情况。解决这类问题的办法是在环中设置监控器，对异常情况进行检测并消除。令牌环网上的各个站点可以设置成不同的优先级，允许具有较高优先权的站申请获得下一个令牌权。

归纳起来，在令牌环中主要有下面三种操作。

（1）截获令牌并且发送数据帧。如果没有节点需要发送数据，令牌就由各个节点沿固定的顺序逐个传递；如果某个节点需要发送数据，它要等待令牌的到来。当空闲令牌传到这个节点时，该节点修改令牌帧中的标志，使其变为“忙”的状态，然后去掉令牌的尾部，加上数据，成为数据帧，发送到下一个节点。

（2）接收与转发数据。数据帧每经过一个节点，该节点就比较数据帧中的目的地址，如果不属于本节点，则转发出去；如果属于本节点，则复制到本节点的计算机中，同时在帧中设置已经复制的标志，然后向下一节点转发。

（3）取消数据帧并且重发令牌。由于环网在物理上是个闭环，一个帧可能在环中不停地流动，所以必须清除。当数据帧通过闭环重新传到发送节点时，发送节点不再转发，而是检查发送是否成功。如果发现数据帧没有被复制（传输失败），则重发该数据帧；如果发现传输成功，则清除该数据帧，并且产生一个新的空闲令牌发送到环上。

2.2.3.3　令牌总线（Token Bus）访问控制

令牌总线访问控制是在物理总线上建立一个逻辑环，令牌在逻辑环路中依次传递，其操作原理与令牌环相同。它同时具有上述两种方法的优点，是一种简单、公平、性能良好的介质访问控制方法。

令牌总线网络采用了在一个广播总线网上传递令牌，并以此来控制节点访问公共传输介质的方法。令牌从一个站点传到网络上的下一个站点，并且只有拥有令牌的站才能发送数据。

令牌是以基于节点地址的逻辑顺序传递的，这个顺序可能与节点的物理地址相关，类似令牌环网的规则。这种方式和 CSMA/CD 方式一样，采用总线网络拓扑，但不同的是网上各工作站按一定顺序形成一个逻辑环。每个工作站在环中均有一个指定逻辑位置，末站的后站就是首站（即首尾相连），每站都了解其先行站和后继站的地址，总线上各站的物理位置与逻辑位置无关，如图 2-6 所示。

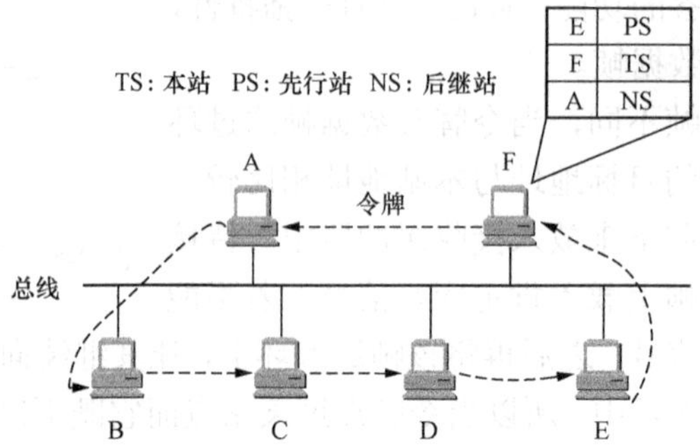

图 2-6　令牌总线访问控制的逻辑运行

2.3 以　太　网

2.3.1　传统以太网

由于现在以太网的数据率已演进到每秒百兆比特、吉比特甚至 10 吉比特，因此通常就用“传统以太网”来表示最早进入市场的 10Mb/s 速率的以太网。

2.3.1.1　以太网的两个标准

以太网是美国施乐（Xerox）公司的 Palo Alto 研究中心（简称为 PARC）于 1975 年研制成功的。那时，以太网是一种基带总线局域网，当时的数据率为 2.94Mb/s。以太网用无源电缆作为总线来传送数据帧，并以曾经在历史上表示传播电磁波的以太（Ether）来命名。1976 年 7 月，Metcailfe 和 Boggs 发表他们的以太网里程碑论文［METC 76］。1980 年 9 月，DEC 公司、英特尔（Intel）公司和施乐公司联合提出了 10Mb/s 以太网规约的第一个版本 DIK VI（DIX 是这三个公司名称的缩写）。1982 年又修改为第二版规约（实际上也就是最后的版本），即 DIX Ethernet V2，成为世界上第一个局域网产品的规约。

在此基础上，IEEE 802 委员会的 802 工作组于 1983 年制订了第一个 IEEE 的以太网标准，其编号为 802.3，数据率为 10Mb/s。802.3 局域网对以太网标准中的帧格式作了很小的一点更改，但允许基于这两种标准的硬件实现可以在同一个局域网上互操作。以太网的两个标准 DIX Ethernet V2 与 IEEE 的 802.3 标准只有很小的差别，因此很多人也常将 802.3 局域网简称为“以太网”。

出于厂商们在商业上的激烈竞争，IEEE 的 802 委员会未能形成一个统一的、“最佳的”局域网标准，而是被迫制订了几个不同的局域网标准，如 802.4 令牌总线网、802.5 令牌环网等。为了使数据链路层能更好地适应多种局域网标准，802 委员会就将局域网的数据链路层拆成两个子层，即逻辑链路控制 LLC（Logical Link Control）子层和媒体接入控制 MAC（Medium Access Control）子层。与接入到传输媒体有关的内容都放在 MAC 子层，而 LLC 子层则与传输媒体无关，不管采用何种协议的局域网对 LLC 子层来说都是透明的（见图 2-7）。

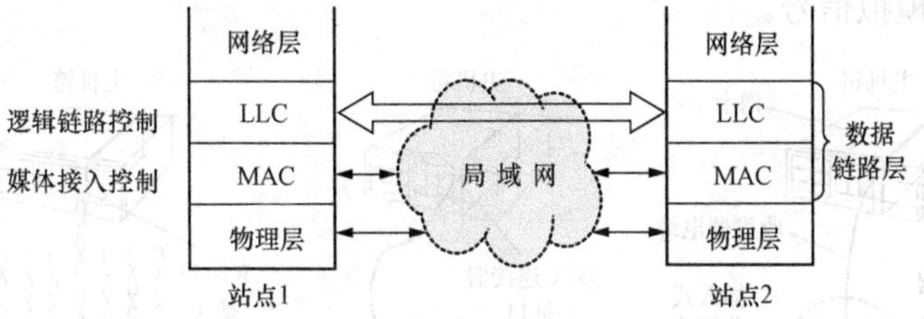

图 2-7　局域网对 LLC 子层是透明的

然而到了 20 世纪 90 年代后，激烈竞争的局域网市场逐渐明朗。以太网在局域网市场中已取得了垄断地位，并且几乎成为局域网的代名词。由于因特网发展很快而 TCP/IP 体系经常使用的局域网是 DIX Ethernet V2 而不是 802.3 标准中的几种局域网，因此现在 802 委员会制定的逻辑链路控制子层 LLC（即 802.2 标准）的作用已经不大了，很多厂商生产的网卡上就仅装有 MAC 协议而没有 LLC 协议。

2.3.1.2　传统以太网的物理层

传统以太网可使用的传输媒体有四种，即铜缆（粗缆或细缆）、铜线（双绞线）或光缆。这样，以太网就有四种不同的物理层。图 2-8 在 MAC 层下面给出了对应于这四种传输媒体的物理层，即 10BASE-5（粗缆）、10BASE-2（细缆）、10BASE-T（双绞线）和 10BASE-F（光缆）。这里"BASE"表示电缆上的信号是基带信号，采用曼彻斯特编码。BASE 前面的数字"10"表示数据率为 10Mb/s，而后面的数字 5 或 2 表示每一段电缆的最大长度为 500m 或 200m（实际上是 185m）。"T"代表双绞线，而"F"代表光纤。目前使用得最广泛的是双绞线传输媒体。

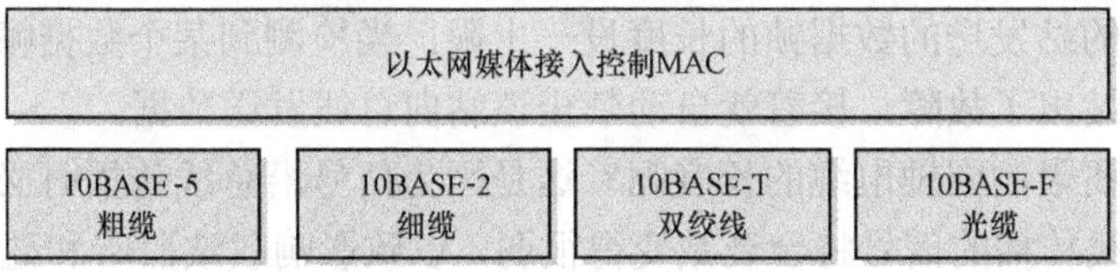

图 2-8　以太网的四种不同的物理层

图 2-9 给出了用铜缆或铜线连接到以太网的示意。图 2-9（a）是 10BASE-5 以太网的连接方法。这种以太网称为粗缆以太网（电缆直径为 10mm，特性阻抗为 5Ω）。图 2-9（b）是细缆以太网，图 2-9（c）是使用集线器的双绞线以太网。

粗缆以太网是最初使用的以太网，其网卡通过 DB-5 型连接器（15 针）与收发器电缆（transceiver cable）相连，收发器电缆的正式名称是 AUI 电缆。AUI 是连接单元接口（Attachment Unit Interface）的缩写，收发器电缆的另一端连接到收发器（transceiver）。收发器电缆的长度不能超 50m。收发器由两部分组成，一部分是含有电子元器件的媒体连接单元 MAU（Medium Attachment Unit）。另一部分是没有电子元器件的插入式分接头（tap），称为媒体相关接口 MDI（Medium Dependent Interface），它直接插入到电缆中（不用切断电缆）就能和同轴电缆的内部导线有良好的接触连接。

粗缆以太网的网卡包括了处理通信所用到的数字电路，如地址确认和差错检测。网卡还使用总线与主机交换数据，并使用中断机制来通知 CPU 其操作已经结束。这种网卡不包括模拟硬件，也不处理模拟信号。

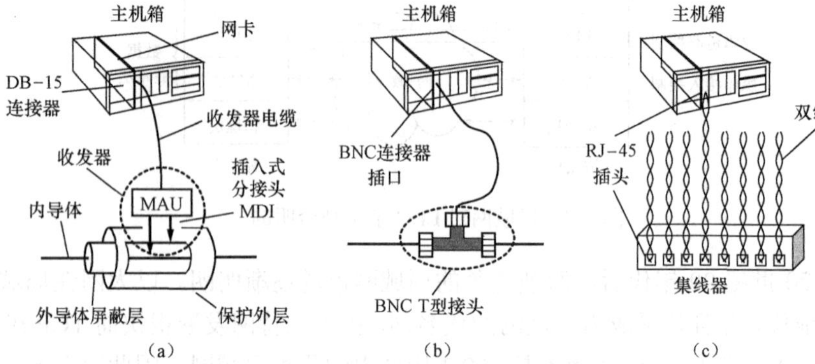

图 2-9　几种以太网的连接方法

(a) 粗缆以太网；(b) 细缆以太网；(c) 双绞线以太网

收发器的功能如下。

（1）从计算机经收发器电缆得到数据向同轴电缆发送，或反过来，从同轴电缆接收数据经收发器电缆送给计算机。

（2）检测在同轴电缆上发生的数据帧的碰撞。

（3）在同轴电缆和电缆接口的电子设备之间进行电气隔离。

（4）当收发器或所连接的计算机出故障时，保护同轴电缆不受其影响。

上述最后一个功能叫作超长控制（jabber control）。当收发器或所连接的计算机出故障时，就有可能向总线上不停地发送无规律的数据，使总线上所有的站都不能工作。为了避免这种现象，必须对所有的站发送的数据帧的长度设一上限：当检测到某个数据帧的长度超过此上限值时，即认为该站出了故障，接着就自动禁止该站向总线发送数据。

为什么以太网要限制同轴电缆的长度呢？这是因为信号沿总线传播时必然产生衰减。若总线太长，则经总线传播的信号将会衰减变得很弱，以致影响载波监听和碰撞检测的正常工作。因此，以太网所用的这种同轴电缆的最大长度被限制为 500m。若实际网络需要跨越更长的距离，就必须采用转发器（repeater）将信号放大并整形后再转发出去。转发器又称为中继器，它工作在物理层。转发器的作用是消除信号由于经过一长段电缆而造成的失真和衰减，使信号的波形和强度达到所要求的指标。用转发器连接起来的几个网段仍然是一个局域网。

为了克服 10BASE-5 粗缆以太网的布线很贵且安装不便的主要缺点，1985 年细缆以太网 10BASE-2 的标准问世了。10BASE-2 细缆以太网的特点是：

第一，采用更便宜的直径为 5mm 的细同轴电缆（特性阻抗仍为 50W），可代替粗同轴电缆。细缆在布线转角处易于转弯，并可直接连接到机箱。网络的每个段最长为 185m，因此这种细缆局域网就简记为 10BASE-2（2 表示距离约为 200m）。

第二，将媒体连接单元 MAU 和媒体相关接口 MDI 都安装在网卡上，取消了外部的 AUI 电缆。细缆直接用标准 BNCT 型接头连接到网卡上的 BNC 连接器的插口。但细缆在装上 BNC 接头时必须先切断电缆，如图 2-9（b）所示。

随着集成度的提高，网卡上芯片的个数不断减少。虽然现在各厂家生产的网卡种类繁多，但其功能大同小异。网卡的功能主要有以下三个。

（1）数据的封装与解封。发送时将上一层交下来的数据加上首部和尾部，成为以太网的帧。接收时将以太网的帧剥去首部和尾部，然后送交上一层。

（2）链路管理。主要是 CSMA/CD 协议的实现。

（3）编码与译码即曼彻斯特编码与译码。

人们在 10BASE-2 局域网的实际使用过程中发现了它的缺点，这就是当细缆总线上某个电缆接头处发生短路或开路时，整个网络就无法工作，且确定故障点相当麻烦（尤其是当总线上的站点数很多时）。这就使得网络的可靠性很差。此外，细缆布线不够方便，价格也仍较高。考虑到便于维护局域网，人们又像电话网那样使用星型网拓扑，不用电缆而使用无屏蔽双绞线。每个站需要用两对双绞线，分别用于发送和接收。在星型网的中心则增加了一种可靠性非常高的设备，叫作集线器（hub）。双绞线以太网总是和集线器配合使用的。图 2-9（c）是使用集线器时的联网方法。由于集线器使用了大规模集成电路芯片，因此这样的硬件设备的可靠性已大大提高了。实践证明，这比使用具有大量机械接头的无源电缆要可靠得多。

1990 年 IEEE 制订出星型网 10BASE-T 的标准 802.3i。“10”代表 10Mb/s 的数据率，T 代表双绞线。但 10BASE-T 的通信距离稍短，每个站到集线器的距离不超 100m。这种 10Mb/s 速率的无屏蔽双绞线星型网的出现，既降低了成本，又提高了可靠性。10BASE-T 双绞线以太网的出现，是局域网发展史上的一个非常重要的里程碑，它为以太网在局域网中的统治地位奠定了牢固的基础。

使双绞线能够传送高速数据的主要措施是将双绞线的绞合度做得非常精确。这样不仅可使特性阻抗均匀以减少失真，而且大大减少了电磁波辐射和无线电频率的干扰。在多对双绞线的电缆中，还要使用更加复杂的绞合方法。

集线器的一些特点如下。

（1）从表面上看，使用集线器的局域网在物理上是一个星型网，但由于集线器是使用电子器件来模拟实际电缆线的工作，因此整个系统仍然像一个传统的以太网那样运行。也就是说，使用集线器的以太网在逻辑上仍是一个总线网，各工作站使用的还是 CSMA/CD 协议，并共享逻辑上的总线。网络中的各个计算机必须竞争对传输媒体的控制，并且在一个特定时间至多只有一台计算机能够发送数据。因此，这种 10BASE-T 以太网又称为星型总线（star-shaped bus）或盒中总线（bus in a box）。

（2）一个集线器有许多端口，例如，8 至 16 个，每个端口通过 RJ-45 插头（与电话机使用的插头相似，但略大一些）用两对双绞线与一个工作站上的网卡相连（这种插座可连接 4 对双绞线，实际上只用 2 对，即发送和接收各使用一对双绞线）。因此，一个集线器很像一个多端口的转发器。

（3）集线器和转发器都是工作在物理层。它的每个端口都具有发送和接收数据的功能。当集线器的某个端口接收到工作站发来的比特时，就简单地将该比特向所有其他端口转发。若两个端口同时有信号输入（即发生碰撞），那么所有的端口都收不到正确的帧。图 2-10 是具有三个端口的集线器的示意。

（4）集线器采用了专门的芯片，进行自适应串音回波抵消。这样就可使端口转发出去的信号较强，转发之前无须进行再生整形并重发。

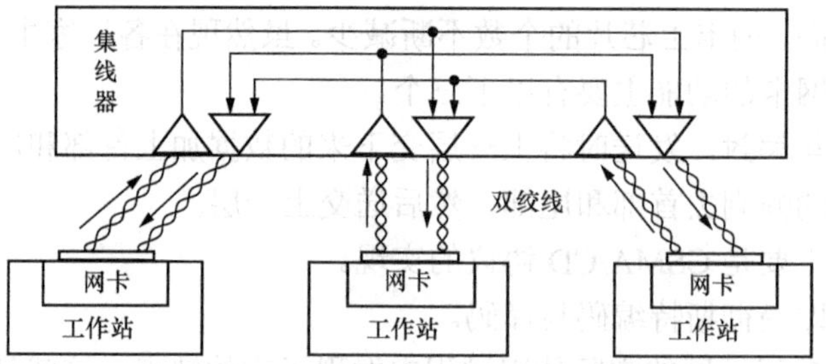

图 2-10 具有三个端口的集线器

集线器本身必须非常可靠。现在的堆叠式（stackable）集线器由 4-8 个集线器堆叠起来使用，一般都有少量的容错能力和网络管理功能。模块化的机箱式智能集线器有很高的可靠性，它全部的网络功能都以模块方式实现。各模块均可进行热插拔，出故障时不断电即可更换或增加新模块。集线器上的指示灯还可显示网络上的故障情况，给网络的管理带来了很大的方便。由于集线器具有上述这些优点，早先使用的粗缆和细缆以太网已经成为历史并已退出市场。

802.3 标准还扩展到可以支持宽带局域网。相应的标准是 10BROAD36。“36”表示网络的最大跨度为 3600m，但每一个网段的长度不能超过 1800m，数据率仍为 10Mb/s，传输媒体为标准的 75Ω的 CATV 电缆。基带的曼彻斯特码还要经过差分移相键控（即 DPSK）调制后才发送到电缆上。调制后的 10Mb/s 的信号占据 14MHz 的带宽。

802.3 标准还可使用光纤作为传输媒体，相应的标准是 10BASE-F 系列，F 代表光纤。

2.3.2 高速以太网

速率达到或超过 100Mb/s 的以太网称为高速以太网。下面简单介绍几种高速以太网技术。

（1）100BASE-T 以太网。在 20 世纪 80 年代，很少有人想到以太网还会升级。然而在 1992 年 9 月 100Mb/s 以太网的设想提出后仅过了 13 个月，100Mb/s 以太网的产品就问世了。

100BASE-T 是在双绞线上传送 100 Mb/s 基带信号的星型拓扑以太网，仍使用 IEEE 802.3 的 CSMA/CD 协议，它又称为快速以太网（Fast Ethernet）。用户只要更换一张网卡，再配上一个 100Mb/s 的集线器，就可很方便地由 10BASE-T 以太网直接升级到 100Mb/s，而不必改变网络的拓扑结构。所有在 10BASE-T 上的应用软件和网络软件都可保持不变。100BASE-T 的网卡有很强的自适应性，能够自动识别 10Mb/s 和 100Mb/s。

1995 年 IEEE 已将 100BASE-T 的快速以太网定为正式的国际标准，其代号为 802.3u，是对现行的 802.3 标准的补充。快速以太网的标准得到了所有的主流网络厂商的支持。

100BASE-T 容易掌握，可以使用交换式集线器提供很好的服务质量，可以在全双工方式下工作而无冲突发生。因此，CSMA/CD 协议对全双工方式工作的快速以太网是不起作用的（但在半双工方式工作时则一定要使用 CSMA/CD 协议）。可能读者会问，不使用 CSMA/CD 协议为什么还能够叫作以太网呢？这是因为快速以太网使用的 MAC 帧格式仍然是 802.3 标准规定的帧格式。

然而 802.3u 的标准未包括对同轴电缆的支持。这表示想从细缆以太网升级到快速以太网的用户必须重新布线。但现在大多数安装场地正在向无屏蔽双绞线（UTP）布线过渡，因此这一问题将会逐渐地淡化。

100Mb/s 以太网的新标准改动了原 10Mb/s 以太网的某些规定。这里最主要的原因是要在数据发送速率提高时使参数 a 仍保持不变（或保持为较小的数值）。参数 a 的公式，见式（2-1）。

$$a=\frac{\tau}{T_0}=\frac{\tau}{L/C}=\frac{\tau C}{L} \tag{2-1}$$

可以看出，当数据率 C 提高到 10 倍时，为了保持参数 a 不变，可以将帧长 L 也增大到 10 倍，也可以将网络电缆长度（因而使 τ）减小到原有数值的十分之一。

在 100Mb/s 的以太网中采用的方法是保持最短帧长不变，但将一个网段的最大电缆长度减小到 100m。帧间时间间隔从原来的 9.6μs 改为现在的 0.96μs。新标准还规定了以下三种不同的物理层标准：

1）100BASE-TX 使用 2 对 UTP5 类线或屏蔽双绞线（STP），其中一对用于发送，另一对用于接收。信号的编码采用"多电平传输 3（MLT-3）"的编码方法，使信号的主要能量集中在 30MHz 以下，以便减少辐射的影响。MLT-3 用三元制进行编码，即用正、负和零三种电平传送信号。其编码规则如下。

- 当输入一个 0 时，下一个输出值不变。
- 当输入一个 1 时，下一个输出值要变化：若前一个输出值为正值或负值，则下一个输出值为零：若前一个输出值为零，则下一个输出值与上次的一个非零输出值的符号相反。

2）100BASE-FX 使用 2 根光纤，其中一根用于发送，另一根用于接收。信号的编码采用 4B/5B-NRZI 编码。NRZI 即不归零 1 制（当"1"出现时信号电平在正值与负值之间变化一次），4B/5B 编码就是将数据流中的每 4bit 作为一组（Block），然后按编码规则将每一个组转换成为 5bit，其中至少有两个"1"，保证信号码元至少发生两次跳变。

在标准中将上述的 100BASE-TX 和 100BASE-FX 合在一起都称为 100BASE-X。

3）100BASE-T4 使用 4 对 UTP3 类线或 5 类线。这是为已使用 UTP3 类线的大量用户而设计的。信号的编码采用 8B6T-NRZ（不归零）的编码方法。8B6T 编码是将数据流中的每 8 位作为一组，然后按编码规则转换为每组 6 位的三元制（Ternary）码元。它同时使用三对线同时传送数据（每一对线以 $33\frac{1}{3}$ 的速率传送数据），用一对线作为碰撞检测的接收信道。

（2）吉比特以太网。在 1995 年以前，很多人都想不到以太网能工作在吉比特的速率（即 Gb/s 量级的速率）。他们认为在这样的速率下唯一能使用的技术恐怕只有 ATM 了。然而到了 1996 年夏季，吉比特以太网（又称为千兆以太网）的产品已经问市。IEEE 在 1997 年通过了吉比特以太网的标准 802.3z，它在 1998 年成为了正式标准。由于吉比特以太网仍使用 CSMA/CD 协议并与现有的以太网兼容，这就使得 ATM 在局域网的范围更加缺乏竞争力。虽然吉比特以太网也是一种高速局域网，但由于它发展很快，还能继续升级为 10 吉比特以太网。

吉比特以太网的标准 802.3z 考虑了以下几个要点。

1）允许在 1Gb/s 下全双工和半双工两种方式工作。

2）使用 802.3 协议规定的帧格式。

3）在半双工方式下使用 CSMA/CD 协议（全双工方式不需要使用 CSMA/CD 协议）。

4）与 10BASE-T 和 100BASE-T 技术向后兼容。

吉比特以太网可用作现有网络的主干网，也可在高带宽的应用场合中（如医疗图像或 CAD 的图形等）用来连接工作站和服务器。

吉比特以太网的物理层使用两种成熟的技术：一种来自现有的以太网，另一种则是 ANSI 制订的光纤通道（Fiber Channel）。采用成熟技术就能大大缩短吉比特以太网标准的开发时间。

吉比特以太网的物理层共有以下两个标准［CUNN99］。

1）100BASE-X（802.3z 标准）。100BASE-X 标准是基于光纤通道的物理层，即 FC-0 和 FC-1。使用的媒体有三种：

- 1000BASE-SX　SX 表示短波长（使用 850nm 激光器）。使用纤芯直径为 62.5μm 和 50μm 的多模光纤时，传输距离分别为 275m 和 550m。
- 1000BASE-LX　LX 表示长波长（使用 1300nm 激光器）。使用纤芯直径为 62.5μm 和 50μm 的多模光纤时，传输距离为 550m。使用纤芯直径为 10μm 的单模光纤时，传输距离为 5km。
- 1000BASE-CX　CX 表示铜线。使用两对短距离的屏蔽双绞线电缆，传输距离为 25m。

2）1000BASE-T（802.3ab 标准）。1000BASE-T 是使用 4 对 5 类线 UTP，传送距离为 100m。

吉比特以太网工作在半双工方式时，就必须进行碰撞检测。由于数据率提高了，因此只有减小最大电缆长度或增大帧的最小长度，才能使参数 a 保持为较小的数值。若将吉比特以太网最大电缆长度减小到 10m，那么网络的实际价值就大大减小。而若将最短帧长提高到 640 字节，则在发送短数据时开销又嫌太大。因此吉比特以太网仍然保持一个网段的最大长度为 100m，但采用了“载波延伸”（carrier extension）的办法，使最短帧长仍为 64 字节（这样可以保持兼容性），同时将争用时间增大为 512 字节。凡发送的 MAC 帧长不足 512 字节时，就用一些特殊字符填充在帧的后面，使 MAC 帧的发送长度增大到 512 字节，但这对有效载荷并无影响（见图 2-11）。接收端在收到以太网的 MAC 帧后，要将所填充的特殊字符删除后才向高层交付。当原来仅 64 字节长的短帧填充到 512 字节时，所填充的 448 字节就造成了很大的开销。

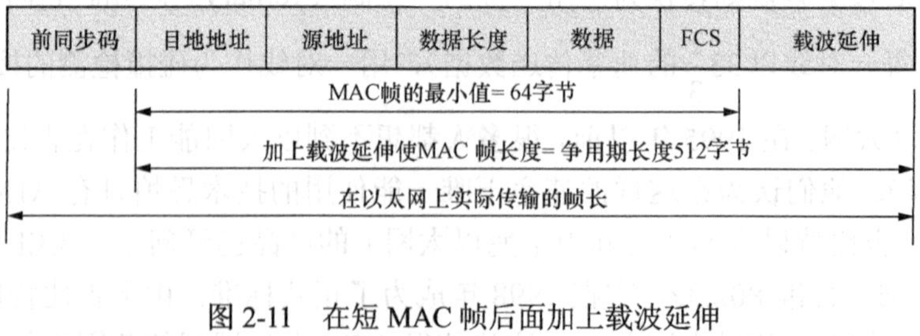

图 2-11　在短 MAC 帧后面加上载波延伸

为此，吉比特以太网还增加一种功能称为分组突发（packet bursting）。这就是当很多短帧要发送时，第一个短帧要采用上面所说的载波延伸的方法进行填充。但随后的一些短帧则可一个接一个地发送，它们之间只需留有必要的帧间最小间隔即可。这样就形成一串分组的突发，直到达到 1500 字节或稍多一些为止，如图 2-12 所示，图中最后加入一个分组使整个以太网帧的长度略大于 1500 字节。

当吉比特以太网工作在全双工方式时（即通信双方可同时进行发送和接收数据），不使用载波延伸和分组突发。吉比特以太网交换机可以直接与多个图形工作站相连，也可用作百兆以太网的主干网，与百兆比特或吉比特以太网集线器相连，然后再和大型服务器连接在一起。图 2-13 是吉比特以太网的一种配置举例。

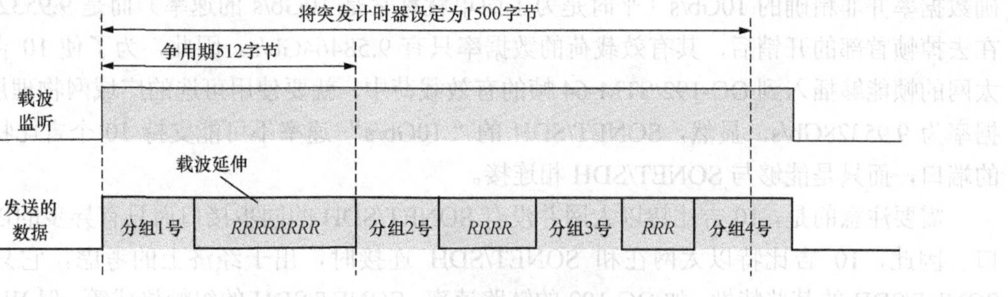

图 2-12　分组突发可连续发送多个短分组

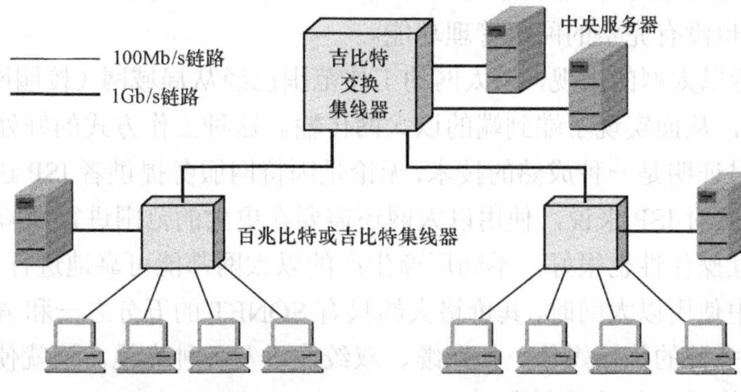

图 2-13　吉比特以太网的一种配置

（3）10 吉比特以太网。就在吉比特以太网标准 802.3z 通过后不久，在 1999 年 3 月，IEEE 成立了研究组 HSSG（High speed study Group），其任务是致力于 10 吉比特以太网的研究[W-10GE]。10 吉比特以太网（10GE）的标准由 IEEE 802.3ae 委员会进行制定，10 吉比特以太网的正式标准已在 2002 年 6 月完成。10 吉比特以太网也就是万兆以太网。

10 吉比特以太网并非将吉比特以太网的速率简单地提高到 10 倍，这里有许多技术上的问题要解决。下面是 10 吉比特以太网的主要特点。

10 吉比特以太网的帧格式与 10Mb/s，100Mb/s 和 1Gb/s 以太网的帧格式完全相同。10 吉比特以太网还保留了 802.3 标准规定的以太网最小和最大帧长。这就使用户在将其已有的以太网进行升级时，仍能和较低速率的以太网很方便地通信。

由于数据率很高，10 吉比特以太网不再使用铜线而只使用光纤作为传输媒体。它使用长距离（超过 40km）的光收发器与单模光纤接口，以便能够工作在广域网和城域网的范围。10 吉比特以太网也可使用较便宜的多模光纤，但传输距离为 65～300m。

10 吉比特以太网只工作在全双工方式，因此不存在争用问题，也不使用 CSMA/CD 协议。这就使得 10 吉比特以太网的传输距离不再受碰撞检测的限制而大大提高了。

吉比特以太网的物理层是使用已有的光纤通道的技术，而 10 吉比特以太网的物理层则是新开发的。10 吉比特以太网有两种不同的物理层：

1）局域网物理层 LAN PHY。局域网物理层的数据率是 10.000Gb/s（这表示是精确的 10Gb/s），因此一个 10 吉比特以太网交换机正好可以支持 10 个吉比特以太网端口。

2）可选的广域网物理层 LAN PHY。广域网物理层具有另一种数据率，这是为了和所谓的“Gb/s”的 SONET/SDH（即 OC-192/STM-64）相连接。我们知道，OC-192/STM-64 的准确数据率并非精确的 10Gb/s（平时是为了简单就称它是 10Gb/s 的速率）而是 9.95328Gb/s。在去掉帧首部的开销后，其有效载荷的数据率只有 9.58464Gb/s。因此，为了使 10 吉比特以太网的帧能够插入到 OC-192/STM-64 帧的有效载荷中，就要使用可选的广域网物理层，其数据率为 9.95328Gb/s。显然，SONET/SDH 的“10Gb/s”速率不可能支持 10 个吉比特以太网的端口，而只是能够与 SONET/SDH 相连接。

需要注意的是，10 吉比特以太网并没有 SONET/SDH 的同步接口而只有异步的以太网接口。因此，10 吉比特以太网在和 SONET/SDH 连接时，出于经济上的考虑，它只是具有 SONET/SDH 的某些特性，如 OC-192 的链路速率、SONET/SDH 的组帧格式等。但 WAN PHY 与 SONET/SDH 并不是全部都兼容的。例如，10 吉比特以太网没有 TDM 的支持，没有使用分层的精确时钟，也没有完整的网络管理功能。

由于 10 吉比特以太网的出现，以太网的工作范围已经从局域网（校园网、企业网）扩大到城域网和广域网，从而实现了端到端的以太网传输。这种工作方式的好处如下。

1）以太网经过证明是一种成熟的技术，无论是因特网服务提供者 ISP 还是端用户都很愿意使用以太网。当然对 ISP 来说，使用以太网还需要在更大的范围进行试验。

2）以太网的互操作性也很好，不同厂商生产的以太网都能可靠地进行互操作。

3）在广域网中使用以太网时，其价格大约只有 SONET 的五分之一和 ATM 的十分之一。以太网还能够适应多种的传输媒体，如铜缆、双绞线以及各种光缆。这就使具有不同传输媒体的用户在进行通信时不必重新布线。

4）端到端的以太网连接使帧的格式全都是以太网的格式，而不需要再进行帧格式的转换，这就简化了操作和管理。但是，以太网和现有的其他网络，如帧中继或 ATM 网络，仍然需要有相应的接口才能进行互连。

回顾过去的历史，我们看到 10Mb/s 以太网最终淘汰了速率比它快 60%的 16Mb/s 的令牌环，100Mb/s 的快速以太网也使曾经是最快的局域网/城域网的 FDDI 变成历史。吉比特以太网和 10 吉比特以太网的问世，使以太网的市场占有率进一步地得到提高，使得 ATM 在城域网和广域网中的地位受到更加严峻的挑战。10 吉比特以太网是 IEEE 802.3 标准在速率和距离方面的自然演进。以太网从 10Mb/s 到 10Gb/s 的演进证明了以太网具有以下特点。

1）可扩展的（从 10Mb/s 到 10Gb/s）。

2）灵活的（多种媒体、全/半双工、共享/交换）。

3）易于安装。

4）稳健性好。

2.4 无线局域网

2.4.1 无线局域网（WLAN）的组成

无线局域网（Wireless Local Area Network，WLAN）在 20 世纪 70 年代后期研发之初的目的是为了解决有线局域网环境下生产场合或不适合布线场合的线缆问题。从这个意义上说，WLAN 是利用无线网络技术实现 LAN 应用的产物，它具备 LAN 和无线网络两方面的特征。

1997 年 IEEE 制定出无线局域网的协议标准 802.11。

无线局域网可分为两大类。第一类是有固定基础设施的，第二类是无固定基础设施的。所谓“固定基础设施”是指预先建立起来的、能够覆盖一定地理范围的一批固定基站。大家经常使用的蜂窝移动电话就是利用电信公司预先建立的、覆盖全国的大量固定基站来接通用户手机拨打的电话。

（1）有固定基础设施的无线局域网。对于第一类有固定基础设施的无线局域网，802.11 标准规定无线局域网的最小构件是基本服务集 BSS（Basic Service Set）。一个基本服务集 BSS 包括一个基站和若干个移动站，所有的站在本 BSS 以内都可以直接通信，但在和本 BSS 以外的站通信时都必须通过本 BSS 的基站。一个基本服务集 BSS 所覆盖的地理范围叫作一个基本服务区 BSA（Basic Service Area）。基本服务区 BSA 和无线移动通信的蜂窝小区相似。在无线局域网中，一个基本服务区 BSA 的范围可以有几十米的直径。

在 802.11 标准中，基本服务集里面的基站叫作接入点 AP（Access Point），但其作用和网桥相似。一个基本服务集可以是孤立的，也可通过接入点 AP 连接到一个主干分配系统 DS（Distribution System），然后再接入到另一个基本服务集，这样就构成了一个扩展的服务集 ESS（Extended Service Set）。分配系统的作用就是使扩展的服务集 ESS 对上层的表现就像一个基本服务集 BSS 一样。分配系统可以使用以太网（这是最常用的）、点对点链路或其他无线网络。扩展服务集 ESS 还可为无线用户提供到非 802.11 无线局域网（如到有线连接的因特网）的接入。这种接入是通过叫作门桥（portal）的设备来实现的。门桥也是 802.11 定义的新名词，其实它的作用就相当于一个网桥。在一个扩展服务集内的几个不同的基本服务集也可能有相交的部分。在图 2-14 中用一个椭圆来表示基本服务集的服务范围，当然实际上的服务范围可能是很不规则的几何形状。

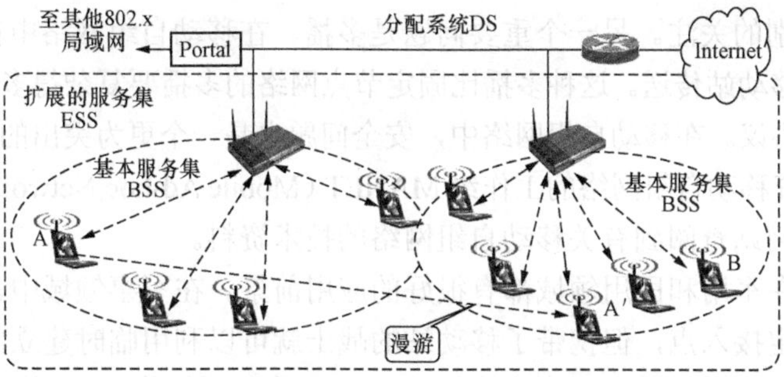

图 2-14　802.11 的基本服务集 BSS 和扩展服务集 ESS

802.11 标准并没有定义如何实现漫游，但定义了一些基本的工具。例如，一个移动站若要加入到一个基本服务集 BSS，就必须先选择一个接入点 AP，并与此接入点建立关联（association）。此后，这个移动站就可以通过该接入点来发送和接收数据。若移动站使用重建关联（reassociation）服务，就可将这种关联转移到另一个接入点。当使用分离（dissociation）服务时，就可终止这种关联。移动站与接入点建立关联的方法有两种，一种是被动扫描，即移动站等待接收接入站周期性发出的信标帧（beacon frame）。另一种是主动扫描，即移动站主动发出探测请求帧（probe request frame），然后等待从接入点发回的探测响应帧（probe response frame）。

（2）移动自组网络。另一类无线局域网是无固定基础设施的无线局域网，它又叫作自组网络（ad hoc network），这种自组网络没有上述基本服务集中的接入 AP 而是由一些处于平等状态的移动站之间相互通信组成的临时网络（见图 2-15）。图中还画出了当移动站 A 和 E 通信时，是经过 A→B，B→C，C→D 和最后 D→E 这样一连串的存储转发过程。因此在从源节点 A 到目的节点 E 的路径中的移动站 B，C 和 D 都是转发节点，这些节点都具有路由器的功能。由于自组网络没有预先建好的网络固定基础设施（基站），因此自组网络的服务范围通常是受限的，而且自组网络一般也不和外界的其他网络相连接。移动自组网络也就是移动分组无线网络。

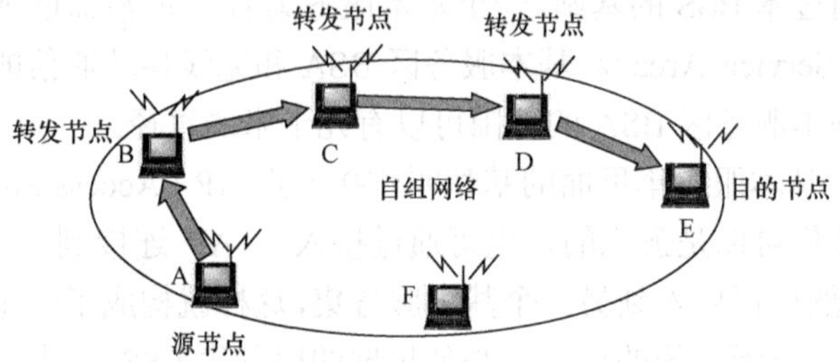

图 2-15　由处于平等状态的一些便携机构成的自组网络

自组网络通常是这样构成的：一些可移动的设备发现在它们附近还有其他的可移动设备，并且要求和其他移动设备进行通信。由于便携式电脑的大量普及，自组网络的组网方式已受到人们的广泛关注。由于在自组网络中的每一个移动站都要参与到网络中的其他移动站的路由的发现和维护，同时由移动站构成的网络拓扑有可能随时间变化得很快，因此在固定网络中行之有效的一些路由选择协议对移动自组网络已不适用，这样，路由选择协议在自组网络中就引起了特别的关注。另一个重要问题是多播。在移动自组网络中往往需要将某个重要信息同时向多个移动站传送。这种多播比固定节点网络的多播要复杂得多，需要有实时性好而效率又高的多播协议。在移动自组网络中，安全问题也是一个更为突出的问题。在 IETF 下面设有一个专门研究移动自组网络的工作组 MANET（Mobile Ad-hoc Networks）[W-MANET]。读者可在 MANET 网站查阅到有关移动自组网络的技术资料。

移动自组网络在军用和民用领域都有很好的应用前景。在军事领域中，由于战场上往往没有预先建好的固定接入点，但携带了移动站的战士就可以利用临时建立的移动自组网络进行通信。这种组网方式也能够应用到作战的地面车辆群和坦克群，以及海上的舰艇群、空中的机群，由于每一个移动设备都具有路由器的转发分组的功能，因此分布式的移动自组网络的生存性非常好。在民用领域，开会时持有笔记本电脑的人可以利用这种移动自组网络方便地交换信息，而不受笔记本电脑附近没有电话线插头的限制。当出现自然灾害时，在抢险救灾时利用移动自组网络进行及时的通信往往也是很有效的，因为这时事先已建好的固定网络基础设施（基站）可能已经都被破坏了。

2.4.2　802.11 局域网协议栈

包括以太网在内的所有 802 标准，它们所使用的协议在结构上有一个共性。图 2-16 给出了 802.11 协议栈的一个部分视图。其中物理层与 OSI 的物理层对应得非常好，但是，在所有的 802 协议中，数据链路层都被分成了两个或者更多个子层。在 802.11 中，MAC（Medium

Access Control，介质访问控制）子层确定了通道的分配的方式，也就是说，它决定了下一个该由谁传输数据。在 MAC 子层的上面是 LLC（Logical Link Control，逻辑链路控制）子层，它的任务是隐藏 802 各个标准之间的差异，使得它们对于网络层而言都是一致的。

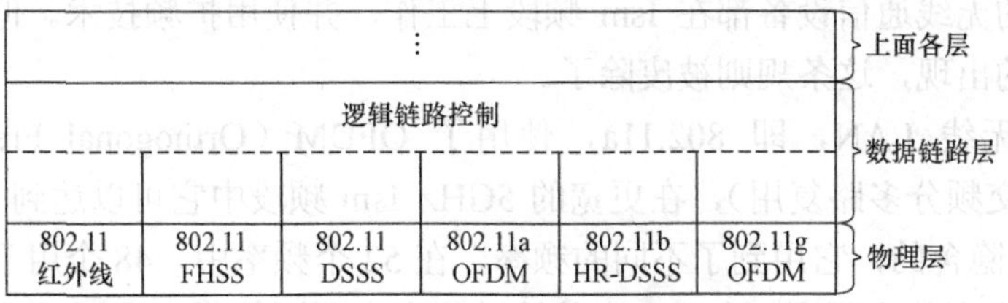

图 2-16　802.11 协议栈的部分视图

1997 年，802.11 标准规定了在物理层上允许三种传输技术。红外线方法使用了与电视遥控器相同的技术。其他两种方法使用短距离的无线电波，所用到的技术分别称为 FHSS 和 DSSS。这两种技术都用到了 2.4GHz ISM 频段。无绳电话和微波炉也使用了该频段。所有这些技术都工作在 1Mb/s 或者 2Mb/s 的速率上，并且功率非常低，因此一般不太会有严重的冲突。1999 年，两种新的技术被引入进来，以便达到更高的带宽。这两种技术称为 OFDM 和 HR-DSSS。它们的工作速率分别可以达到 54Mb/s 和 11Mb/s。2001 年，第二种 OFDM 调制技术又被引入进来，它与第一种 OFDM 调制技术一起被引入进来，它与第一种 OFDM 调制技术工作在不同的频段上。现在我们将简短地讨论每一种技术。

2.4.3　802.11 局域网物理层

在前面提到的五种传输技术中，每一种都能够将一个 MAC 帧从一个站发送到另一个站。然而，它们所使用的技术，以及所能够达到的速度却各不相同。

红外线技术使用了 0.85 或者 0.95 微米波段上的漫射传输。它允许两种速率：1Mb/s 和 2Mb/s。在 1Mb/s 上它所用的编码方案是这样的：每 4 位成一组，每个组被编码成一个 16 位的码字，其中包含 15 个 0 和一个 1，这种编码称为灰色编码（gray code）。它具有这样的特性：在时间同步中的一个小错误只会导致输出中的一位错误。在 2Mb/s 上所用的编码方案为：取出 2 位，生成一个 4 位的码字，4 位之中也只有一个，即 0001、0010、0100、1000 四个码字之一。红外线信号不能够穿透墙壁，所以不同房间中的信元是相互隔离的。然而，由于带宽较低（以及太阳光对红外信号的干扰），这不是一种很通用的选择方案。

FHSS（Frequency Hopping Spread Spectrum，跳频扩频）使用了 79 个信道，每个信道的宽度为 1MHz，从 2.4GHz Ism 频段的低端开始往上。它使用一个伪随机数发生器，来产生跳频序列。只要所有的站中的随机数发生都使用同样的种子，并且这些站在时间上保持同步，那么，它们将会同时将会跳到同样的频率上，在每个频率上所花的时间长度称为停延时间（dwell time），这是一个可调整的参数，但是必须小于 400ms。FHSS 的随机性提供了一种很公平的方式来分配无许可限制的 Ism 频段中的频谱。它同时也提供了一定程度的安全性，因为如果入侵者不知道跳频序列或者停延时间的话，他就不可能窃听所传输的信号。在较长的距离上，多径衰减（multipath fading）现象可能是一个问题，FHSS 提供了很好的抵抗能力。并且它对于无线电干扰也相对不敏感，这使得它非常适合用于建筑物之间的链路上。它的主要缺点是带宽较低。

第三种调制方法为 DSSS（Direct Sequence Spread Spectrum，直接序列扩频），它也被限

制在 1 或 2Mb/s 的速率上。所用的编码方案与 2.2.3 节介绍的 CDMA 系统有一些相似之处，也有不同之处。它使用了“巴克序列（Barker sequence）”，每一位在传输的时候需要 11 个时间片。它使用 1M 波特的相移调制，当在 1Mb/s 上工作的时候，在美国，FCC（联邦通信委员会）要求所有的无线通信设备都在 Ism 频段上工作，并使用扩频技术。但是在 2002 年 5 月，由于新技术的出现，这条规则被废除了。

第一个高速无线 LAN，即 802.11a，使用了 OFDM（Orthogonal Frequency Division Multiplexing，正交频分多路复用），在更宽的 5GHz Ism 频段中它可以达到 54Mb/s。正如其名字中的 FDM 所隐含的，它用到了不同的频率，在 52 个频率中，48 个用于数据，4 个用于同步，这与 DSL 没有什么不同。由于多个传输过程会在不同的频率上同时进行，所以这项技术也可以被看作是一种扩频形式，但是与 CDMA 和 FHSS 有所不同。OFDM 将信号分割成许多个窄的频段。这种技术用到了一种复杂的编码系统，基于相移调制，速度可以达到 18Mb/s，基于 QAM，速度更高。在 54Mb/s 上，216 个数据位被编码到 288 位的码元中。OFDM 产生的部分动机是为了与欧洲的 HiperLAN/2 系统（Doufei et al，2002）兼容。从每个赫兹的位传输率而言，这项技术有非常好的频谱效率，并且，它对于多径衰减也有很好的抵抗能力。

接下来，我们看一看 HR-DSSS（High Rate Sequence，高速率的直接序列扩频）。这是另一种扩频技术，使用每秒 11 兆时间片，从而在 2.4GHz 频段内达到了 11Mb/s。它被称为 802.11b，但并不是 802.11a 的继续。实际上，它的标准是首先被通过的，而且它也是首先进入市场的。802.11b 支持的数据率为 1、2、5.5 和 11Mb/s。其中前两种慢速率使用了相移调制方案（为了与 DSSS 兼容），运行在 1M 波特率上，每个波特分别为 1 位和 2 位。后两周快速率方案使用了 Walsh/Hadamard 编码，运行在 1.375M 波特率上，每个波特分别为 4 位和 8 位。在运行过程中，数据率可能会动态地调制，以便达到当前荷载和噪声条件下的最优可能速度。在实践中，802.11b 的运行速度几乎总是 11Mb/s。尽管 802.11b 比 802.11a 更慢一些，但是，它的范围却是后者的 7 倍左右，这在许多情况下是非常重要的。

802.11g 是 802.11b 的一个增强版本，它是在解决了专利使用问题之后与 2001 年 11 月由 IEEE 批准的。它使用了 802.11a 的 OFDM 调制方法，但是运行在 2.4GHz ISM 频段内，这一点与 802.11b 一样，在理论上，它的运行速度可以达到 54Mb/s。目前还不清楚这个速度在实践中是否可行。802.11 委员会已经产生了三种不同的高速无线 LAN，802.11a、802.11b 和 802.11g（不算三种低速的无线 LAN）。

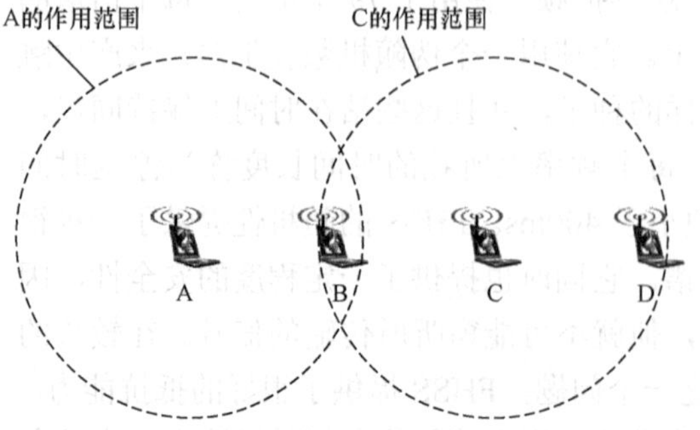

图 2-17 隐蔽站问题

2.4.4 802.11 局域网 MAC 子层协议

802.11MAC 子层协议与以太网的 MAC 子层不同，因为与有线环境相比，无线环境具有一些内在的复杂性。在以太网中，一个站只要等到以太网空闲下来，就可以开始传输了。如果在前 64 个字节以内没有收到送回来的噪声尖峰的话，则几乎可以肯定该帧已经被正确地递交了。在无线环境中，这样的条件并不成立。

首先，隐藏站问题不可避免，如图 2-17 所示。由于并不是所有的站都在其他站的无线电范围以内。所以，在一个单元的某一部分中正在进行的传输也可能不会被同一个单元中其他地方接收到。在这个例子中，当 A 和 C 检测不到无线信号时，都以为 B 是空闲的，因而都向 B 发送数据，结果发生碰撞。

而且，相反的问题也存在，即暴露站的问题，如图 2-18 所示。这里 B 向 A 发送数据，而 C 又想和 D 通信。C 检测到媒体上有信号，于是就不敢向 D 发送数据。而且，大多数无线电设备都是半双工的，这意味着它们不能够同时在一个频率上传输数据，又监听噪声尖峰。由于这些问题，因此，802.11 并没有像以太网那样采用 CSMA/CD。

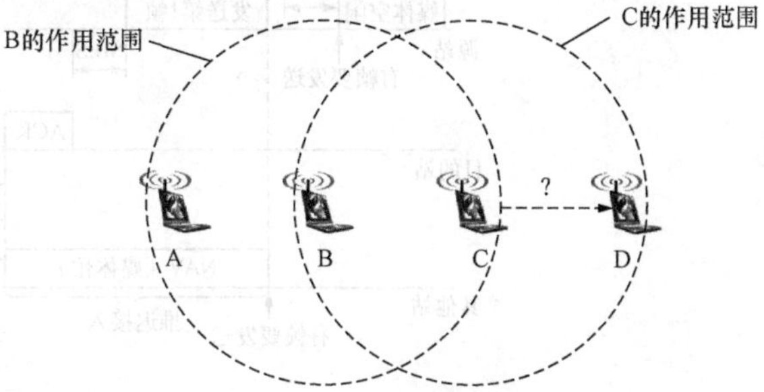

图 2-18　暴露站问题

为了解决这些问题，802.11 支持两种操作模式。第一种模式称为 DCF（Distributed Coordination Function，分布式协调功能），它并没有用到任何中心控制手段（在这一点上，与以太网类似）。另一种模式称为 PCF（Point Coordination Function，点协调功能），它使用基站来控制单元内的所有活动。所有的 802.11 实现都支持 DCF。而 PCF 是可选的，如图 2-19 所示。

现在我们来讨论这两种模式。

当使用 DCF 的时候，802.11 使用了一个称为 CSMA/CA（避免冲突的 CSMA）的协议。无线局域网不能使用 CSMA/CD，而只能使用改进的 CSMA 协议。改进的办法是把 CSMA 增加一个碰撞避免功能，而在使用 CSMA/CA 的同时，还增加使用停止等待协议。因此无线站点每通过无线局域网发送完一帧后，要等到对方的确认帧才能发送下一帧。

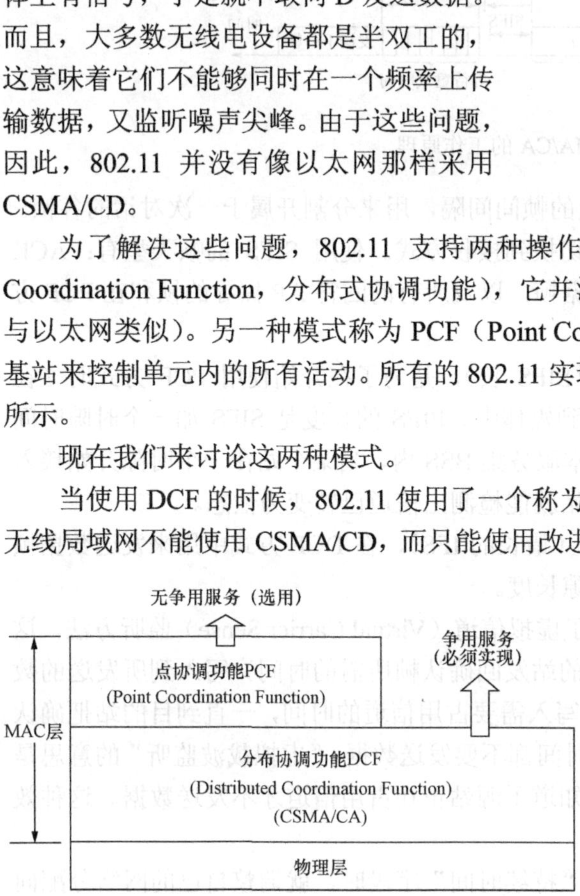

图 2-19　802.11 的 MAC 层

这个协议中，物理信道的监听手段与虚拟信道的监听手段都用到了。CSMA/CA 支持两种操作方法，在第一种方法中，当一个站想要传送数据的时候，它首先监听信道。如果信道空闲，它就开始传送。在传送过程中它并不监听信道，而是直接送出整个帧，对于这种情况，在接收方，有可能由于干扰而使该帧数据被毁坏。如果信道正忙，则发送推迟信道空闲，然后再开始传送。如果冲突发生的话，则冲突的站等待一段随机的时间，它们使用以太网的二进制退避算法来计算这段时间，最后再试着重新传送。

为了尽量避免碰撞，802.11 规定，所有的站在完成发送后，必须再等待一段很短的时间（继续监听）才能发送下一帧。时间的通称是帧间间隔 IFS（InterFrame Space）。帧间间隔的长短取决于该站要发送的帧的类型。高优先级帧需要等待的时间较短，因此可优先获得发送权，但低优先级帧就必须等待较长的时间。若低优先级帧还没来得及发送而其他站的高优先级帧已发送到媒体，则媒体变为忙态因而低优先级帧就只能推迟发送了，这样就减少了发生碰撞的机会。各种帧间间隔的具体长度，则取决于所使用的物理层特性。如图 2-20 所示为常用的三种帧间间隔。

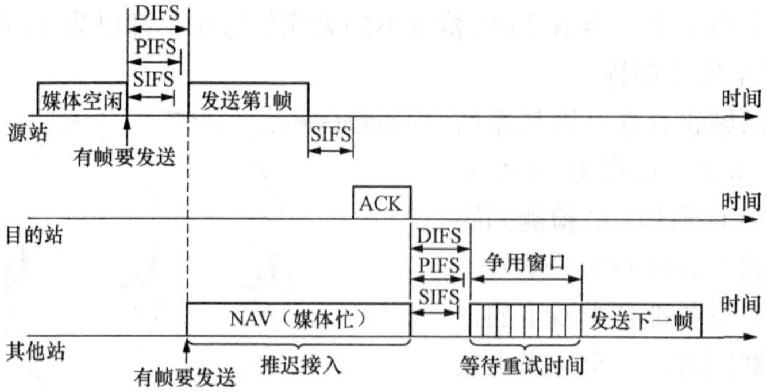

图 2-20 CSMA/CA 的工作原理

（1）SIFS，即短帧间间隔。SIFS 是最短的帧间间隔，用来分割开属于一次对话的各帧。在这段时间内，一个站应该能够从发送方式切换到接收方式。使用 SIFS 的帧类型有：ACK 帧、CTS 帧、由过长的 MAC 帧分片后的数据帧，以及所有的回答 AP 探寻的帧和在 PCF 方式中接入点 AP 发送出的任何帧。

（2）PIFS，即点协调功能帧间间隔（比 SIFS 长），是为了在开始使用 PCF 方式时（在 PCF 方式下使用，没有争用）优先获得接入到媒体中。PIFS 的长度是 SIFS 加一个时隙时间长度。时隙的长度是这样确定的：在一个基本服务集 BSS 内，当某个站在一个时隙开始接入到信道时，那么在下一个时隙开始时，其他站就能检测出信道已转变为忙态。

（3）DIFS，即分布式协调功能帧间间隔（最长的 IFS），在 DCF 方式中用来发送数据帧和管理帧。DIFS 的长度比 PIFS 再多一个时隙长度。

为了尽量减少碰撞的机会，802.11 采用了虚拟信道（Virtual Carrier Sense）监听方法，这就是让源站把它要占用信道的时间（包括目的站发回确认帧所需的时间）写入到所发送的数据帧中（即在首部中的“持续时间”）字段中写入需要占用信道的时间，一直到目的站把确认帧发送完为止，以便使其他所有站在这一段时间都不要发送数据。“虚拟载波监听”的意思是其他各站并没有监听信道，而是由于这些站知道了源站正在占用信道才不发送数据。这种效果好像是其他站都监听了信道。

当站点检测到正在信道中传送的帧中的“持续时间”字段时，就调整自己的网络分配向量 NAV（Network Allocation Vector）。NAV 指出了信道处于忙状态的持续时间。信道处于忙状态就表示：或者是由于物理层的载波监听检测到信道忙，或者是由于 MAC 层的虚拟载波监听机制指出了信道忙。

以图 2-18 的暴露站问题为例，假如 A 希望向 B 发送数据，站 C 位于 A 的无线范围内（有可能也在 B 的范围内，但这无关紧要）。站 D 在 B 的无线范围内，但是不在 A 的范围内。

当 A 决定要向 B 发送数据的时候，协议开始工作。A 首先向 B 发送一个 RTS 帧，请求一个给 B 发送帧的许可，当 B 收到该请求的时候，它可能会决定给予许可，在这种情况下，它送回一个 CTS 帧。A 收到了 CTS 帧之后，便发送出它的帧，并启动一个 ACK 定时器。B 在正确地收到了该数据帧之后，用一个 ACK 作为应答，从而终止协议交换过程。如果在 ACK 帧回到 A 之前，A 的定时器超时了，则整个协议再重新运行。

现在我们从 C 和 D 的角度来考虑这个交换过程。C 在 A 的无线范围以内，所以它可能会收到 RTS 帧。如果它确实收到了，则它意识到，很快有人要发送数据了，所以，为了全局着想，它不再传送任何信息，直到该协议的交换完成为止。根据 RTS 请求中所提供的信息，它可以估算出该序列将需要多长时间，其中包括最终的 ACK。所以它为自己声明了一种虚拟信道，并且该信道正忙，在图 2-21 中用 NAV（Network Allocation Vector，网络分配向量）标示出来。D 并没有听到 RTS，但是它听到了 CTS，所以，它也声明了 NAV 信号。请注意，NAV 信号并不被传送出去，它们只是一种内部的提醒信号，用来保持一定的时间的安静。

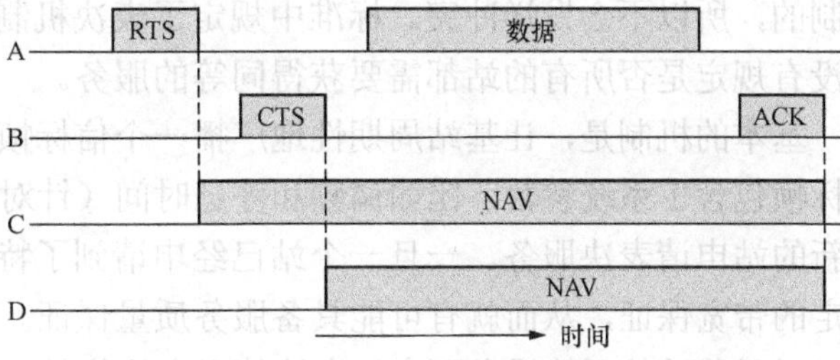

图 2-21　CSMA/CA 中虚拟信道监听的用法

与有线网络相反，无线网络是有噪声的，也是不可靠的。譬如说微波炉也使用了不需要许可的 ISM 频段，所以会干扰无线网络。因此，一帧被成功地传送出去的概率随着帧长的增加而减小，如果任何一位发生错误的概率为 p，则 n 位长度的帧被完整地正确接收的概率是（1-p）^{n}。例如，对于 $p=10^{-4}$ 而言，正确地接收到一个完整以太网帧（12144 位）的概率小于 30%。如果 $p=10^{-5}$，则 9 帧中大约有一帧将会。即使 $p=10^{-6}$，则超过 1%的帧将被损坏。算起来，每秒钟损坏的帧将会达到 10 帧，而且，如果所传输的帧比最大的长度短的话，损坏的帧会更多。总而言之，如果一帧太长的话，它要完好无损地传输通过的概率会非常小，这样就可能不得不重传。

为了解决噪声信道的问题，802.11 允许所传输的帧被分成小的碎片，每个分片有自己的校验和。在使用停止－等待协议进行传输的时候，这些分片被单独编号和确认，也就是说，发送方只有在接收到了第 k 个分片的确认后才能传输第 $k+1$ 个分片。一旦一个站利用 RTS 和 CTS 获得了信道，则多个分片可以成一串被发送出去，如图 2-22 所示。分片序列称为一个分片串（fragment burst）。

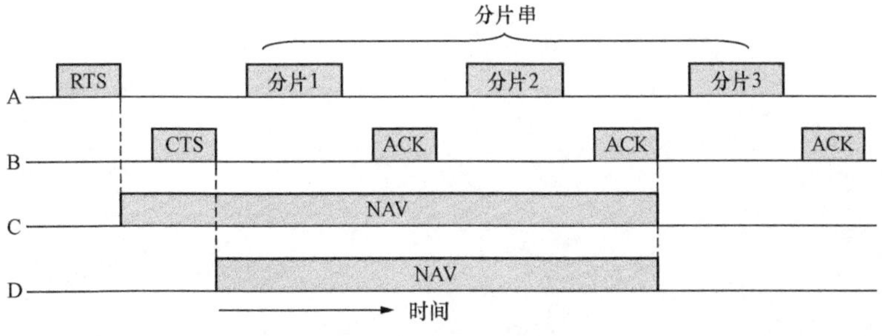

图 2-22　一个分片串

由于分片机制使得只需要重传损坏的分片，而无须重传整个帧，因此，它提高了整体吞吐量。标准并没有规定分片的大小，这是每个单元内部的一个参数，所以，通过基站可以调整该参数。NAV 机制仅仅用于在下一个确认到来之前使其他的站保持安静，然而，下面将要介绍的另一种机制可以允许一个完整的分片串被发送出去而不会受到干扰。

上面所有的讨论都适用于 802.11DCF（Distributed Coordination Function，分布式协调功能）模式。在这种模式中，没有中心控制，所有的站都在竞争时间，就好像以太网中的站所做的那样。另一种模式是PCF（Point Coordination Function，点协调功能）在这种模式中，基站对其他的站进行表决，问它们是否要发送帧，由于在PCF模式中，传输顺序完全是由基站控制的，所以不会发送冲突。标准中规定了表决机制，但是没有规定表决频率，表决顺序，也没有规定是否所有的站都需要获得同等的服务。

基本的机制是，让基站周期性地广播一个信标帧（beacon frame），约每秒10～100次。信标帧包含了系统参数，比如调频和停延时间（针对FHSS），时钟同步等。它同时也是为邀请新的站申请表决服务。一旦一个站已经申请到了特定速率的表决服务，则它实际上获得了一定的带宽保证，从而就有可能具备服务质量保证。

对于移动的无线设备而言，电池的寿命往往是一个问题，所以802.11也特别注意到了电源的管理问题。特别是，基站可以指示一个移动站进入睡眠状态，直到由基站或者用户显式地唤醒为止。然而，基站让一个移动站进入睡眠，这意味着在移动站睡眠期间，基站必须负责把所有发送给该移动站的帧全部缓存起来，以后再把它们送给移动站。

第 3 章 网 络 互 联

3.1 网 络 互 联

3.1.1 网络的不同之处

不同的网络在很多方面都有所不同。有些不同之处位于物理层或者数据链路层，比如不同的调制技术或者不同的帧格式。我们在这里并不关心这些不同之处，表 3-1 列出了在网络层上可能出现的一些差异，正是这些差异使得网络互联比单个网络中的操作更加困难。

表 3-1 网络的某些不同之处

项目	一些可能性
所提供的服务	面向连接的服务，或者无连接的服务
协议	IP、IPX、SNA、ATM、MPLS、AppleiTalk 等
编址方式	平面的（802）或者层次的（IP）
多播	支持或者不支持（以及广播）
分组大小	每个网络都有它自己的最大值限制
服务质量	支持或者不支持；许多不同的种类
错误处理	可靠的、有序的，以及无序的递交
流量控制	滑动窗口、速率控制，或者其他控制手段，或者无控制
拥塞控制	漏桶、令牌桶、RED、抑制分组等
安全性	隐私规则、加密等
参数	不同的超时值、流规范等
记账	按连接时间、按分组、按字节或者根本不记账

当一个网络上的某个源发送出的分组必须要经过一个或者多个外部网络才能到达目的网络（目的网络可能与源网络不同）的时候，网络之间的接口处可能会产生许多问题。首先，当分组从一个面向连接的网络传送到另一个无连接的网络的时候，这些分组可能要被重新排序，这是发送方不期望的行为，而且接收方也不打算处理顺序问题。在不同的网络之间传送分组常常需要进行协议转换，如果所要求的功能在新的协议中难以表达的话，那么这种协议转换就会非常困难。有时候还必须要进行地址转换，这可能涉及某种类型的目录系统。多播分组在通过一个不支持多播的网络的时候，可能需要针对每个目标生成单独的分组。不同的网络所使用的最大分组长度也是不同的，试想，当一个 8000 字节的分组通过一个最大分组长度为 1500 字节的网络的时候，该怎么办呢？当一个要求实时递交的分组通过一个并未提供实时性保证的网络的时候，服务质量上的差异也是一个问题。

对于不同的网络，错误控制、流量控制和拥塞控制通常也是不一样的。如果源和目标都期望所有的分组能够毫无错误的被按序递交，但是若存在一个中间网络一碰到拥塞就会丢弃分组，那么许多应用将无法工作。而且，如果分组漫无目标的游荡一段时间，然后突然冒出来并且被递交给目标的话，那么，除非应用程序专门针对这种行为进行处理，否则问题会接踵而至。不同的安全机制、参数设置和记账规则，都可能会引起问题。

3.1.2 网络如何互联

网络可以通过不同的设备相互连接起来。在物理层上，通过中继器或者集线器可以将网络连接起来，它们通常只是简单地将数据从一个网络搬移到另一个同类型的网络中。在数据链路层，可以用网桥和交换机。网桥和交换机可以接受帧，检查 MAC 地址，并且将帧转发到另一个网段中，但这仅仅是把一个网络扩大了，用网桥和交换机互联以后仍然是一个网络。

在网络层，可以通过路由器把不同的网络连接起来，称之为网络互联。TCP/IP 体系在网络互联上采用的做法是在网络层采用了标准化协议，但相互连接的网络则可以是异构的。图 3-1（a）表示有许多计算机网络通过一些路由器进行互联。由于参加互联的计算机网络都使用相同的网际协议 IP（Internet Protocol），因此可以把互联后的计算机网络看成如图 3-1（b）所示的一个虚拟互联网络。所谓虚拟互联网络也就是逻辑互联网络，互联起来的各种物理网络的异构性本来是客观存在的，但是利用 IP 协议就可以使这些性能各异的网络在网络层上看起来好像是一个统一的网络。这种使用 IP 协议的虚拟互联网络可简称为 IP 网。使用 IP 网的好处是，当 IP 网上的主机进行通信时，就好像在一个单个网络上通信一样，看不见互联的各网络的具体异构细节（如具体的编址方案、路由选择协议，等等）。

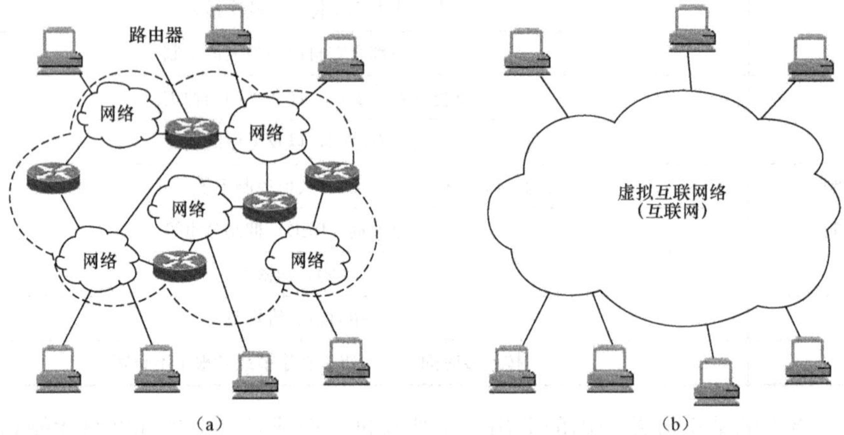

图 3-1 虚拟互联网络

（a）互联网络；（b）虚拟互联网络

3.2 IPv4 协议

3.2.1 分类的 IP 地址

在 TCP/IP 体系中，IP 地址是一个最基本的概念，有关 IP 最重要的文档就是［RFC 791］，它很早就成为因特网的正式标准。

我们把整个因特网看成为一个单一的、抽象的网络。IP 地址就是给每个连接在因特网上的主机（或路由器）分配一个在全世界范围是唯一的 32 位的标识符。IP 地址的结构使我们可以在因特网上很方便地进行寻址。IP 地址现在由因特网名字与号码指派公司 ICANN

（Internet Corporation for Assigned Names and Numbers）进行分配。

IP 地址的编址方法共经过了三个历史阶段。这三个阶段如下。

（1）分类的 IP 地址。这是最基本的编址方法，在 1981 年就通过了相应的标准协议。

（2）子网的划分。这是对最基本的编址方法的改进，其标准［RFC 950］在 1985 年通过。

（3）构成超网。这是比较新的无分类编址方法。1993 年提出后很快就得到推广应用。

本节只讨论最基本的分类 IP 地址。

所谓“分类的 IP 地址”就是将 IP 地址划分为若干个固定类，每一类地址都由两个固定长度的字段组成，其中一个字段是网络号 net-id，它标志主机（或路由器）所连接到的网络，而另一个字段则是主机号 host-id，它标志该主机（或路由器）。或者说，这种两级的 IP 地址可以记为

IP 地址：：＝{＜网络号＞，＜主机号＞}

图 3-2 出了各种 IP 地址的网络号字段和主机号字段，这里 A 类、B 类和 C 类地址是最常用的。

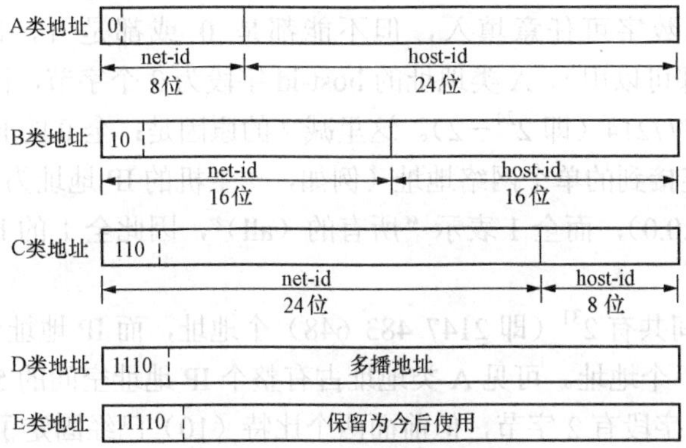

图 3-2 IP 地址的格式

从 IP 地址的结构来看，IP 地址并不仅仅是一个主机的号，而是指出了连接到某个网络上的某个主机。如果一个主机的地理位置保持不变，但现在只改变连接的线路，即连接到另外一个网络，那么这个主机的 IP 地址就必须改变。

将 IP 地址划分为三个类别，当初是这样考虑的。各种网络的差异很大，有的网络拥有很多主机，而有的网络上的主机则很少。将 IP 地址划分为 A 类、B 类和 C 类可更好地满足不同用户的要求。A 类 IP 地址的网络号数不多。现在能够申请到的 IP 地址只有 B 类和 C 类两种。当某个单位申请到一个 IP 地址时，实际上只是获得了一个网络号 net-id。具体的各个主机号 host-id 则由该单位自行分配，只要做到在该单位管辖的范围内无重复的主机号即可。

为了提高可读性，32 位的 IP 地址通常写作点分十进制记法（dotted decimal notation），即将 32 位的 IP 地址中的每 8 位用其等效的十进制数字表示，并且在这些数字之间加上一个点。这就叫作点分十进制记法。图 3-3 表示了这种方法，这是一个 B 类 IP 地址。显然，128.11.3.31 比 10000000 00001011 00000011 00011111 读起来要方便得多。

这里要指出，由于近年来已经广泛使用不分类 IP 地址进行路由选择，A 类、B 类和 C 类地址的区分已成为历史［RFC 1812］，但由于很多文献和资料都还使用传统的分类 IP 地址，

因此我们在这里还要从分类 IP 地址讲起。

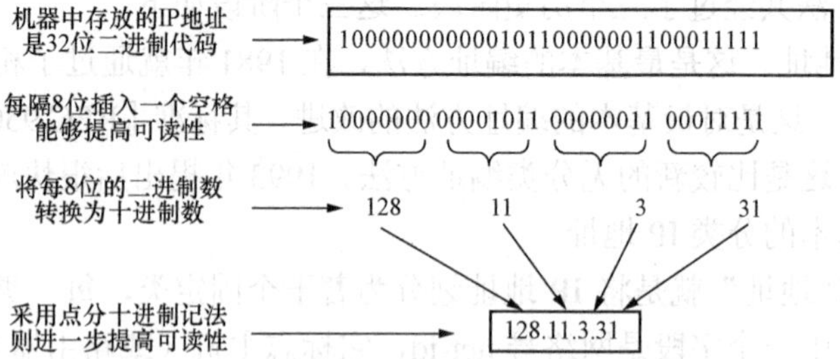

图 3-3 采用点分十进制记法能够提高可读性

A 类地址的 net-id 字段占一个字节，只有 7 个比特可供使用（该字段的第一个比特已固定为 0），但可提供使用的网络号是 126 个（即 2^7-2）。减 2 的原因是：第一，IP 地址中的全 0 表示“这个（this）”。net-id 字段为全 0 的 IP 地址是个保留地址，意思是“本网络”。第二，net-id 字段为 127（即 01111111）保留作为本地软件环回测试（loopback test）本主机之用（后面三个字节的二进制数字可任意填入，但不能都是 0 或都是 1，即除了 127.0.0.0 和 127.255.255.255 以外都可以用）。A 类地址的 host-id 字段为 3 个字节，因此每一个 A 类网络中的最大主机数是 16777214（即 $2^{24}-2$）。这里减 2 的原因是：全 0 的 host-id 字段表示该 IP 地址是“本主机”所连接到的单个网络地址（例如，一主机的 IP 地址为 5.6.7.8，则该主机所在的网络地址就是 5.0.0.0），而全 1 表示“所有的（all）”，因此全 1 的 host-id 字段表示该网络上的所有主机。

整个 A 类地址空间共有 2^{31}（即 2147 483 648）个地址，而 IP 地址全部的地址空间共有 2^{32}（即 4 294 967 296）个地址。可见 A 类地址占有整个 IP 地址空间的 50%。

B 类地址的 net-id 字段有 2 字节，但前面两个比特（10）已经固定了，只剩下 14 个比特可以变化，因此 B 类地址的网络数为 16 384（即 $2^{14}-1$，128.0.0.0 一般是不指派的）。请注意，这里不存在减 2 的问题，因为 net-id 字段最前面的两个比特（10）使得后面的 14 个比特无论怎样排列也不可能出现使整个 2 字节的 net-id 字段成为全 0 或全 1。B 类地址的每一个网络上的最大主机数是 65534（即 $2^{16}-2$）。这里需要减 2 是因为要扣除全 0 和全 1 的主机号。整个 B 类地址空间共有 1 073 741 824（即 2^{30}）个地址，占整个 IP 地址空间的 25%。

C 类地址有 3 个字节的 net-id 字段，最前面的 3 个比特是（110），还有 21 个比特可以变化，因此 C 类地址的网络总数是 2 097 152（即 $2^{21}-1$，这里也不需要减 2）。每一个 C 类地址的最大主机数是 254（即 2^8-2）。整个 C 类地址空间共有 536 870 912（即 2^{29} 个地址，占整个 IP 地址的 12.5%。

这样，我们就可得出表 3-2 所示的 IP 地址的使用范围。

表 3-2　　IP 地址的使用范围

网络类型	最大网络数	第一个可用的网络号	最后一个可用的网络号	每个网络中的最大主机数
A	126（2^7-2）	1	126	16 777 214
B	16 384（$2^{14}-1$）	128.1	191.255	65 534
C	2 097 152（$2^{21}-1$）	192.0.0.1	223.255.255	254

表 3-3 给出了一般不使用的 IP 地址，这些地址只能在特定的情况下使用。

表 3-3 一般不使用的特殊 IP 地址

net-id	host-id	源地址使用	目的地址使用	代表的意思
0	0	可以	不可	在本网络上的本主机
0	host-id	可以	不可	在本网络上的某个主机
全 1	全 1	不可	可以	只在本网络上进行广播（各路由器均不转发）
net-id	全 1	不可	可以	对 net-id 上的所有主机进行广播
127	任何数	可以	可以	用作本地软件环回测试之用

IP 地址具有以下重要特点。

（1）每一个 IP 地址都由网络号和主机号两部分组成。从这个意义上说，IP 地址是一种分等级的地址结构。分两个等级的好处是：第一，IP 地址管理机构在分配 IP 地址时只分配网络号（第一级），而剩下的主机号（第二级）则由得到该网络号的单位自行分配。这样就方便了 IP 地址的管理。第二，路由器仅根据目的主机所连接的网络号来转发分组（而不考虑目的主机号），这样就可以使路由表中的项目数大幅度减少，从而减小了路由表所占的存储空间。

（2）实际上 IP 地址是标志一个主机（或路由器）和一条链路的接口。当一个主机同时连接到两个网络上时，该主机就必须同时具有两个相应的 IP 地址，其网络号 net-id 必须是不同的。这种主机称为多接口主机（multihomed host）。由于一个路由器至少应当连接到两个网络，因此一个路由器至少应当有两个不同的 IP 地址。

（3）按照因特网的观点，用转发器或网桥连接起来的若干个局域网仍为一个网络，因此这些局域网都具有同样的网络号 net-id。

（4）在 IP 地址中，所有分配到网络号 net-id 的网络（不管是范围很小的局域网，还是覆盖很大地理范围的广域网）都是平等的。

图 3-4 画出了三个局域网（LAN_1，LAN_2 和 LAN_3）通过三个路由器（R_1，R_2 和 R_3）互联起来所构成的一个互联网（此互联网用虚线圆角方框表示）。其中局域网 LAN_2 是由两个网段通过网桥 B 互联的。图中的小圆圈表示需要有一个 IP 地址。

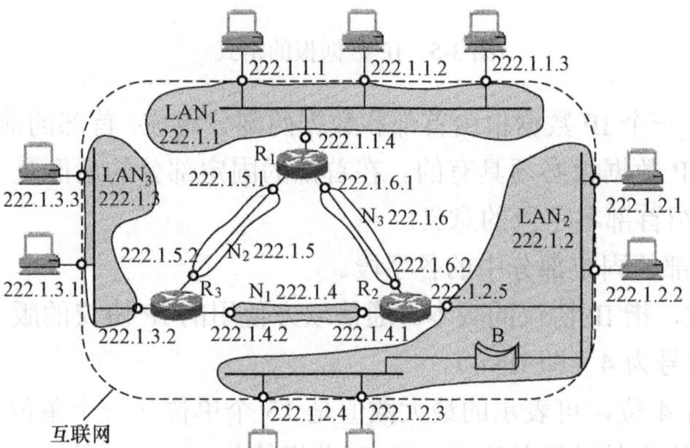

图 3-4 互联网中的 IP 地址

我们应当注意到：

（1）在同一个局域网上的主机或路由器的 IP 地址中的网络号必须是一样的。图中所示的网络号就是 IP 地址中的 net-id，这也是文献中常见的一种表示方法。另一种表示方法是用主机号 host-id 为全 0 的网络 IP 地址。

（2）用网桥（它只在链路层工作）互联的网段仍然是一个局域网，只能有一个网络号。

（3）路由器总是具有两个或两个以上的 IP 地址。即路由器的每一个接口都有一个不同网络号的 IP 地址。

（4）当两个路由器直接相连时，在连线两端的接口处，可以指明也可以不指明 IP 地址。如指明了 IP 地址，则这一段连线就构成了一种只包含一段线路的特殊“网络”（如图中的 N_1，N_2 和 N_3）。之所以叫作“网络”是因为它有 IP 地址。但为了节省 IP 地址资源，对于这种由一段连线构成的特殊“网络”，现在也常常不指明 IP 地址。

除上述的三类 IP 地址外，还有两类使用得较少的地址，即 D 类和 E 类地址（见图 3-2）。D 类地址是多播地址，主要留给因特网体系结构委员会 IAB（Internet Architecture Board）使用。E 类地址保留在今后使用。

3.2.2　IP 数据报的格式

IP 数据报的格式能够说明 IP 协议都具有什么功能。在 TCP/IP 的标准中，各种数据格式常常以 32 位（即 4 字节）为单位来描述。图 3-5 是 IP 数据报的完整格式。

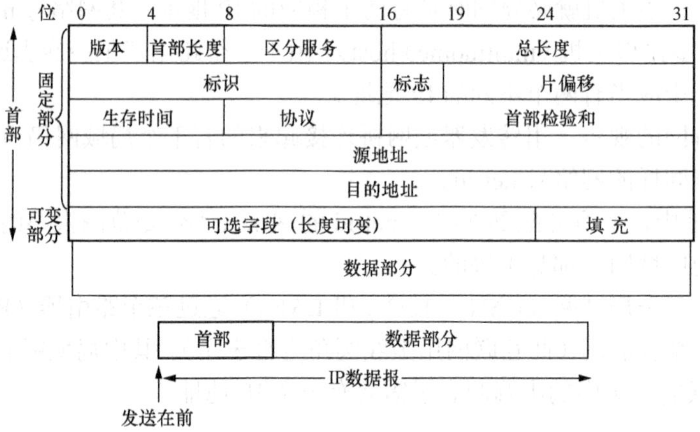

图 3-5　IP 数据报的格式

从图 3-5 可看出，一个 IP 数据报由首部和数据两部分组成。首部的前一部分是固定长度，共 20 字节，是所有 IP 数据报必须具有的。在首部的固定部分的后面是一些可选字段，其长度是可变的。下面介绍首部各字段的意义。

（1）IP 数据报首部的固定部分中的各字段。

1）版本。占 4 位，指 IP 协议的版本。通信双方使用的 IP 协议的版本必须一致。目前广泛使用的 IP 协议版本号为 4（即 IPv4）。

2）首部长度。占 4 位，可表示的最大数值是 15 个单位（一个单位为 4 字节），因此 IP 的首部长度的最大值是 4 的整数倍字节。当 IP 分组的首部长度不是 4 字节的整数倍时，必须利用最后一个填充字段加以填充。首部长度限制为 60 字节的缺点是有时（如源站路由选择）不够用。但这样做是希望用户尽量减少开销。最常用的首部长度就是 20 字节，即不使用任何选项。

3）区分服务。占 8 位，用来获得更好的服务，这个字段在旧标准中叫作服务类型，但实际上一直没有被使用过。1998 年 IETF 把这个字段改名为区分服务。一般情况下都不使用这个字段。

4）总长度。总长度指首部和数据之和的长度，单位为字节。总长度字段为 16 位，因此数据报的最大长度为 65 535 字节（即 64KB）。

在 IP 层下面的每一种数据链路层都有其自己的帧格式，其中包括帧格式中的数据字段的最大长度，这称为最大传送单元 MTU（Maximum Transfer Unit）。当一个 IP 数据报封装成链路层的帧时，此数据报的总长度（即首部加上数据部分）一定不能超过下面的数据链路层的 MTU 值。表 3-4 给出了不同链路层协议的 MTU 值。

表 3-4　　不同链路协议的 MTU 值

协议	MTU（字节）
Hyperchannel	65 535
令牌环（16Mb/s）	17 914
令牌环（4Mb/s）	4 464
FDDI	4 352
以太网	1 500
X.25	576
PPP	296

虽然使用尽可能长的数据报会使传输效率提高，但由于以太网的普遍应用，所以实际上使用的数据报长度很少有超过 1500 字节的，而有时数据报长度还被限制在 576 字节。当数据报长度超过网络所容许的最大传送单元 MTU 时，就必须将过长的数据报进行分片后才能在网络上传送（见后面的“片偏移”字段）。这时，数据报首部中的“总长度”字段不是指未分片前的数据报长度，而是指分片后每片的首部长度与数据长度的总和。

5）标识（identification）。占 16 位，它是一个计数器，用来产生数据报的标识。但这里的“标识”并没有序号的意思，因为 IP 是无连接服务，数据报不存在按序接收的问题。当 IP 协议发送数据报时，它就将这个计数器的当前值复制到标识字段中。当数据报由于长度超过网络的 MTU 而必须分片时，这个标识字段的值就被复制到所有的数据报片的标识字段中。相同的标识字段值使得分片后的各数据报片最后能正确地重装为原来的数据报。

6）标志（flag）。占 3 位。目前只有前两个比特有意义。

- 标志字段中的最低位记为 MF（More Fragment）。MF＝1 即表示后面“还有分片”的数据报。MF＝0 表示这已是若干数据报片中的最后一个。
- 标志字段中间的一位记为 DF（Don't Fragment），意思为“不能分片”。只有当 DF＝0 时才允许分片。

7）片偏移。占 12 位。片偏移指出：较长的分组在分片后，某片在原分组中的相对位置。也就是说，相对于用户数据字段的起点，该片从何处开始。片偏移以 8 个字节为偏移单位。这就是说，每个分片的长度一定是 8 字节（64 位）的整数倍。

下面举一个例子。

【例】一数据报的数据部分为3800字节长(使用固定首部),需要分片为长度不超过1420字节的数据报片。因固定首部长度为 20 字节,因此每个数据报片的数据部分长度不能超过1400字节。于是分为3个数据报片,其数据部分的长度分别为1400,1400和1000字节。原始数据报首部被复制为各数据报片的首部,但必须修改有关字段的值。图 3-6 表示分片的结果。表 3-5 是各数据报的首部中与分片有关的字段中的数值,其中标志字段的值都是任意给定的。具有相同标识的数据报片在目的站就可无误地重装为原来的数据报。

现在假定数据报片2经过某个网络时还要再进行分片,即划分为数据报片2-1(携带数据800字节)和数据报片2-2(携带数据600字节)。那么这两个数据报片的总长度、标识、MF、DF和片偏移分别为:820,12345,1,0,175;620,12345,1,0,275。

8)生存时间。生存时间字段记为TTL(Time To Live),即数据报在网络中的寿命,其单位为s。生存时间的建议值是32s。但也可设定为3～4s,甚至255s。

9)协议。占8位,协议字段指出此数据报携带的数据是使用何种协议,以便使目的主机的 IP 层知道应将数据部分上交给哪个处理过程。图 3-7 表示 IP 层需要根据这个协议字段的值将所收到的数据交付到正确的地方。

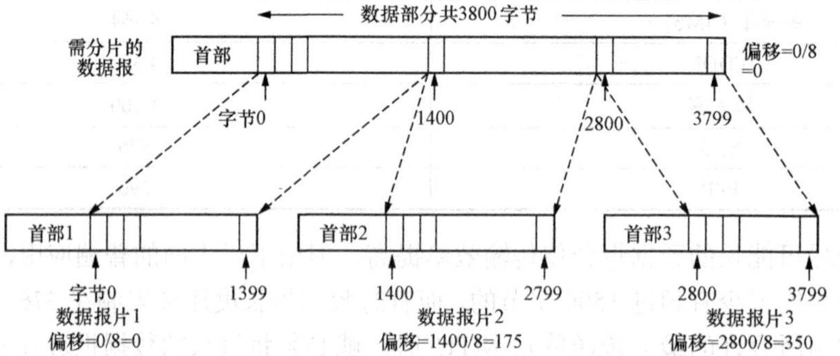

图 3-6 数据报的分片

表 3-5 IP 数据报首部中与分片有关的字段中的数值

	总长度	标识	MF	DF	片偏移
原始数据报	4000	12345	0	0	0
数据报片 1	1420	12345	1	0	0
数据报片 2	1420	12345	1	0	175
数据报片 3	1020	12345	0	0	350

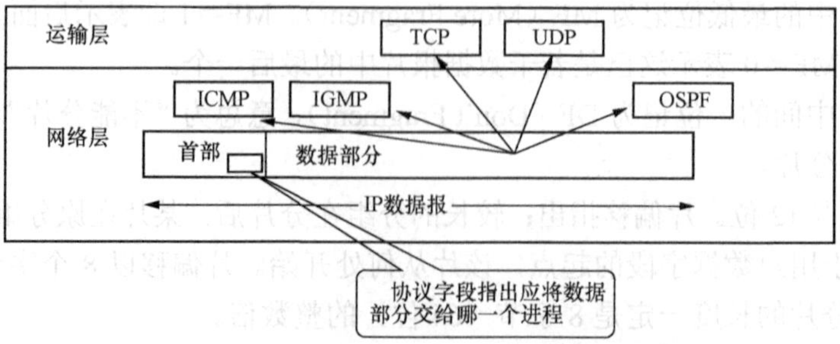

图 3-7 协议字段告诉 IP 层应当如何交付数据

常用的一些协议和相应的协议字段值见表 3-6。

表 3-6 常用的协议与相应字段值

协议名	ICMP	IGMP	TCP	EGP	IGP	UDP	IPv6	OSPF
协议字段值	1	2	6	8	9	17	41	89

10）首部检验和。此字段只检验数据报的首部，不包括数据部分。这是因为数据报每经过一个节点，节点处理机都要重新计算一下首部检验和（一些字段，如生存时间、标志、片偏移等都可能发生变化）。如将数据部分一起检验，计算的工作量就太大了。

为了减小计算检验和的工作量，IP 首部的检验和不采用 CRC 检验码而采用下面的简单计算方法：在发送端，先将 IP 数据报首部划分为许多 16 位字的序列，并将检验和字段置零。用反码算术计算将所有 16 位字相加后，将得到的和的反码写入检验和字段。接收端收到数据报后，将首部的所有 16 位字再使用反码算术运算相加一次。将得到的和取反码，即得出接收端检验和带的计算结果。若首部未发生任何变化，则此结果必为 0，于是就保留这个数据报。否则即认为出差错，并将此数据报丢弃。图 3-8 说明了 IP 数据报首部检验和的计算过程。

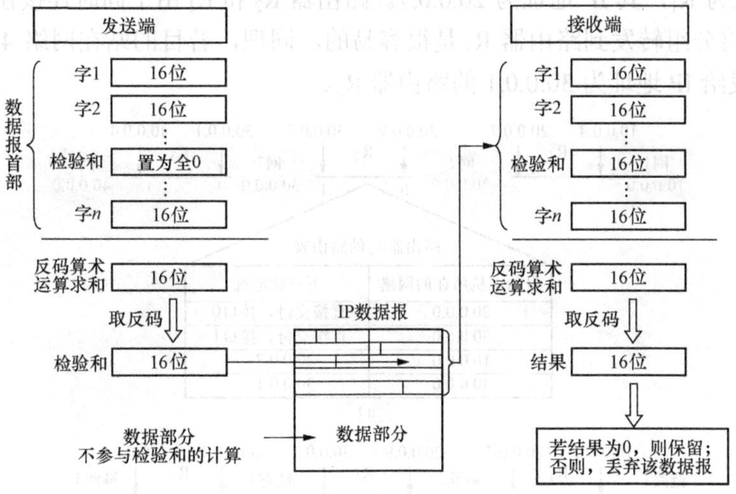

图 3-8 IP 数据报首部检验和的计算过程

11）源地址。占 4 字节。

12）目的地址。占 4 字节。

（2）IP 数据报首部的可变部分。IP 首部的可变部分就是一个选项字段。选项字段用来支持排错、测量以及安全等措施，内容很丰富。此字段的长度可变，从 1 个字节到 40 个字节不等，取决于所选择的项目。某些选项项目只需要 1 个字节，它只包括 1 个字节的选项代码。但还有些选项需要多个字节，这些选项一个个拼接起来，中间不需要有分隔符，最后用全 0 的填充字段补齐成为 4 字节的整数倍。

增加首部的可变部分是为了增加 IP 数据报的功能，但这同时也使得 IP 数据报的首部长度成为可变的。这就增加了每一个路由器处理数据报的开销。实际上这些选项很少被使用。新的 IP 版本 IPv6 就将 IP 数据报的首部长度做成固定的。因此这里不再继续讨论这些选项的细节。

3.2.3 IP层转发分组的流程

在因特网中路由器的作用和广域网中的节点交换机非常相似。但路由器和节点交换机还有些区别。

（1）路由器是用来连接不同的网络，而节点交换机只是在一个特定的网络中工作。

（2）路由器是专门用来转发分组的，而节点交换机还可接上许多个主机。

（3）路由器使用统一的IP协议，而节点交换机使用所在广域网的特定协议。

（4）路由器根据目的网络地址找出下一跳（即下一个路由器），而节点交换机则根据目的站所接入的交换机号找出下一跳（即下一个节点交换机）。

图3-9（a）是一个路由表的简单的例子。有4个A类网络通过3个路由器连接在起。每一个网络上都可能有成千上万个主机。可以想象，若按查找目的主机号来制作路由表，则所得出的路由表就会过于庞大。但若按主机所在的网络地址来制作路由表，那么每一个路由器中的路由表就只包含4个项目。以路由器 R_2 的路由表为例。由于 R_2 同时连接在网络2和网络3上，因此只要目的站在这两个网络上，都可通过接口0或1由路由器 R_2 直接交付（当然还要利用地址解析协议ARP才能找到这些主机相应的硬件地址）。若目的站在网络1中，则下一跳路由器应为 R_1，其IP地址为20.0.0.7。路由器 R_2 和 R_1 由于同时连接在网络2上，因此从路由器 R_2 将分组转发到路由器 R_1 是很容易的。同理，若目的站在网络4中，则路由器 R_2 应将分组转发给IP地址为30.0.0.1的路由器 R_3。

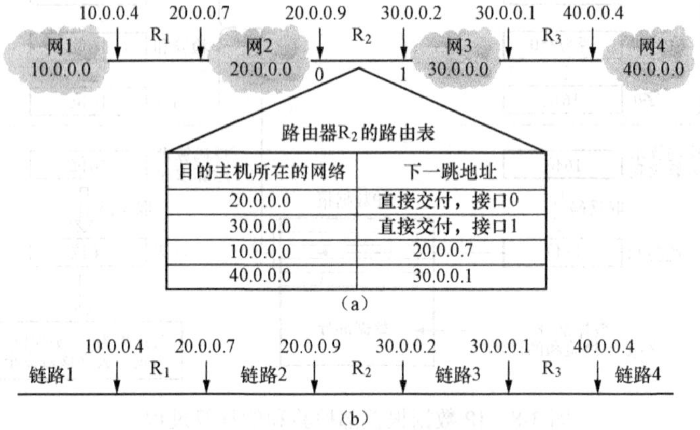

图3-9 路由表举例

（a）路由器 R_2 的路由表；（b）将网络简化为一条链路

可以将整个的网络拓扑简化为图3-9（b）所示的那样。在简化图中，网络变成了一条链路，但每一个路由器旁边都注明其IP地址。使用这样的简化图，可以使我们不用关心某个网络内部的拓扑以及连接在该网络上有多少台计算机，因为这些对于研究分组转发问题并没有什么关系。这样的简化图强调了在互联网上转发分组时，是从一个路由器转发到下一个路由器。

总之，在路由表中，对每一条路由最主要的是以下两项：

（目的网络地址，下一跳地址）

于是，我们就根据目的网络地址来确定下一跳路由器，这样做的结果是：

（1）IP数据报首先要设法找到目的主机所在目的网络上的路由器（间接交付）。

（2）只有到达最后一个路由器时，才试图向目的主机进行直接交付。

虽然因特网所有的分组转发都是基于目的主机所在的网络，但在大多数情况下都允许有这样的特例，即对特定的目的主机指明一个路由，这种路由叫作特定主机路由。采用特定主机路由可使网络管理人员能更方便地控制网络和测试网络，同时也可在需要考虑某种安全问题时采用这种特定主机路由。在对网络的连接或路由表进行排错时，指明到某一个主机的特殊路由就十分有用。

和节点交换机路由表的情况相似，路由器也可采用默认路由以减少路由表所占用的空间和搜索路由表所用的时间。

根据以上所讲的，在因特网中某一个路由器的IP层所执行的分组转发算法如下。

（1）从数据报的首部提取目的站的IP地址D，得出目的网络地址为N。

（2）若N就是与此路由器直接相连的某个网络地址，则这种交付为直接交付，即不需要再经过其他的路由器。这时就直接通过该网络将数据报交付给目的站D（这里包括将目的主机地址D转换为具体的硬件地址，将数据报封装为MAC帧，再发送此帧）；否则就是间接交付，执行（3）。

（3）若路由表中有目的地址为D的特定主机路由，则将数据报传送给路由表中所指明的下一跳路由器；否则，执行（4）。

（4）若路由表中有到达网络N的路由，则将数据报传送给路由表中所指明的下一跳路由器；否则，执行（5）。

（5）若路由表中有一个默认路由，则将数据报传送给路由表中所指明的默认路由器；否则，执行（6）。

（6）报告转发分组出错。

这里我们再强调指出，在IP数据报的首部中没有地方可以用来指明"下一跳路由器的IP地址"。在IP数据报的首部写上的IP地址是源IP地址和目的IP地址，而没有中间经过的路由器的IP地址。既然IP数据报中没有下一跳路由器的IP地址，那么待转发的数据报又怎样能够找到下一跳路由器呢？

当路由器收到一个待转发的数据报，在从路由表得出下一跳路由器的IP地址后，不是将下一跳路由器的IP地址填入IP数据报，而是送交下层的网络接口软件。网络接口软件负责将下一跳路由器的IP地址转换成硬件地址（使用ARP），并将此硬件地址放在链路层的MAC帧的首部，然后根据这个硬件地址找到下一跳路由器。由此可见，当发送一连串的数据报时，上述的这种查找路由表、计算硬件地址、写入MAC帧的首部等过程，将不断地重复进行，造成了一定的开销。

那么，能不能在路由表中不使用IP地址而直接使用硬件地址呢？不行。我们一定要弄清楚，使用抽象的IP地址，本来就是为了隐蔽各种底层网络的复杂性而便于分析和研究问题，这样就不可避免地要付出些代价，例如在选择路由时多了一些上述的开销。但反过来，如果在路由表中直接使用硬件地址，那就会带来更多的麻烦。

3.3　IPv6　协　议

3.3.1　IPv6概述

IPv6（Internet Protocol Version 6），也被称作下一代互联网协议，它是由IETF设计替代

现行的IPv4协议的一种新的IP协议。

今天的互联网大多数应用的是IPv4协议，IPv4协议已经使用了20多年，在这20多年的应用中，IPv4获得了巨大的成功，同时随着应用范围的扩大，它也面临着越来越不容忽视的危机，最主要的问题就是32位的IP地址不够用。要解决IP地址耗尽的问题，可以采用以下三个措施。

（1）采用无分类编址CIDR，使IP地址的分配更加合理。

（2）采用网络地址转换NAT方法，可节省许多全球IP 地址。

（3）采用具有更大地址空间的新版本的IP协议，即IPv6。

尽管上述前两项措施的采用使IP地址耗尽的期限推后不少，但不能从根本上解决IP地址即将耗尽的问题。因此，最根本的解决方案是第三种方法。

早在20世纪90年代初期，互联网工程任务组IETF（Internet Engineering Task Force）就开始着手下一代互联网协议IP-the next generation（IPng）的制定工作。1994年7月，IETF决定以SIPP（Simple Internet Protocol Plus，增强的简单Internet协议）作为IPng的基础，同时把地址数由64位增加到128位。新的IP协议称为IPv6。IPv6相比IPv4主要有以下变化。

（1）扩展的寻址能力：IPv6将IP地址长度从32位扩展到128位，支持更多级别的地址层次、更多的可寻址节点数以及更简单的地址自动配置。通过在组播地址中增加一个“范围”域提高了多点传送路由的可扩展性。还定义了一种新的地址类型，称为“任意播地址”，用于发送包给一组节点中的任意一个。

（2）简化的报头格式：一些IPv4报头字段被删除或变为了可选项，以减少包处理中例行处理的消耗并限制IPv6报头消耗的带宽。

（3）对扩展报头和选项支持的改进：IP报头选项编码方式的改变可以提高转发效率，使得对选项长度的限制更宽松，且提供了将来引入新的选项的更大的灵活性。

（4）标识流的能力：增加了一种新的能力，使得标识属于发送方要求特别处理（如非默认的服务质量获“实时”服务）的特定通信“流”的包成为可能。

（5）认证和加密能力：IPv6中指定了支持认证、数据完整性和（可选的）数据机密性的扩展功能。

3.3.2 IPv6的首部

3.3.2.1 IPv6基本首部

IPv6仍支持无连接的传送，但将协议数据单元PDU 称为分组，而不是IPv4的数据报。为方便起见，本书仍采用数据报这一名词。

IPv6数据报在基本首部（base header）如图3-10所示。基本首部的后面允许有零个或多个扩展首部（extension header），再后面是数据。但是，所有的扩展首部都不属于IPv6数据报的首部。所有的扩展首部和数据合起来叫作数据报的有效载荷（payload）或净负荷。

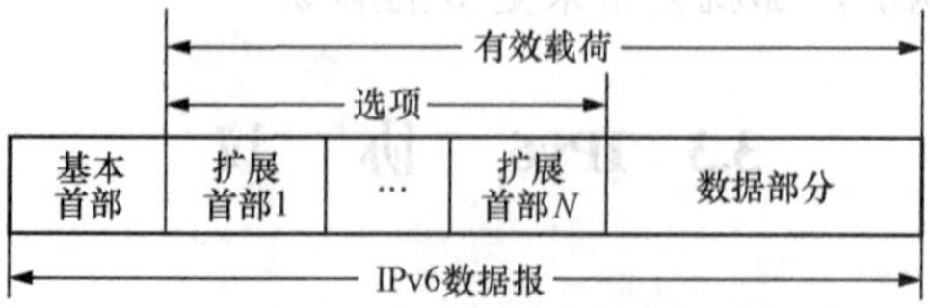

图3-10 具有多个可选扩展首部的IPv6数据报的一般形式

图 3-11 是 IPv6 数据报的基本首部。在基本首部后面是有效载荷，它包括运输层的数据和可能选用的扩展首部。

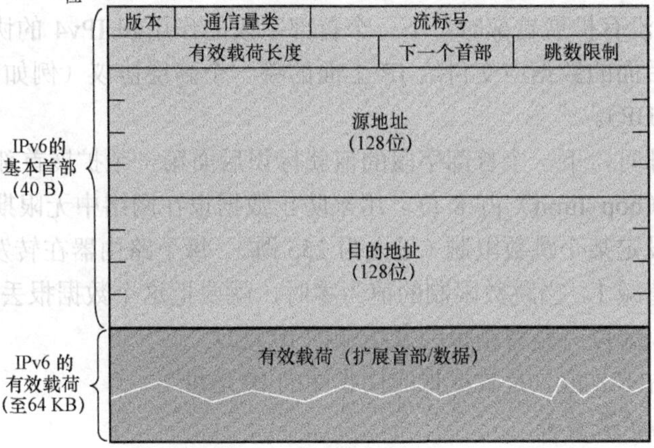

图 3-11　IPv6 的基本首部

与 IPv4 相比，IPv6 对首部中的某些字段进行了如下更改。

（1）取消了首部长度字段，因为它的首部长度是固定的（40 字节）。

（2）取消了服务类型字段，因为优先级和流标号字段合起来实现了服务类型字段的功能。

（3）取消了总长度字段，改用有效载荷长度字段。

（4）取消了标识、标志和片偏移字段，因为这些功能已包含在分片扩展首部中。

（5）把 TTL 字段改称为跳数限制字段，但作用是一样的（名称与作用更加一致）。

（6）取消了协议字段，改用下一个首部字段。

（7）取消了检验和字段，加快了路由器处理数据报的速度。在数据链路层对检测出有差错的帧就丢弃。在运输层，当使用 UDP 时，若检测出有差错的用户数据报就丢弃。当使用 TCP 时，对检测出有差错的报文段就重传，直到正确传送到目的进程为止。因此在网络层的差错检测可以精简掉。

（8）取消了选项字段，而用扩展首部来实现选项功能。

由于把首部中不必要的功能取消了，使得 IPv6 首部的字段数减少到只有 8 个（虽然首部长度增大了一倍）。

下面解释 IPv6 基本首部中各字段的作用。

（1）版本（version）占 4 位。它指明了协议的版本，对 IPv6 该字段是 6。

（2）通信量类（traffic class）占 8 位。这是为了区分不同的 IPv6 数据报的类别或优先级。目前正在进行不同的通信量类性能的实验。

（3）流标号（flow label）占 20 位。IPv6 的一个新的机制是支持资源预分配，并且允许路由器把每一个数据报与一个给定的资源分配相联系。IPv6 提出流（flow）的抽象概念。所谓“流”就是互联网络上从特定源点到特定终点（单播或多播）的一系列数据报（如实时音频或视频传输），而在这个“流”所经过的路径上的路由器都保证指明的服务质量。所有属于同一个流的数据报都具有同样的流标号。因此流标号对实时音频/视频数据的传送特别有用。对于传统的电子邮件或非实时数据，流标号则没有用处，把它置为 0 即可。

（4）有效载荷长度（payload length）占16位。它指明IPv6数据报除基本首部以外的字节数（所有扩展首部都算在有效载荷之内）。这个字段的最大值是64KB（65535字节）。

（5）下一个首部（next header）占8位：它相当于IPv4的协议字段或可选字段。

当IPv6数据报没有扩展首部时，下一个首部字段的作用和IPv4的协议字段一样，它的值指出了基本首部后面的数据应交付给IP上面的哪一个高层协议（例如：6或17分别表示应交付给TCP或UDP）。

当出现扩展首部时，下一个首部字段的值就标识后面第一个扩展首部的类型。

（6）跳数限制（hop limit）占8位。用来防止数据报在网络中无限期地存在。源点在每个数据报发出时即设定某个跳数限制（最大为255跳）。每个路由器在转发数据报时，要先把跳数限制字段中的值减1。当跳数限制的值为零时，就要把这个数据报丢弃。

（7）源地址占128位。是数据报的发送端的IP地址。

（8）目的地址占128位。是数据报的接收端的IP地址。

3.3.2.2 IPv6的扩展首部

（1）扩展首部及下一个首部字段。IPv4的数据报如果在其首部中使用了选项，那么沿数据报传送的路径上的每一个路由器都必须对这些选项一一进行检查，这就降低了路由器处理数据报的速度。然而实际上很多的选项在途中的路由器上是不需要检查的（因为不需要使用这些选项的信息）。IPv6把原来IPv4首部中选项的功能都放在扩展首部中，并把扩展首部留给路径两端的源点和终点的主机来处理，而数据报途中经过的路由器都不处理这些扩展首部（只有一个首部例外，即逐跳选项扩展首部），这样就大大提高了路由器的处理效率。

在RFC 2460中定义了以下六种扩展首部。

1）逐跳选项。

2）路由选择。

3）分片。

4）鉴别。

5）封装安全有效载荷。

6）目的站选项。

每一个扩展首部都由若干个字段组成，它们的长度也各不同。但所有扩展首部的第一个字段都是8位的“下一个首部”字段。此字段的值指出了在该扩展首部后面的字段是什么。当使用多个扩展首部时，应按以上的先后顺序出现。高层首部总是放在最后面。图3-12（a）表示当数据报不包含扩展首部时，固定首部中的下一个首部字段就相当于IPv4首部中的协议字段，此字段的值指出后面的有效载荷应当交付给上一层的哪一个进程。例如，当有效载荷是TCP报文段时（固定首部中下一个首部字段的值就是6，这个数值和IPv4中协议字段填入的值一样），后面的有效载荷就被交付给上层的TCP进程。

图3-12（b）表示在基本首部后面有两个扩展首部的情况。所有扩展首部中的第一个字段“下一个首部”的值都是指出了跟随在此扩展首部后面的是何种首部。例如，第一个扩展首部是路由选择首部，其“下一个首部字段”的值就指出后面的扩展首部是分片扩展首部，而分片扩展首部的“下一个首部字段”的值又指出再后面的首部是TCP或UDP的首部。

（2）扩展首部举例。下面以分片扩展首部为例来说明扩展首部的作用。

IPv6把分片限制为由源点来完成。源点可以采用保证的最小MTU（1280字节），或者在发送数据前完成路径最大传送单元发现（Path MTU Discovery），以确定沿着该路径到终点的最小 MTU。当需要分片时，源点在发送数据报前先把数据报分片，保证每个数据报片都小于此路径的 MTU。因此，分片是端到端的，路径途中的路由器不允许进行分片。

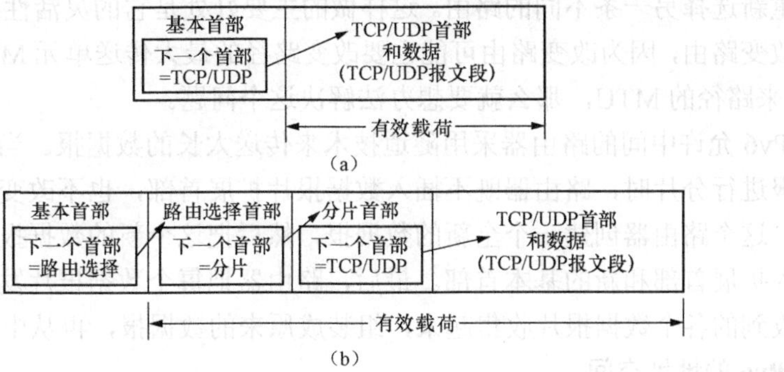

图 3-12 IPv6 扩展首部

（a）无扩展首部；（b）有两个扩展首部

IPv6 基本首部中不包含用于分片的字段，而是在需要分片时，源点在每一数据报片的基本首部的后边插入一个小的分片扩展首部，它的格式如图 3-13 所示。

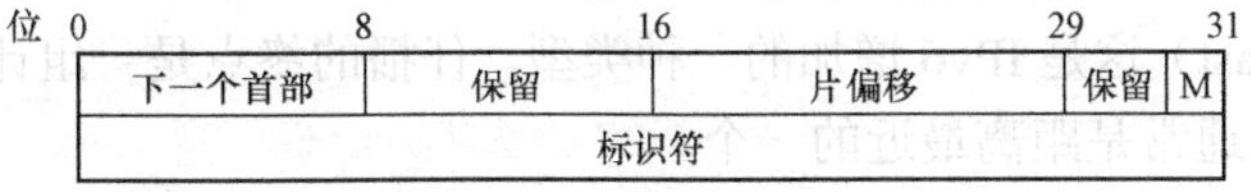

图 3-13 分片扩展首部的格式

IPv6 保留了 IPv4 分片的大部分特征，其分片扩展首部共有以下几个字段。

1）下一个首部（8 位）指明紧接着这个扩展首部的下一个首部。

2）保留（10 位）为今后使用。该字段在第 8～15 位和第 29～30 位。

3）片偏移（13 位）指明本数据报片在原来的数据报中的偏移量，以 8 个字节为表示单位。可见每个数据报片的长度必须是 8 个字节的整数。

4）M（1 位）M＝1 表示后面还有数据报片。M＝0 则表示这已是最后一个数据报片。

5）标识符（32 位）由源点产生的、用来唯一地标志数据报的一个 32 位数。每产生一个新数据报，就把这个标识符加 1。采用 32 位的标识符，可使得在源点发送到同样的终点的数据报中，在数据报的生存时间内无相同的标识符（即使是高速网络）。

下面是个例子。设 IPv6 数据报的有效载荷为 3000 字节。现用下层的以太网传送此数据报，而以太网的最大传送单元 MTU 1500 字节，因此必须进行分片。分成的三个数据报片的数据部分分别是1400 字节，1400 字节和 200 字节。分片需要在 IPv6 的基本首部后面增加一个分片扩展首部。分片的结果如图 3-14 所示。

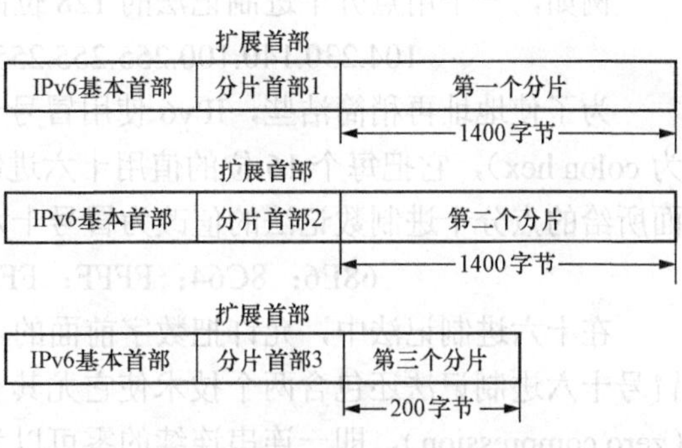

图 3-14 IPv6 数据报分片举例

采用端到端分片的方法可以减少路由器的

开销，因而允许路由器在单位时间内处理更多的数据报。然而，端到端的分片方法有一个重要的后果：它改变了因特网的基本架设。

因特网原来被设计为允许在任何时候改变路由。例如，如果一个网络或者路由器出故障，那么就可以重新选择另一条不同的路由。这样做的主要好处是它的灵活性。然而 IPv6 就不能这样容易地改变路由，因为改变路由可能也要改变路径的最大传送单元 MTU。如果新路径的 MTU 小于原来路径的 MTU，那么就要想办法解决这个问题。

为此，IPv6 允许中间的路由器采用隧道技术来传送太长的数据报。当路径途中的路由器需要对数据报进行分片时，路由器既不插入数据报片扩展首部，也不改变基本首部中的各个字段。相反，这个路由器创建一个全新的数据报，然后把这个新的数据报分片，并在各个数据报片中插入扩展首部和新的基本首部。最后，路由器把每个数据报片发送给最后的终点，而在终点把收到的各个数据报片收集起来，组装成原来的数据报，再从中抽取出数据部分。

3.3.3 IPv6 的地址空间

3.3.3.1 地址的类型与地址空间

一般来讲，一个 IPv6 数据报的目的地址可以是以下三种基本类型地址之一。

（1）单播（unicast）单播就是传统的点对点通信。

（2）多播（muticast）多播是一点对多点的通信，数据报发送到一组计算机中的每一个。IPv6 没有采用广播的术语，而是将广播看作多播的一个特例。

（3）任播（anycast）这是 IPv6 增加的一种类型。任播的终点是一组计算机，但数据报只交付给其中的一个，通常是距离最近的一个。

IPv6 把实现 IPv6 的主机和路由器均称为节点。由于一个节点可能会使用多条链路与其他的一些节点相连，因此一个节点就可能有多个与链路相连的接口。这样，IPv6 给节点的每一个接口指派一个 IP 地址。一个节点可以有多个单播地址，而其中的任何一个地址都可以当作到达该节点的目的地址。

在 IPv6 中，每个地址占 128 位，地址空间大于 3.4×10^{38}。如果整个地球表面（包括陆地和水面）都覆盖着计算机，那么 IPv6 允许每平方米拥有 7×10^{23} 个 IP 地址。如果地址分配速率是每微秒分配 100 万个地址，则需要 10^{19} 年的时间才能将所有可能的地址分配完毕。可见在想象到的将来，IPv6 的地址空间是不可能用完的。

巨大的地址范围还必须使维护互联网的人易于阅读和操纵这些地址。IPv4 所用的点分十进制记法现在也不够方便了。

例如，一个用点分十进制记法的 128 位的地址为

104.230.140.100.255.255.255.255.0.0.17.128 .150.10.255.255

为了使地址再稍简洁些，IPv6 使用冒号十六进制记法（colon hexadecimal notation，简写为 colon hex），它把每个 16 位的值用十六进制值表示，各值之间用冒号分隔。例如，如果前面所给的点分十进制数记法的值改为冒号十六进制记法，就变成了

68E6：8C64：FFFF：FFFF：0：1180：960A：FFFF

在十六进制记法中，允许把数字前面的 0 省略。上面就把 0000 中的前三个 0 省略了。冒号十六进制记法还包含两个技术使它尤其有用。首先，冒号十六进制记法可以允许零压缩（zero compression），即一连串连续的零可以为一对冒号所取代，例如

FF05：0：0：0：0：0：0：B3

可以写成

FF05：：B3

为了保证零压缩有一个不含混的解释，规定在任一地址中只能使用一次零压缩。该技术对已建议的分配策略特别有用，因为会有许多地址包含较长连续的零串。

其次，冒号十六进制记法可结合使用点分十进制记法的后缀。我们下面会看到这种结合在 IPv4 向 IPv6 的转换阶段特别有用。例如，下面的串是一个合法的冒号十六进制记法

0：0：0：0：0：0：128.10.2.1

请注意，在这种记法中，虽然为冒号所分隔的每个值是两个字节（16 位）的量，但每个点分十进制部分的值则指明一个字节（8 位）的值。再使用零压缩即可得出

：：128.10.2.1

下面再给出几个使用零压缩的例子。

1080：0：0：0：8：800：200C：417A 记为 1080：：8：800：200c：417A

FF01：0：0：0：0：0：0：101（多播地址） 记为 FF01：：101

0：0：0：0：0：0：0：1（环回地址） 记为：：1

0：0：0：0：0：0：0：0（未指明地址） 记为 ：：1

CIDR 的斜线表示法仍然可用。例如，60 位的前缀 12AB00000000CD3（十六进制表示的 15 个字符，每个字符代表 4 位二进制数字）可记为

12AB：0000：0000：CD30：0000：0000：0000：0000 / 60

或 12AB：：CD30：0：0：0：0 / 60

或 12AB：0：0：CD30：：/ 60

但不允许记为

12AB：0：0：CD3 / 60（不能把 16 位地址块最后的 0 省略）

或 12AB：：CD30 / 60（这是地址 12AB：0：0：0：0：0：CD30 的前 60 位二进制）

或 12AB：：CD3 / 60（这是地址 12AB：0：0：0：0：0：CD3 的前 60 位二进制）。

3.3.3.2 全球单播地址的等级结构

IPv6 把 118 的地址空间划分为全球单播地址，因为单播地址使用得最多。IPv4 发展过程中最重要的变化之一就是单播地址所使用的划分策略，以及由此产生的多级地址体系。我们知道 IPv4 的地址最初是分类地址，后来发展为无分类地址。这种地址实际上是两级结构，即把地址划分为一个全球唯一的前缀和一个后缀。考虑到让 IPv6 地址更加便于用户使用，在 2003 年 8 月公布了 RFC 3587，修改了原来对 IPv6 地址的划分方法，取消了原来划分出的顶级聚合（TLA）和下一级聚合（NLA）等字段。图 3-15 表示现在使用的 IPv6 单播地址的建议划分方法。图中各字段中的术语都是 RFC 3587 上使用的。

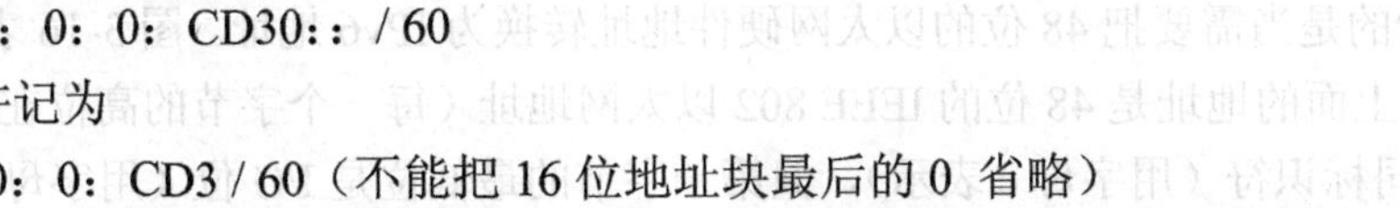

图 3-15 IPv6 单播地址的等级结构

（1）全球路由选择前缀（Global Routing Prefix）。这是第一级地址，占 48 位，分配给各公司和组织，用于因特网中路由器的路由选择。这相当于最初分类的 IPv4 地址中的网络号字

段。请注意，现在这类单播地址最前面的三位为 001，因此可以进行分配的地址共有 45 位，是 IPv4 全部地址空间的 2^{13} 倍（即 8192 倍）。IETF 让各地区的互联网登记机构（如 APNIC，ARIN，LACNIC 和 FJPE）自己决定怎样进一步划分这部分地址。

（2）子网标识符（subnet ID）。这是第二级地址，占 16 位，用于各公司和组织创建自己的子网。对于小公司，可以把这个字段置为全 0。

（3）接口标识符（Interface ID）。这是第三级地址，占 64 位，指明主机或路由器单个的网络接口。实际上这就相当于分类的 IPv4 地址中的主机号字段。

与 IPv4 不同，IPv6 地址的主机号字段有 64 位之多，它足够大，因而可以将各种接口的硬件地址直接进行编码。这样，IPv6 只需把 128 位地址中的最后 64 位提取出就可得到相应的硬件地址，而不需要使用地址解析协议 ARP 进行地址解析。IPv6 使用一个叫作邻站发现协议（neighbor discovery protocol）使一个节点能够确定哪些计算机是和它相邻接的（在网际控制报文协议 ICMP 新版本 ICMPv6 中使用这个协议）。

为了保证可操作性，所有的计算机都必须对硬件地址使用同样的编码方法。因此，IPv6 还指明了各种形式的硬件地址的精确编码方法。

IEEE 定义了一个标准的 64 位全球唯一地址格式 EUI-64。EUI-64 的前三个字节（24 位）仍为公司标识符，但后面的扩展标识符是五个字节（40 位）。当一个 EUI-64 硬件地址需要转换为 IPv6 地址时，只要把它放入 IPv6 地址中的接口标识符字段中即可。但要把公司标识符的第 1 字节的最低第 2 位（即 G/L 位）置为 1（因为这时是全球管理的 IP 地址，G/L 位必须是 1）。

较为复杂的是当需要把 48 位的以太网硬件地址转换为 IPv6 地址。图 3-16 表示地址转换的方法。图中上面的地址是 48 位的 IEEE 802 以太网地址（每一个字节的高位在前），其中的前 24 位是公司标识符（用字母 c 表示），但第一字节的最低位是 I/G 位（用字母 g 表示），而第一字节的最低第二位是 G/L 位（图中假定是 0）。

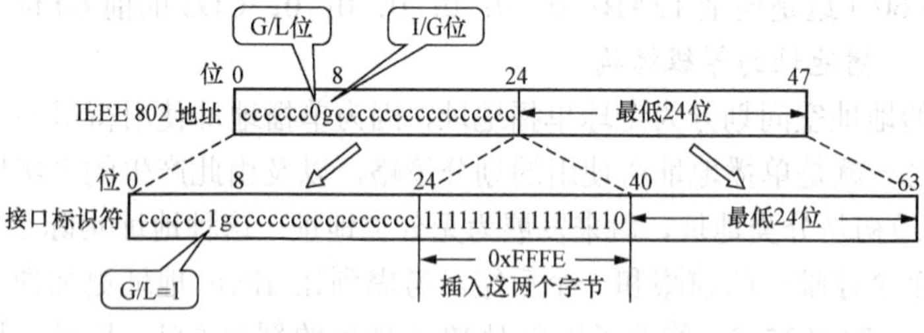

图 3-16　把以太网地址转换为 IPv6 地址

把 48 位的以太网地址放入到 IPv6 地址中的 64 位的接口标识符时，应增加 16 位才行。IPv6 规定这 16 位的十六进制值是 0xFFFE，并且应插入在以太网地址前 24 位的公司标识符之后。此外，公司标识符的第一字节的最低第二位必须置为 1。以太网地址最后 24 位的扩展标识符则复制到接口标识符的最后 24 位。

3.3.4　从 IPv4 向 IPv6 过渡

由于现在整个因特网上使用老版本 IPv4 的路由器的数量太大，因此，“规定一个日期，从这一天起所有的路由器一律都改用 IPv6”，显然是不可行的。这样，向 IPv6 过渡只能采用逐步演进的办法，同时，还必须使新安装的 IPv6 系统能够向后兼容。这就是说，IPv6 系统必须能够接收和转发 IPv4 分组，并且能够为 IPv4 分组选择路由。

下面介绍两种向 IPv6 过渡的策略，即使用双协议栈和使用隧道技术［RFC 2473，2529，2893，3056，4038］。

3.3.4.1 双协议栈

双协议栈（dual stack）是指在完全过渡到 IPv6 之前，使一部分主机（或路由器）装有两个协议栈，一个 IPv4 和一个 IPv6。因此双协议栈主机（或路由器）既能够和 IPV6 的系统通信，又能够和 IPV4 的系统进行通信。双协议栈的主机（或路由器）记为 IPv6/IPv4，表明它具有两种 IP 地址：一个 IPv6 地址和一个 IPv4 地址。

双协议栈主机在和 IPv6 主机通信时是采用 IPv6 地址，而和 IPv4 主机通信时就采用 IPv4 地址。但双协议栈主机怎样知道目的主机是采用哪一种地址呢？它是使用域名系统 DNS 来查询。若 DNS 返回的是 IPv4 地址，双协议栈的源主机就使用 IPv4 地址。但当 DNS 返回的是 IPv6 地址，源主机就使用 IPv6 地址。

图 3-17 所示的情况是源主机 A 和目的主机 F 都使用 IPv6，所以 A 向 F 发送 IPv6 数据报，路径是 A→B→C→D→E→F。中间 B 到 E 这段路径是 IPv4 网络，因此路由器 B 不能向 C 转发 IPv6 数据报，因为 C 只使用 IPv4 协议。由于 B 是 IPv6/IPv4 路由器，因此路由器 B 把 IPV6 数据报首部转换为 IPv4 数据报首部后发送给 C。等到 IPv4 数据报到达 IPv4 网络的出口路由器 E 时（E 也是 IPv6/IPv4 路由器），再恢复成原来的 IPv6 数据报。需要注意的是：IPv6 首部中的某些字段却无法恢复。例如，原来 IPv6 首部中的流标号 X 在最后恢复出的 IPv6 数据报中只能变为空缺。这种信息的损失是使用首部转换方法所不可避免的。

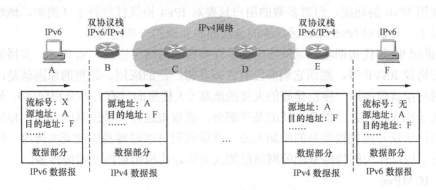

图 3-17 使用双协议栈进行从 IPv4 到 IPv6 的过渡

3.3.4.2 隧道技术

向 IPv6 过渡的另一种方法是隧道技术（tunneling）。图 3-18 给出了隧道技术的工作原理。这种方法的要点就是在 IPv6 数据报要进入 IPv4 网络时，将 IPv6 数据报封装成为 IPv4 数据报（整个的 IPv6 数据报变成了 IP v4 数据报的数据部分）。然后，IPv6 数据报就在 IPv4 网络的隧道中传输。当 IPv4 数据报离开 IPv4 网络中的隧道时再把数据部分（即原来的 IPv6 数据报）交给主机的 IPv6 协议栈。图 3-18（a）表示在 IPv4 网络中打通了一个从 B 到 E 的“IPv6 隧道”，路由器 B 是隧道的入口而 E 是出口。图 3-18（b）表示数据报的封装要点。注意，在隧道中传送的数据报的源地址是 B 而目的地址是 E。

要使双协议栈的主机知道 IPv4 数据报里面封装的数据是一个 IPv6 数据报，就必须把 IPv4

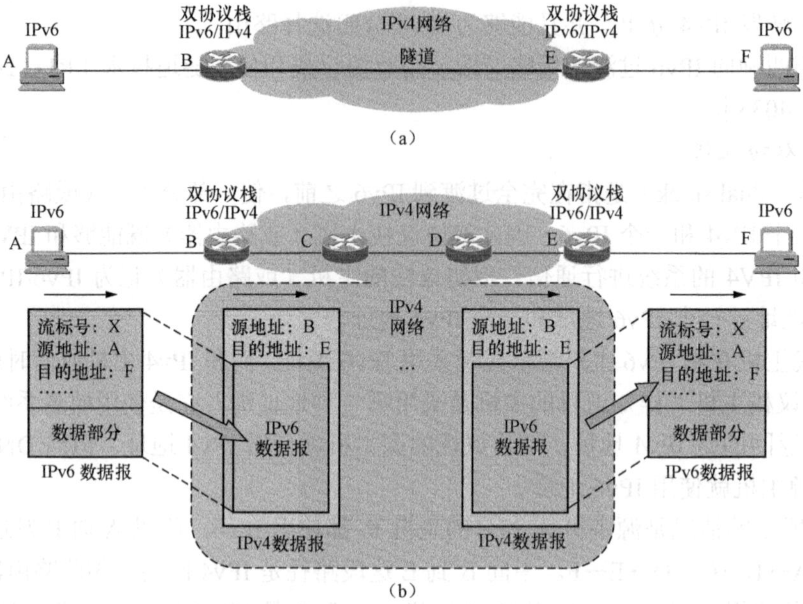

图 3-18 使用隧道技术进行从 IPv4 到 IPv6 的过渡

首部的协议字段的值设置为 41（41 表示数据报的数据部分是 IPv6 数据报）。现在有不少人怀疑是否能够在近期在整个因特网范围实现从 IPv4 到 IPv6 的过渡。至少，在北美有一些因特网服务提供者（ISP）表示他们近期并不打算将其路由器升级到 IPv6。他们认为，只有不多的用户需要使用 IPv6 的功能，而对多数的用户只要对 IPv4 协议打些补丁（例如，地址转换程序）就可以了。目前对 IPv6 比较感兴趣的是欧洲和亚洲的一些运营商。

从 20 世纪 90 年代初期起，就陆续出现了许多新的网络层协议，如 IPv6、多播协议，以及资源预留协议 RSVP 等，然而它们并没有立即获得广泛的应用。这里的原因就是：把新的协议引入网络层就像改造一座已建好的大楼的地基（大楼里面已有人办公和居住）。如果不暂时把这些人迁出大楼，甚至拆除大楼的某些部分，就很难进行大楼地基的改造。相反，因特网上的应用层协议却能比较容易的添加上去，就像我们可以较容易的改变大楼内一些房间里的装潢那样。因此作为因特网基础的网络层的改变估计比应用层改变缓慢得多。

3.3.5 ICMPv6

和 IPv4 一样，IPv6 也不保证数据报的可靠交付。因特网中的路由器可能会丢弃数据报。因此 IPv6 也需要使用 ICMP 来反馈一些差错信息。但是适合于 IPv4 的 ICMP 并不能满足 IPv6 的全部需求。因此，ICMP 也制定出与 IPv6 配套使用的 ICMPv6 版本。ICMP 是与 IPv4 配套使用的网络层其他四个协议之一（其他三个为 ARP，RARP，IGMP）。但是 IPv6 的情况不同。这是因为 ARP 和 IGMP 已经被列入 IPv6 了，而 RARP 被取消了。因此与 IPv6 配套使用的只有 ICMP 一个协议。

ICMPv6 的报文格式和 IPv4 使用的 ICMP 相似，即前四个字节的字段名称都一样，但是第五个字节后面部分都作为报文字体。

表 3-7 是常用的几种 ICMPv6 报文。

在差错报告报文中，可以用不同的代码表示不同的情况。例如，对于“终点不可达报文”，有以下四种情况：无路由到达终点、在管理上禁止与终点通信、地址不可达、端口不可达。

对于“时间超过报文”，有跳数限制超过和分片重装时间超过两种情况。对于“参数问题报文”，有首部字段差错、下一个首部类型无法识别、IPv6 选项无法识别等。

ICMPv6 报文的前面是 IPv6 首部和零个或更多的 IPv6 扩展首部。在 ICMPv6 前面的一个首部中的“下一个首部字段”应该置为 58。请注意：这和 IPv4 中标志 ICMP 的值不同，在 IPv4 中标志 ICMP 的值是 1。

表 3-7　　常用的几种 ICMPv6 报文

ICMP 报文种类	类型的值	ICMP 报文的类型	定义的 RFC 文档
差错报告报文	1	终点不可达	RFC2463
	2	分组太长	
	3	时间超过	
	4	参数问题	
提供信息的报文	128	回送请求	
	129	回送回答	
多播听众发现报文（组管理协议适用）	130	多播听众查询	RFC2710
	131	多播听众报告	
	132	多播听众完成	
邻站发现报文	133	路由器询问	RFC2461
	134	路由器通告	
	135	邻站询问	
	136	邻站通告	
	137	改变路由	

3.4 移 动 IP

3.4.1 移动 IP 的基本概念

早期的 Internet 主机都是通过固定方式接入到互联网。每一台主机都要分配一个唯一的 IP 地址。互联网中主机之间数据分组传输的路由都是通过网络号来决定的。路由器根据分组目的 IP 地址，通过查找路由表来决定转发的端口。

移动节点是指从一个链路移动到另一个链路或一个网络移动到另一个网络的主机或路由器。移动 IP 节点简称为移动节点。当移动节点在不同的网络或在不同的传输介质之间移动时，随着接入位置的变化，接入点会不断改变。最初分配给它的 IP 地址已经不能表示出它目前所在的网络位置，路由选择算法也不能为移动节点提供正确的路由服务。

为了解决主机在不同网络之间移动的问题，移动 IP 由 IETF 的移动 IP 小组（IP Routing for Wireless/mobile Hosts）制定，于 1996 年 11 月公布为建议标准。

主要内容如下。

RFC 2002：定义了移动 IP 协议。

RFC 2003、2004：定义的移动 IP 使用的隧道技术。

RFC 2005：叙述了移动 IP 的应用。

RFC 2006：定义了移动 IP 的管理信息库 MIB，还有关于优化、对 IPv6 支持等方面的草案（draft）。

移动 IP 的基本术语如下。图 3-19 显示了移动 IP 的逻辑结构。

（1）家乡链路（Home Link）：移动节点家乡网络的链路。

（2）家乡代理（Home Agent）：运行在移动节点家乡链路上的路由器，它截获发送给移动节点的报文，将报文转发给移动节点。

（3）外地链路（Foreign Link）：移动节点所在的外地网络的链路。

（4）外地代理（Foreign Agent）：运行在外地网络上的路由器，是移动节点发送报文的缺省路由器。

（5）移动节点（Mobile Node）：指一个移动的计算机或路由器，移动后仍能用原来的 IP 地址进行通信。

（6）通信对端（Correspondent Node）：与移动节点通信的计算机。

（7）家乡网络（Home Network）：移动节点的归属网络。

（8）家乡地址（Home Address）：分配给移动节点的永久 IP 地址，不随节点位置的变化而改变。

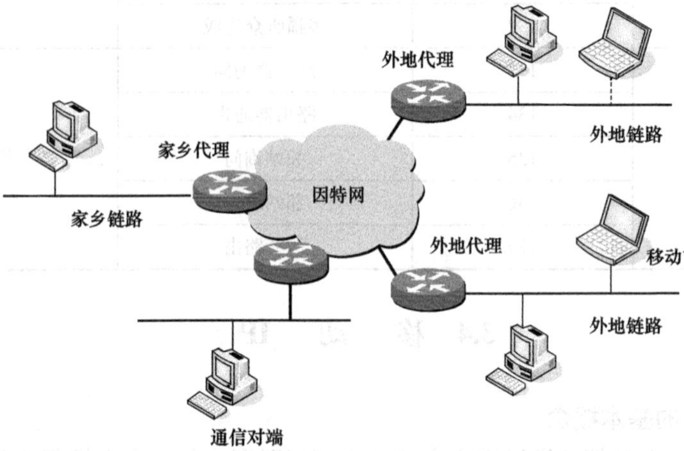

图 3-19 移动 IP 的逻辑结构

3.4.2 移动 IPv4 的基本工作过程

移动 IPv4 的基本工作过程大致可以分为代理发现、注册、分组路由与注销四个阶段。

（1）代理发现（agent discovery）。移动 IPv4 代理发现是通过扩展 ICMP 路由发现机制来实现的。它定义了“代理通告”和“代理请求”两种新的报文。

移动 IPv4 代理发现机制工作原理如图 3-20 所示。移动代理周期性地发送代理通告报文，或为响应移动节点的代理请求而发送代理通告报文。移动节点在接收到代理通告报文后，判断它是否从一个网络切换到另一个网络，是在家乡网络还是外地网络。在切换到外地网络时，可以选择使用外地代理提供的转交地址。

（2）注册（registration）。移动节点到达新的网络后，通过注册过程把自己新的可达信息通知家乡代理。注册过程涉及移动节点、外地代理和家乡代理。通过交换注册报文，在家乡代理上创建或者修改“移动绑定”，使家乡代理在规定的生存期内保持移动节点的家乡地址与转发地址的关联。

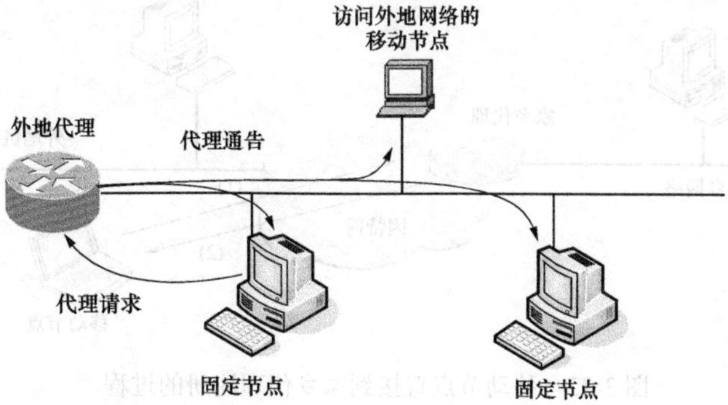

图 3-20 移动 IP 代理发现机制原理示意

通过注册过程可以达到以下目的。

1）使移动节点获得外地代理的转发服务。

2）使家乡代理知道移动节点当前的转发地址。

3）家乡代理更新即将过期的移动节点的注册，或者注销回到家乡的移动节点。

因此在未配置家乡地址时，注册过程可以帮助移动节点发现一个可用的家乡地址；在维护多个注册的情况下，数据分组能够通过隧道，被复制、转发到每个活动的转发地址；在维护其他移动绑定的同时，注销某个特定的转发地址；当它不知道家乡代理地址的时候，通过注册过程找到家乡地址。

注册过程如下。

移动 IPv4 为移动节点到家乡代理的注册定义了两种不同的过程。一种过程是通过外地代理转发移动节点的注册请求，另一种过程是移动节点直接到家乡代理上进行注册请求。

图 3-21 给出了通过外地代理转发注册请求的过程示意。

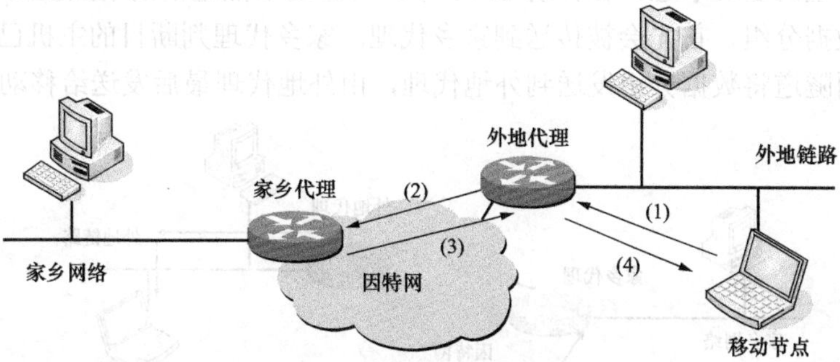

图 3-21 通过外地代理转发注册请求

通过外地代理注册的过程需要使用以下步骤。

1）移动节点发送注册请求报文到外地代理，开始注册过程。

2）外地代理处理注册请求报文，然后将它转发到家乡代理。

3）家乡代理向外地代理发送注册应答报文，同意（或拒绝）请求。

4）外地代理接收注册应答报文，并将处理结果告知移动节点。

图3-22给出了移动节点直接到自己的家乡代理进行注册的过程示意。

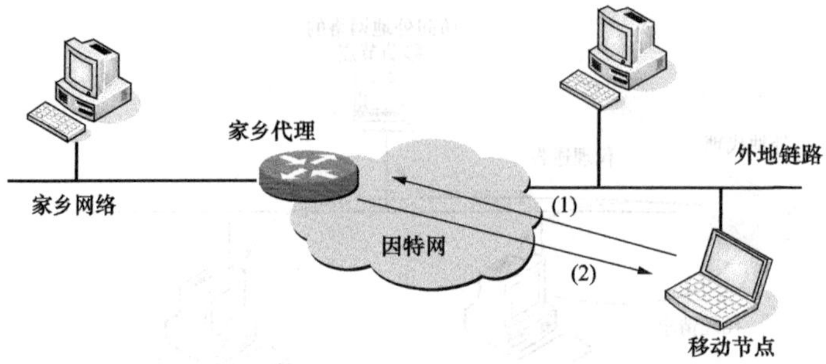

图3-22 移动节点直接到家乡代理注册的过程

移动节点直接到家乡代理注册的过程只需要经过以下两步。

1）移动节点向家乡代理发送注册请求报文。

2）家乡代理向移动节点发送一个注册应答，同意（或者拒绝）请求。

具体采用哪一种方法注册，需要按照以下规则来决定。

1）如果移动节点使用外地代理转发地址，那么它必须通过外地代理进行。

2）如果移动节点使用配置转交地址，并且从它当前正使用转发地址的链路上收到外地代理的代理通报报文，该报文的“标志位-R（需要注册）”被置位，那么它也必须通过外地代理进行注册。

3）如果移动节点转发时使用配置转交地址，那么它必须到家乡代理注册。

（3）分组路由（packet routing）。移动IP的分组路由可以分为单播、广播与多播三种情况来进行讨论。

1）单播分组路由。单播分组路由可以分为两种情况。

第一种情况是：移动节点在外地网络上接收单播分组。图3-23给出了移动节点在外地网络上接收单播分组的过程示意。在移动IPv4中，与移动节点通信的节点使用移动节点的IP地址所发送的数据分组，首先会被传送到家乡代理。家乡代理判断目的主机已经在外地网络访问，它会利用隧道将数据分组发送到外地代理，由外地代理最后发送给移动节点。

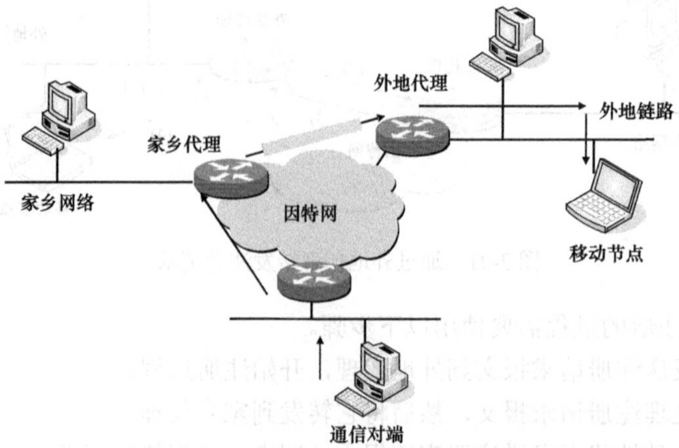

图3-23 移动节点在外地网络上接收单播分组

第二种情况是：移动节点在外地网络上发送单播分组。如果移动节点向通信对端发送数据分组，那么它就有两种方法。一种方法是通过外地代理直接路由到目的主机，如图 3-24 所示；另一种方法是通过家乡代理转发，如图 3-25 所示。

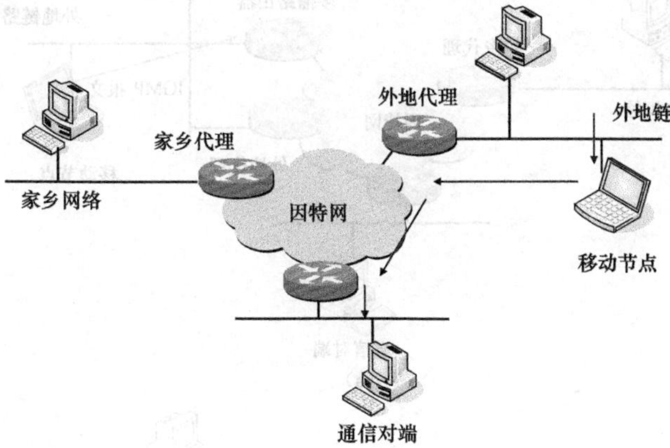

图 3-24 移动节点发送单播分组--通过外地代理直接路由到目的主机

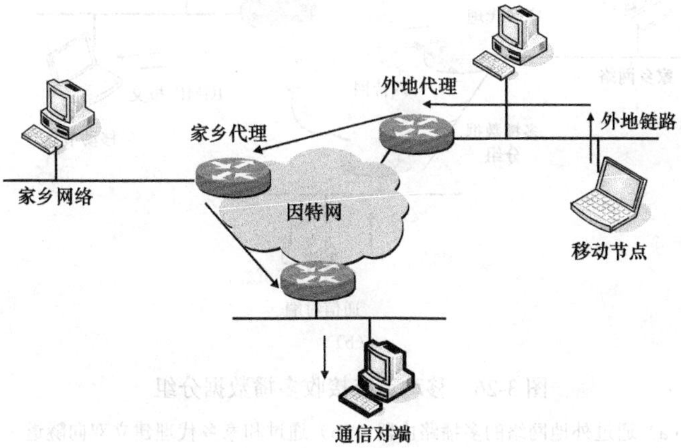

图 3-25 移动节点发送单播分组--通过家乡地代理转发

2）广播分组路由。一般情况下，家乡代理不将广播数据分组转发到移动绑定列表中的每一个移动节点。如果移动节点以及请求转发广播数据分组，那么家乡代理将采取“IP 封装”的方法实现转发。

3）多播分组路由。多播分组路由也可以分为两种情况。

第一种情况是移动节点接收多播数据分组。移动节点接收多播数据分组有两种方法。第一种方法是移动节点直接通过外地网络的多播路由器加入多播组，如图 3-26（a）所示。第二种方法是通过好人家乡代理之间建立的双向隧道加入多播组，移动节点将 IGMP 报文通过反向隧道发送到家乡代理，家乡代理通过隧道将多播数据分组发送到移动节点，如图 3-26（b）所示。

第二种情况是移动节点发送多播数据分组。移动节点如果是多播源，那么它发送多播数据分组也有两种方法。第一种方法是移动节点直接通过外地网络的多播路由器发送多播分组，如图 3-27（a）所示。第二种方法是先将多播分组发送到家乡代理，家乡代理再将多播数据分组转发送出去，如图 3-27（b）所示。

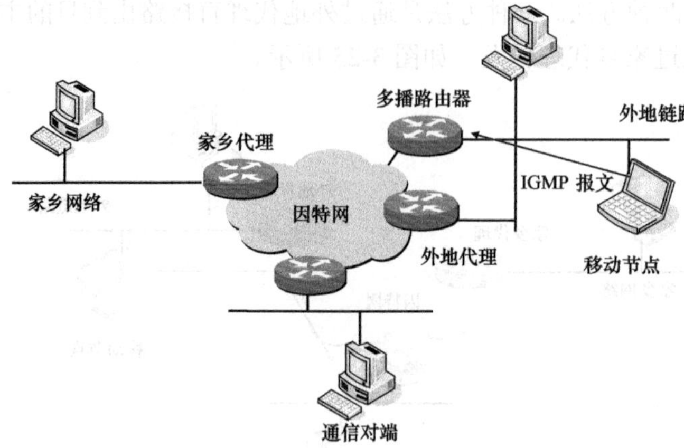

（a）

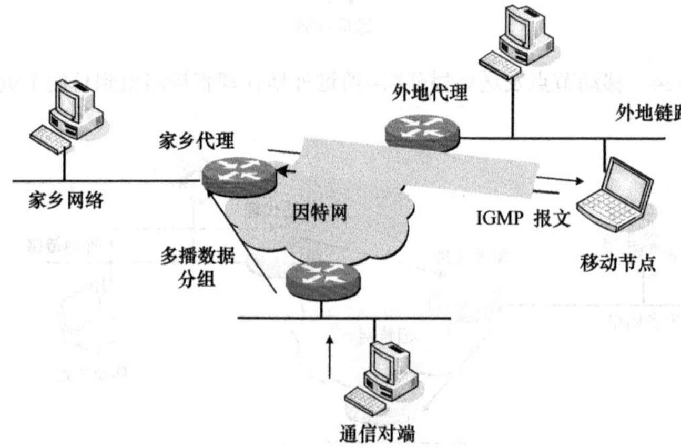

（b）

图 3-26 移动节点接收多播数据分组

（a）通过外地网络的多播路由器；（b）通过和家乡代理建立双向隧道

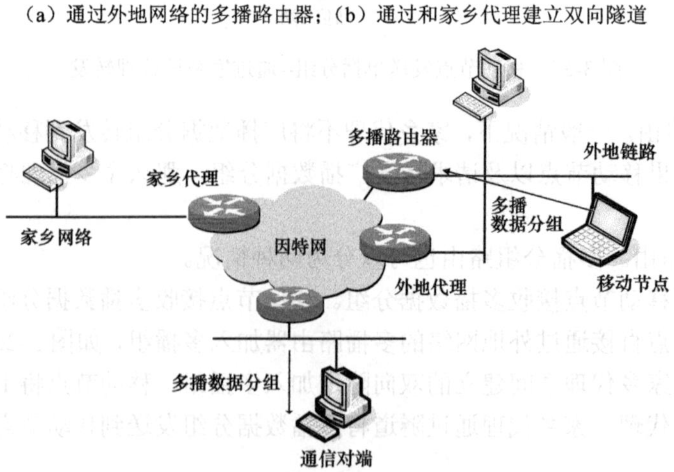

（a）

图 3-27 移动节点发送多播数据分组（一）

（a）通过外地网络的多播路由器

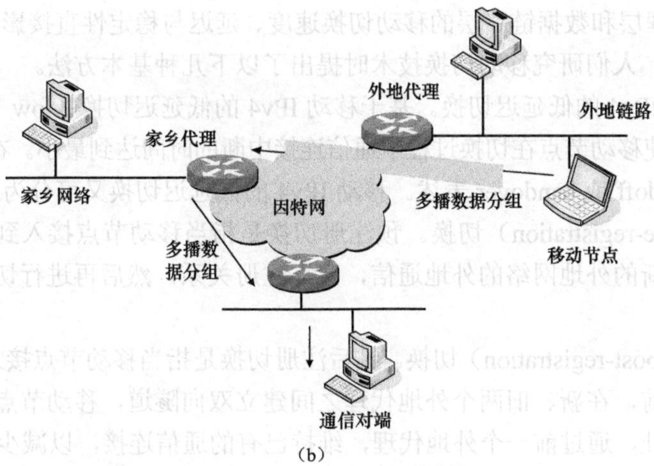

（b）

图 3-27 移动节点发送多播数据分组（二）

（b）通过家乡代理转发

（4）注销（deregistration）。如果移动节点已经回到家乡网络，那么它需要向家乡代理进行注销。

3.4.3 移动切换技术

移动节点从一个链路移动到另一个链路的漫游过程叫作切换。移动节点在切换之前与之后的转交地址是不相同的。移动IP协议是网络层，而对于支持它的数据链路层和物理层，因为无线链路的高误码率、无线通信信号强度的动态变化等原因，切换过程会导致移动节点在一定的时间内不能发送和接收数据帧，导致不能正常收发数据分组，引起移动节点与通信对端之间的通信暂时中断。如何保持节点在移动过程中的通信连续性，缩短移动切换的时间，减少对通信服务质量的影响，是移动IP研究的关键技术之一。移动切换过程见图3-28。

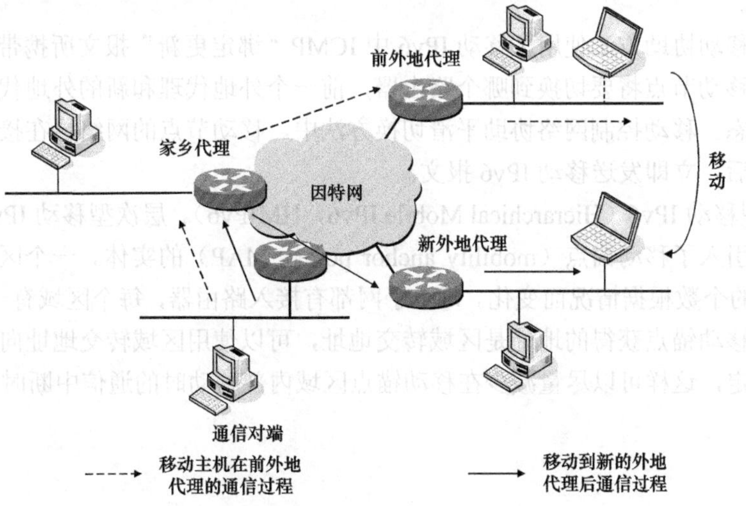

图 3-28 移动切换过程

移动IP是网络层协议，它必须保持与数据链路层的相对独立。移动节点只有在完成从一个链路移动到另一个链路的移动切换之后，通过移动IP获取转交地址，才能够开始注册和绑定更新。因此，物理层和数据链路层的移动切换速度、延迟与稳定性直接影响着移动 IP 协议的实现和服务质量。人们研究移动切换技术时提出了以下几种基本方法。

（1）基于移动 IPv4 的低延迟切换。基于移动 IPv4 的低延迟切换（low latency handoff）方法的基本思想是使移动节点在切换过程中通信连接中断的时间达到最小。在移动 IP 讨论中，“切换”可以用 handoff 或 handover 表述。移动 IPv4 的低延迟切换又可分为三种基本方法。

1）预注册（pre-registration）切换。预注册切换是指当移动节点接入到外地链路时，在进行切换之前就与新的外地网络的外地通信，建立注册关系，然后再进行切换，以减少切换的影响。

2）过后注册（post-registration）切换。过后注册切换是指当移动节点接入到外地链路时，在完成进行注册之前，在新、旧两个外地代理之间建立双向隧道，移动节点继续使用前一个外地网络的转发地址，通过前一个外地代理，维持已有的通信连接，以减少切换的影响。

3）组合切换。组合切换是指，如果预注册切换在数据链路层切换实现之前完成，就是用预注册切换；如果预注册切换在数据链路层切换实现之前没有完成，就采用过后注册切换。

（2）快速切换。过后注册切换（fast handoff）是基于移动 IPv6 协议的。它也有以下几种基本方法。

1）预切换。预切换是指：在保持移动节点与前一个接入路由器（外部代理）在数据链路层连接时，就开始建立与新的外地代理的注册关系，启动网络层切换。

2）基于隧道的切换。基于隧道的切换是指：在移动节点与新的接入路由器（外部代理）在数据链路层连接已经建立的情况下，不进行网络层切换，而是利用前一个外部代理和新外部代理之间建立的隧道传输数据分组，尽量减少实时流传输中断的时间。

3）平滑切换（smooth handover）。平滑切换不仅要求切换时间短，而且要通过状态信息转移使切换更为平滑。它又可以分成两种，即网络控制移动协助（network-controlled，mobile-assistant，NCMA）与移动控制网络协助（mobile-controlled，network-assistant，MCMA）平滑切换方法。

网络控制移动协助方法使用了移动 IPv6 中 ICMP“绑定更新”报文所携带的转移状态信息，网络了解移动节点将要切换到哪个路由器，前一个外地代理和新的外地代理提前通信，并建立请求状态。移动控制网络协助平滑切换方法中，移动节点的网络层在接收到切换即将发生的通知之后，立即发送移动 IPv6 报文。

4）层次型移动 IPv6（Hierarchical Mobile IPv6，HMIPv6）。层次型移动 IPv6 采用层次型的路由结构，引入了移动锚点（mobility anchor point，MAP）的实体。一个区域内部包含多个子网，子网的个数根据情况而变化。每个子网都有接入路由器，每个区域有一个移动锚点。移动节点通过移动锚点获得的地址是区域转交地址，可以使用区域转交地址向家乡代理和通信对端进行绑定，这样可以尽量减少在移动锚点区域内部移动时的通信中断时间。

第4章 拥 塞 控 制

随着互联网规模和互联网应用的快速增长，网络拥塞和数据冲突问题已引起人们密切的关注。网络中的拥塞来源于网络资源和网络流量分布的不均衡性。拥塞不会随着网络处理能力的提高而自动消除。而拥塞控制算法的分布性、网络的复杂性和对拥塞控制算法的性能要求又使得拥塞控制算法的设计具有很高的难度。虽然在拥塞控制领域已经开展了大量的研究工作，但是拥塞问题还没有得到彻底解决，拥塞控制理论的算法目前还是网络研究中的一个热点问题，它对保证Internet的稳定具有十分重要的作用。

4.1 基 本 概 念

4.1.1 拥塞和拥塞控制

在分组交换网络中传送分组的数目太多时，由于存储转发节点的资源有限而造成网络传输性能下降的情况就是拥塞。在网络发生拥塞时，一般会出现数据丢失，时延加大，吞吐量下降，严重时甚至会导致“拥塞崩溃”现象。Floyd总结出拥塞崩溃主要包括以下几种：传统的崩溃、未传送数据包导致的崩溃、由于数据包分段造成的崩溃、日益增长的控制信息流造成的崩溃等。一般来说，拥塞发生在网络负载增加导致网络效率降低的时候。拥塞的一种极端情况是死锁，致使网络无法正常工作，退出死锁往往需要网络复位操作。

对于拥塞现象，可以进一步用图4-1来描述。当网络负载较小时，吞吐量随着负载的增加而增长，呈线性关系，响应时间增长缓慢。当负载达到网络容量时，吞吐量呈现出缓慢增长，响应时间急剧增加，这一点称为Knee。如果负载继续增加，路由器开始丢包，当负载超过一定量时，吞吐量急剧下降，这一点称为Cliff。可以看出，负载在Knee附近时网络的使用效率最高。拥塞控制就是网络节点采取措施来避免拥塞的发生或者对拥塞的发生做出反应。

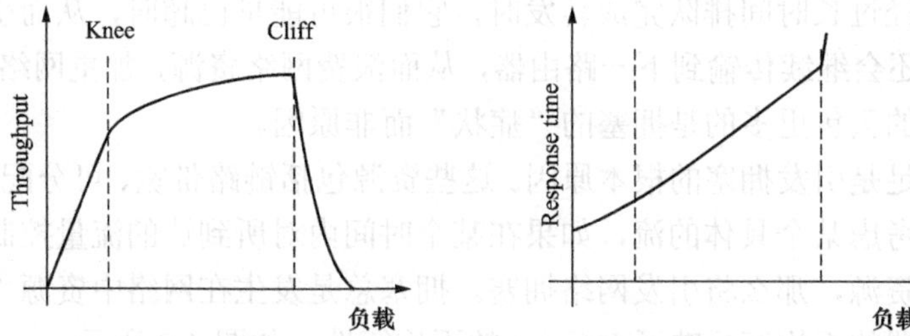

图4-1 吞吐量和响应时间随负载的变化

在图4-1中就是使负载保持在Knee附近。拥塞控制机制实际上包含拥塞避免和拥塞控制。前者的目的是使网络运行在Knee附近，避免拥塞的发生；而后者则是使得网络运行在Cliff的左侧区域。前者是一种“预防”措施，维持网络的高吞吐量、低延迟状态，避免进入拥塞；后者是一种“恢复”措施，使网络从拥塞中恢复过来，进入正常的运行状态。

4.1.2 Internet 的网络模型

拥塞现象的发生和 Internet 的设计机制有着密切的联系。Internet 的网络模型可以用以下几点来抽象。

（1）分组交换（packet-switched）网络。与电路交换相比，分组交换通过共享提高了资源的利用效率。但在共享方式下，如何保证用户的服务质量是一个很棘手的问题。在分组交换网络中可能出现分组“乱序”现象，对乱序分组的处理增加了系统的复杂性。

在分组交换网络中，理论上可以通过路由的调整来“绕过”某个拥塞的网络节点，“负载均衡”就属于这类解决方案。但是在网络中大量的节点周围不存在多条路由，从而不能完全使用这种方法来解决拥塞问题。

（2）无连接（connectionless）网络。Internet 的节点之间在发送数据之前不需要建立连接。无连接模型简化了网络的设计，在网络中间节点上不需要保存和连接有关的状态信息。但是，使用无连接模型难以引入“接纳控制”算法，在用户需求大于网络资源时难以保证服务质量；在无连接模型中对数据发送源的追踪能力很差，给网络安全带来了隐患；无连接也是网络中乱序分组出现的一个主要原因。

（3）尽力而为（best-effort）的服务模式。在尽力而为服务模式下，网络尽其最大能力传输数据，不为业务提供服务质量保证。这个选择和早期网络中的应用有关。传统的网络应用主要是 FTP、Telnet、SMTP 等，它们对网络性能（带宽、延迟、丢失率等）的变化不敏感，尽力而为模型可以满足需要。但尽力而为模型不能很好满足新出现的多媒体应用的要求，因为它们对延迟、速率等性能的变化比较敏感。对这些应用，要求网络在原有服务模型的基础上进行扩充。

4.1.3 拥塞产生的原因

网络中拥塞现象的发生主要原因在于网络能够提供的资源不足以满足用户的需求，这些资源包括缓存空间、链路带宽容量和中间节点的处理能力。由于互联网的设计机制导致其缺乏“接纳控制”能力，因此在网络资源不足时不能限制用户数量，而只能靠降低服务质量来继续为用户服务，也就是“尽力而为”的服务。

拥塞虽然是由于网络资源的短缺引起的，但即使增加资源也并不能避免拥塞的发生，甚至会加重拥塞的程度。例如，增加缓存空间到一定程度时，只会加重拥塞，而不是减轻拥塞，这是因为当数据包经过长时间排队完成转发时，它们很可能早已超时，从而引起源端超时重发，而这些数据包还会继续传输到下一路由器，从而浪费网络资源，加重网络拥塞。事实上，缓存空间不足导致的丢包更多的是拥塞的“症状”而非原因。

资源的相对不足是引发拥塞的根本原因。这些资源包括链路带宽、可分配的处理器时间、缓冲区、内存等。考虑某个具体的流，如果在某个时间内对所到达的流量控制不力，使之超出了可分配的网络资源，那么将引发网络拥塞。拥塞总是发生在网络中资源“相对”短缺的位置。拥塞发生位置的不均衡反映了 Internet 的不均衡性，如图 4-2 所示。

首先是资源分布的不均衡。图 4-2（a）中带宽的分布是不均衡的，当以 1Mbit/s 的速率从 S 向 D 发送数据时，在网关 R 会发生拥塞。其次是流量分布的不均衡。图 4-2（b）中带宽的分布是均衡的，当 A 和 B 都以 1Mbit/s 的速率向 C 发送数据时，在网关 R 也会发生拥塞。互联网中资源和流量分布的不均衡是广泛存在的，由此导致的拥塞不能使用增加资源的方法来解决。

单纯地增加网络资源之所以不能解决拥塞问题，还因为拥塞本身是一个动态问题，它不可能只靠静态的方案来解决，而需要协议能够在网络出现拥塞时保护网络的正常运行。

产生拥塞的主要原因总结如下。

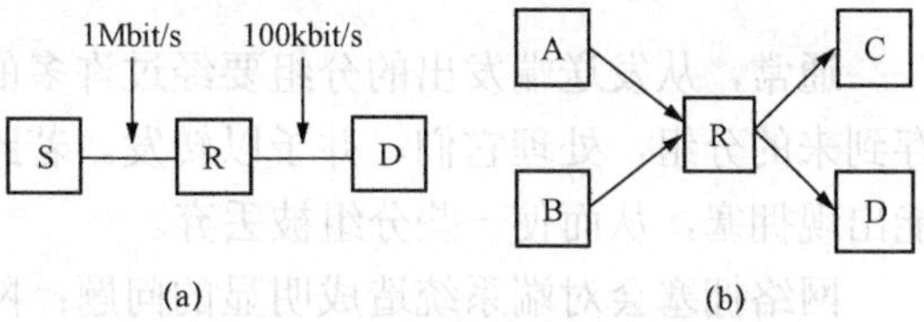

图 4-2 互联网的不均衡性

（a）带宽分布不均衡；（b）流量分布不均衡

（1）存储空间不足。当一个输出端口收到几个输入端口的报文时，接收的报文就会在这个端口的缓冲区中排队。如果输出端口没有足够的存储空间存储，在缓冲区占满时，报文就会被丢弃，对突发的数据流更是如此。适当增加存储空间在某种程度上可以缓解拥塞，但是如果过于增加存储空间，报文会因在缓冲区中排队时间过长而超时，源端会认为它们已经被丢弃因而选择了重发，从而浪费了网络的资源，并且进一步加重了网络拥塞。

（2）带宽容量不足。高速的数据流通过低速链路时也会产生拥塞。根据香农信息理论，任何信道带宽最大值即信道容量：$C=B\log_2(1+S/N)$，所以节点接收数据流的速率必须小于或等于信道容量，才有可能避免拥塞。否则，接收的报文在节点的缓冲区中排队，在缓冲区占满时，报文被丢弃，导致网络拥塞。因此，网络中的低速链路将成为带宽的瓶颈和拥塞产生的重要原因之一。

（3）CPU 处理速度慢。如果节点在执行缓存区中排队、选择路由时，CPU 处理速度跟不上链路速度，也会导致拥塞。

（4）不合理的网络拓扑结构及路由选择，这也会导致网络拥塞。

4.1.4 拥塞控制措施

如前所述，单纯增加网络资源并不能从根本上有效地解决网络拥塞。解决这一问题的有效途径是采用拥塞控制。拥塞控制的目的是在有限网络资源的情况下，通过通信量的约束与调配减少数据丢失，提高网络吞吐量，充分利用已有网络资源。因此，拥塞控制通常从两个方面着手：通信量的约束和通信量的调配。通信量的约束是指控制进入网络的通信量，使其与网络容量相匹配；通信量的调配则是合理处理和转发到达网络的数据，实现网络流量均衡。

从控制理论的角度，拥塞控制可以分为开环控制和闭环控制两大类。当流量特征可以准确规定、性能要求可以事先获得时，适于使用开环控制；当流量特征不能准确描述或者当系统不提供资源预留时，适于使用闭环控制。Internet 中主要采用闭环控制方式。

闭环的拥塞控制分为以下三个阶段：检测网络拥塞的发生；将拥塞信息报告到拥塞控制点；拥塞控制点根据拥塞信息采取相应措施以消除拥塞。闭环的拥塞控制可以动态适应网络的变化，但其性能受到反馈延迟的影响较大。当拥塞发生点和控制点之间的延迟很大时，其性能会严重下降。

根据算法实现位置，可以将拥塞控制算法分为两大类：链路算法和源算法。链路算法在网络设备（如路由器和交换机）中使用，源算法在主机和边缘设备中使用。

在拥塞控制的源算法方面，大量的工作集中在对 TCP 协议的研究上。链路算法的研究集中在队列管理与队列调度方面。近年来，非线性规划理论和系统控制理论被引入到拥塞控制的研究中来，一些研究者尝试使用严格的数学模型来描述由端系统和网关共同组成的系统，这对拥塞控制的研究有很大推动作用。

4.2 TCP 拥塞控制算法

通常，从发送端发出的分组要经过许多的路由器才能到达最终的目的站。中间路由器缓存到来的分组，处理它们，并予以转发。若路由器接收分组过快，超过它的处理能力，就可能出现拥塞，从而使一些分组被丢弃。

网络拥塞会对端系统造成明显的问题：网络可用性及吞吐率下降，响应时间拉长。在交换网络中，诸如分组或帧中继网络，动态选路可通过将负载均匀分布到交换机和链路上来帮助缓解拥塞。类似地，互联网选路算法可以将负载分布到路由器和网络上来缓解拥塞。然而，这些措施只在处理不平衡负载和短期通信量聚集的情况时有效。最终拥塞只能通过将进入互联网的数据总量限制为互联网可以承载的量的方法来进行控制。这是所有拥塞控制机制的根本目的。

TCP 拥塞控制主要涉及慢起动、拥塞避免、快重传、快恢复。

4.2.1 TCP 概述

TCP 是一种端到端的面向连接的传输控制协议，为应用提供可靠的数据传输服务，在保障网络通信性能方面起着非常重要的作用。RFC793 中给出了 TCP 最初的正式定义。随着时间的推移，在实际应用中各种错误逐渐被检测出来，并且在某些领域中需求也发生了变化。RFC1122 详细地阐述了这些内容以及一些错误修补的方案。RFC1323 又进一步作了扩展。

每台支持 TCP 的机器都有一个 TCP 传输实体，它或者是一个过程，或者是一个用户进程，或者是内核的一个部分，它管理 TCP 流以及与 IP 层之间的接口。TCP 传输实体接收本地用户进程的数据流，并将它们分割成不超过 64KB（在实践中，考虑到在每个帧中都希望有 IP 和 TCP 头，所以通常不超过 1460 个数据字节）的分片，然后以单独的 IP 数据报的形式发送每一分片。当包含 TCP 数据的数据报到达目的主机时，它们被递交给 TCP 传输实体，TCP 传输实体重构出原始的字节流。TCP 有以下特点。

（1）面向连接服务对保证数据流传输的可靠性是十分重要的。在进行实际数据报传输之前，通信双方的 TCP 进程需要建立传输连接（是一种虚连接）。一旦连接建立之后，两个进程就可以在该连接上发送和接收数据流。

（2）高可靠性。由于 TCP 建立在不可靠的 IP 基础之上，因此 TCP 的可靠性需要由自己来实现。TCP 通过确认与重传来实现数据的可靠传输。

（3）TCP 允许全双工通信。在两个应用进程传输连接建立之后，客户与服务器进程可以同时发送和接收数据流。TCP 在发送和接收端口都使用缓存。发送缓存用来存储进程准备发送的数据。接收缓存用来存储接收到的数据，等待接收进程读取。

（4）支持流传输。TCP 提供一个流接口，应用进程可以利用它发送连续的数据流。TCP 传输连接提供一个“管道”，保证数据流从一端正确地“流”到另一端。TCP 对数据流的内容不作任何解释。TCP 不知道传输的数据流是二进制数据，还是 ASCII 字符、EBCDIC 字符或者其他类型数据。对数据流的解释由双方的应用程序处理。

（5）传输连接的可靠建立与释放。为了保证传输连接与释放的可靠性，TCP 使用了三次握手的方法。在传输连接建立阶段，防止出现因“失效的连接请求数据报”而造成连接错误。在释放连接时，保证在关闭连接时已经发送的数据报可以正确地到达目的端口。

（6）提供流量控制与拥塞控制。TCP 采用了大小可以变化的滑动窗口方法进行流量控制。发送窗口在建立连接时由双方商定。在通信过程中，接收端可以根据自己的资源情况随机、动态地调整发送窗口的大小 TCP 拥塞控制根据网络当前可用资源动态地调整其拥塞窗口，从而控制其进入网络的数据量，以避免拥塞崩溃的发生。TCP 拥塞控制是 Internet 得以健壮运行的关键。

4.2.2 慢起动

发送方维持一个叫作拥塞窗口 cwnd 的状态变量，拥塞窗口的大小取决于网络的拥塞程度，并且动态地在变化。发送方控制拥塞窗口的原则是：只要网络没有出现拥塞，拥塞窗口就再增大一些以便把更多的分组发送出去。但只要出现拥塞，拥塞窗口就减少一些，以减少注入网络中的分组的数量。

在任意时刻，TCP 传输受限于下列关系式

$$\text{awnd}=\text{MIN}\ [\text{credit},\ \text{cwnd}] \tag{4-1}$$

其中，awnd 为允许窗口，单位是报文段。这是 TCP 当前在没有收到进一步确认情况下被允许发送的报文段个数；cwnd 为拥塞窗口，单位为报文段，是 TCP 在起动阶段或在拥塞时为减小流量而使用的窗口；credit 为最近一个确认所许可的未被使用的信用量，单位是报文段。当一个确认被收到时，这个值由“窗口/报文段大小”来计算，其中“窗口”是到来的 TCP 报文段中的一个字节字段（对等 TCP 实体所愿意接受的数据量）。

一条连接建立的时候，TCP 实体初始化 cwnd=1。这就是说，TCP 只被允许发送 1 个报文段，然后就必须等待确认再传输第二个报文段。每收到一个确认，cwnd 的值就被加 1，一直到某个最大值为止。显然，cwnd 是以指数规律增长的。

实际上，慢起动机制探测互联网，以确保它不会把太多报文段发送进一个已经拥塞的环境。随着确认的到达，TCP 就可以扩大其拥塞窗口，直到流量最终由到来的确认 ACK 而非 cwnd 所控制。

4.2.3 拥塞避免

慢起动算法在初始化连接时很有效。它使得发送 TCP 实体可以快速地为连接确定合理的窗口大小。在出现拥塞时上述同一种技术是否有用？具体地，设想一个 TCP 实体发起一个连接并经过慢起动过程。某个时刻，在 cwnd 达到另一方分配的信用量大小之前或之后，一个报文段被丢失（超时）了。这是发生拥塞的信号，拥塞的严重程度并不清楚。因此，一种明智的方法是复位 cwnd=1 并重新开始慢起动过程。这似乎是一种合理的、保守的方法，但实际上它还不够保守。

Jacobson 指出“网络进入饱和状态很容易，但让网络从饱和状态中恢复却很难”。换一种说法，即是一旦拥塞发生了，要将拥塞清除掉可能需要很长时间。因此，慢起动中 cwnd 的指数增加就可能太激进，它可能使拥塞更严重。Jacobson 提出开始使用慢起动然后采用拥塞避免，即让 cwnd 线性增长，这一过程为拥塞避免阶段。具体规则如下。

（1）慢起动门限设置为目前拥塞窗口的一半大小，即设置 ssthresh= cwnd/2。

（2）设置 cwnd =1 并执行慢起动过程直到 cwnd =ssthresh。在这个阶段，cwnd 在每收到一个 ACK 时都加 1。

（3）cwnd≥ssthresh 时，则大约每一个往返时间对 cwnd 加 1。

图 4-3 说明了慢起动与拥塞避免的过程。

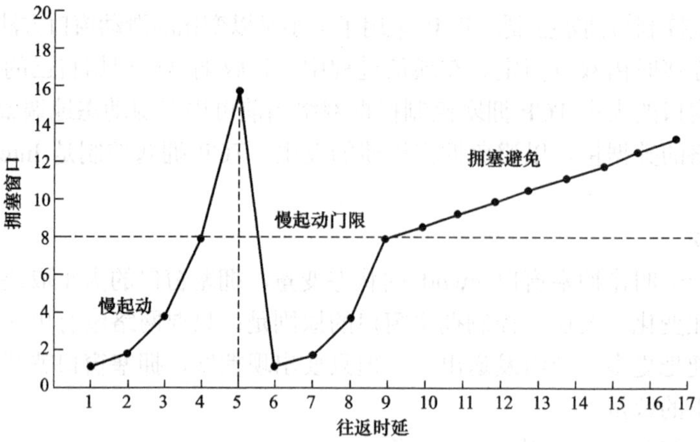

图 4-3 慢起动与拥塞避免示意

慢起动和拥塞避免算法如图 4-4 所示。

```
{
  IW＝min（4*mss，MAX（2*mss，4380bytes））；//IW 为 cwnd 的初始值
}
  switch（cwnd）
{
  Case cwnd<ssthresh；
  cwnd＝cwnd＋mss；//执行 Slow Strat
  Case cwnd>ssthresh；
  cwnd＝cwnd＋mss*mss/cwnd；//执行 Congestion Avoiddance
}
```

图 4-4 慢起动和拥塞避免算法

4.2.4 快重传

发送 TCP 实体用来确定什么时候对一个报文段进行重传的重传定时器（RTO）通常比该报文段 ACK 到达发送方所花的实际往返时延（RTT）要长许多，因为我们要考虑下列因素。

（1）RTO 的计算基于对下一个 RTT 的预测，这个预测是以过去的 RTT 为基础的。如果网络时延发生波动，则估计的 RTT 可能比实际的 RTT 小。

（2）类似地，如果目的端引入的时延发生波动，估计的 RTT 也会变得不可靠。

（3）目的端可能并不对每个报文段都发送一个 ACK，而是对多个报文段积累发送一个 ACK；同时在它有数据要发送时发送 ACK。这种行为可以引起 RTT 波动。

这些因素的一个结果是：如果一个报文段丢失了，TCP 可能不能及时重传。快速重传利用 TCP 中的下列规则：如果一个 TCP 实体收到一个失序报文段，它必须立即发出一个对于最后一个收到的按序报文段的 ACK。对于每一个到来的报文段，TCP 将继续重复发送这个 ACK，直到丢失的报文段到达填补了缓存中的空隙。当空隙填充之后，TCP 就对所有迄今为止按序收到的报文段发送一个积累 ACK。

当源端 TCP 收到一个重复的 ACK 时，这就意味着发生下列两种情况之一。

（1）被确认报文段后面的报文段被延迟了，以至于它最终失序到达；

（2）这个报文段丢失了。

对于情形 1，这个报文段最后确实到达了，因此 TCP 不应该重传它。但对于情形 2，

一个重复的 ACK 可以看作是一个预警系统，它告诉源端 TCP 一个报文段已经丢失了而必须重传。

为了确信碰到的是情形 2 而不是情形 1，TCP 发送方要等待收到同一报文段的 3 个重复 ACK（即一共收到同一报文段的 4 个 ACK）。在这种情况下，随后的报文段已被丢失的可能性就很大。因此，应该被立即重传，而不是等着超时才重传。

4.2.5 快恢复

当 TCP 实体使用快速重传算法重传一个报文段时，它假定一个报文段丢失了，即使它还没有在这个报文段上发生超时。因此，TCP 实体应该采取拥塞避免措施。一种容易想到的策略是当发生超时时所用的慢起动/拥塞避免方法。这就是说，TCP 实体可以将 ssthresh 设置为 cwnd/2，设置 cwnd＝1 并开始指数规律的慢起动过程直到 cwnd＝ssthresh 为止。然后线性增加 cwnd。Jacobson 论证说这种方法过分保守，因为多个 ACK 已经返回这个事实本身就说明数据报文段正相当正常地到达对方。所以 Jacobson 提出了一种快速恢复技术：重传丢失的报文段，把 cwnd 减半，然后继续以线性规律增加 cwnd。这个技术避免了最初的指数慢起动过程。

快恢复技术可以精确地表述如下。

（1）当第三个重复 ACK 到达时，设置 ssthresh＝ cwnd/2；重传丢失的报文段；设置 cwnd＝ssthresh＋3。给 ssthresh 加 3 的理由是考虑进了已经离开网络并且接收端已经缓存起来的报文段个数。

（2）每次有一个更多的重复 ACK（对同一报文段所发的）到达时，把 cwnd 加 1 并在可能情况下传输一个报文段。这考虑到已经离开网络并触发了重复 ACK 的又一个报文段。

（3）当确认新报文段的下一个 ACK（即丢失报文段及其后各报文段的积累确认）到达时，设置 cwnd＝ssthresh。

图 4-5 说明了快重传与快恢复的过程。

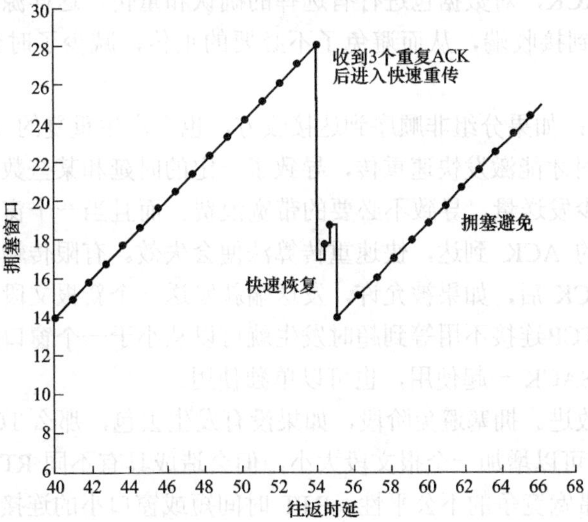

图 4-5 快速恢复与快速重传示意

快恢复和快重传算法描述如图 4-6 所示。

```
Step 1：if（dupacks==3）
{
  ssthresh=MAX（2，cwnd/2）；
  cwnd=ssthresh+3*segsize；
}
Step2：重传丢失的分组；
Step3：此后没收到一个重复的 ACK 确认时，cwnd=cwnd+1；
Step4：当收到对新发送数据的 ACK 时，cwnd=ssthresh；
```

图 4-6 快速恢复和快速重传算法

4.2.6 TCP 拥塞控制的改进

（1）对慢起动的改进。慢起动算法通过逐渐增加 cwnd 的大小来探测可用的网络容量，防止连接开始时采用不合适的发送量而导致网络拥塞。然而，有时该算法也会浪费可用的网络容量，因为慢起动算法总是从 cwnd=1 开始，每收到一个 ACK，cwnd 增加 1，对于 RTT 时间长的网络，为使 cwnd 达到一个合适的值，需要花很长的时间，特别是网络实际容量很大时，会造成很严重的浪费。为此可采用大的初始窗口，大的初始窗口避免了延迟 ACK 机制下单个报文段初始窗口的等待超时问题，缩短了小 TCP 流的传输时间和大延迟链路上的慢起动时间。

在慢起动阶段，在每个 RTT 时间内，cwnd 增加一倍，这样当 cwnd 增加到一定的值时，就可能导致以网络能够处理的最大容量的 2 倍来发送数据，从而淹没网络。由于受各方面的干扰，估算合理的 ssthresh 值并不容易。Smooth-start 较为平滑地从慢起动过渡到拥塞避免，减少了报文段丢失和突发通信量，提高了 TCP 拥塞控制的性能。

（2）对重传与恢复的改进。改进的方案有很多，比较著名的包括 NewReno-TCP、SACK、FACK 等。

1）选择确认 SACK：源端检测到拥塞后，要重传自丢失的数据包，至检测到丢失时发送的全部数据包，而实际上二者之间有些数据包已正确传到接收端，不必重传。Mathis 等人提出了选择确认算法 SACK，对数据包进行有选择的确认和重传，这样源端就能准确地知道哪些数据包已正确地传到接收端，从而避免了不必要的重传，减少了时延，提高了网络的吞吐量。

2）有限传输机制：如果分组非顺序到达接收方，也会产生重复的 ACK，而只有收到连续 3 次重复的 ACK 时才能激发快速重传，导致了一定的时延和某些数据不必要的重传，在快速恢复阶段又会减少发送量，导致不必要的带宽浪费。而且当一个窗口有多个分组丢失时如果没有足够的重复的 ACK 到达，快速重传算法便会失效。有限传输机制，即当发送端收到 1 到 2 个重复的 ACK 后，如果被允许，发送端就发送一个新报文段。在很多情况下，有限传输允许小窗口的TCP连接不用等到超时发生就可以从小于一个窗口的数据丢失中恢复过来。有限传输可以和 SACK 一起使用，也可以单独使用。

（3）对公平性的改进。拥塞避免阶段，如果没有发生丢包，那么 TCP 发送方的 cwnd 在每个 RTT 时间内大约可以增加一个报文段大小，但会造成具有不同 RTT 时间或窗口尺寸的多个连接在瓶颈处对带宽竞争的不公平性，RTT 时间短或窗口小的连接，相应的 cwnd 增长速度缓慢，所以只能得到很小的一部分带宽。

解决上面提到的问题可通过在路由器处使用公平队列和TCP友好缓存管理来进行控制以增加公平性。然而，如果没有路由器的参与，要增加公平性，则要求 TCP 发送端的拥塞控制策略进行相应的改变，Floyd 提到了一种稳定速度增加策略，在拥塞避免阶段使共享同一资源的各个 TCP 连接以相同速度发送数据，从而确保了各个连接之间的公平性。

对具有长 RTT 时间的连接，还可以选择一种每次增加 K 的策略，这种策略改变了 cwnd 线性增长的斜率，对 RTT 超过一定阈值的 TCP 连接，每个 RTT 时间内增加 K 个段，而不是一个段。

上述方法都要求 TCP 发送方拥塞控制算法的变化，Contant-Rate Increase 要求的是全局性的变化，所有的连接全部参与，而且发送方必须对每个连接的 RTT 准确估计。而 Increase-by-k 算法易引发一个窗口中多个分组丢失的情况，从而引起更多的超时重传，因此该算法最好与 SACK 丢失恢复算法一起使用。

第5章 流 量 控 制

5.1 基 本 概 念

一般来说，我们总是希望数据传输得更快一些。但是，如果发送端发送的数据过多或者数据发送速率过快，致使接收端来不及处理，则会造成数据在接收端的丢弃。为了避免这种现象的发生，通常的处理办法是采用流量控制、所谓流量控制就是控制发送端发送的数据量及数据发送速率，使其不超过接收端的承受能力，这个能力主要指接收端的缓存和数据处理速度。

下面举例说明流量控制的工作原理。图 5-1 表示局域网上的主机 H1 通过链路向主机 H2 发送数据，连接 H1 和 H2 的链路带宽为 1.5Mbit/s。假定现在 H1 向 H2 传送 1.5Mbit/s 的实时音频数据。而主机 H2 的数据接收处理的速率是 1Mbit/s，这时，H1 通过链路发来的数据就会在 H2 端发生拥塞，到达 H2 的实时音频分组就会被丢弃或延迟处理。

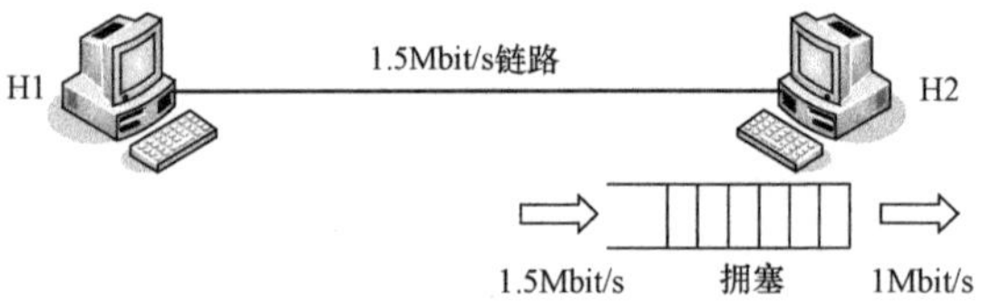

图 5-1 流量控制原理

为了避免上述现象的发生，可以采取措施限制 H1 的发送速率，使其不能超过 1Mbit/s，或者扩大 H2 的接收缓存，这样就不会超过 H2 的接收能力，从而实现流量控制。

综上所述，拥塞控制需要确保通信子网能够承载用户提交的通信量，是针对中间节点资源受限而设置的，是一个全局性问题，涉及主机、路由器等很多因素；流量控制是与点到点的通信量有关的，是针对端系统中资源受限而设置的，主要解决快速发送方与慢速接收方的问题，是局部问题，两者是不可分离的。不过，从广义上看，拥塞控制本质上也属流量控制的范畴。

目前，Internet 中的流量控制主要有端到端的流量控制和链路级流量控制。端到端的流量控制是基于数据最终接收端的承受能力控制数据源端的数据流量；链路级流量控制则是基于接收节点的承受能力控制上游节点的数据流量。数据流量控制涉及的技术通常有停止—等待协议、连续 ARQ 协议以及滑动窗口协议等。

停等协议主要用于理想传输信道，即所传送的任何数据既不会出现差错也不会丢失。要求发送方每发送一帧后均需要停止下来等待接收方的确认。在连续 ARQ 协议中，发送方可以一次连续发送多帧后再停止下来等待接收方的确认。滑动窗口协议是指一种采用滑动窗口机制进行流量控制的方法。通过限制已经发送但还未得到确认的数据帧的数量来达到流量控制的目的。

5.2 TCP 流 量 控 制

5.2.1 TCP 数据编码与确认

TCP 协议是面向字节的，TCP 将所要传送的整个报文（这可能包括许多个报文段）看成是一个个字节组成的数据流，并使每一个字节对应于一个序号。在连接建立时，双方要商定初始序号。TCP 每次发送的报文段的首部中的序号字段数值表示该报文段中的数据部分的第一个字节的序号。

TCP 的确认是对接收到的数据的最高序号（即收到的数据流中的最后一个序号）表示确认。但接收端返回的确认号是已收到的数据的最高序号加 1。也就是说，确认号表示接收端期望下次收到的数据中的第一个数据字节的序号。

TCP 传输的可靠是由于使用了序号和确认。当 TCP 发送一报文段时，它同时也在字节的重传队列中存放一个副本。若收到确认，则删除此副本。若在计时器时间到之前没有收到确认，则重传此报文段的副本。TCP 的确认并不保证数据已经由应用层交付给了端用户，而只是表明接收端的 TCP 收到对方所发送的报文段。

由于 TCP 连接能够提供全双工通信，因此通信中的每一方不必专门发送确认报文段，而采用在传送数据时捎带确认的方法。这样做的目的是在通信链路很紧张时，采用这种方法来提高传输层协议的效率。图 5-2 是 TCP 发送报文段（一个方向）过程的示意。实际上，只要建立了 TCP 连接，就能支持双向的数据流。

如图 5-2 所示，发送端的应用进程按照字节数据产生的规律，不断地将数据块写入到 TCP 的发送缓存中，每次写入的数据长度可能是不相同的。TCP 再从发送缓存中取出长度一定的数据，将其组成报文段发送出去。接收端收到报文段后，先将其暂存在接收缓存中，然后接收端的应用进程在空闲时间从接收缓存中将数据块逐个读取。

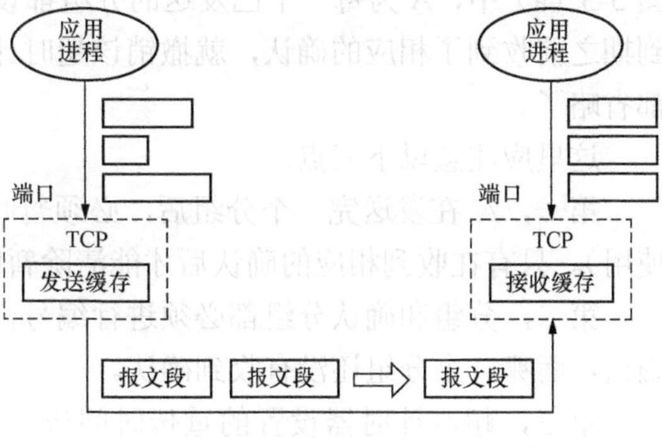

图 5-2 TCP 发送报文段过程示意

在发送端控制 TCP 发送报文段的时机是一个复杂的问题。TCP 有三种基本机制来控制报文段发送的方法。

（1）控制最大段长度 MSS（Maximum Segment Size），只要发送缓存从发送进程得到的数据达到 MSS 字节，就组装成一个 TCP 报文段，然后发送出去。

（2）TCP 支持的推送操作，在发送端的应用进程指明要求发送该报文段时就立即发送出去。

（3）发送端维持一个计时器，当发送等待的计时器时间到，就立即将当前已有的缓存数据组装成一个 TCP 报文段发送出去。

5.2.2 滑动窗口协议

5.2.2.1 停止—等待协议

全双工通信的双方既是发送方是接收方。为了讨论问题的方便，我们仅考虑 A 发送数据而 B 接收数据并发送确认。因此，A 叫作发送方，B 叫作接收方。传送的数据单元都称为分组，而并不考虑数据是在哪一个层次上传送的。“停止等待”就是每发送完一个分组就停止发送，等待对方的确认。在收到确认后再发送下一个分组。

（1）无差错情况。停止等待协议可用图 5-3 来说明。图 5-3（a）是最简单的无差错情况。A 发送分组 M_1，发完就暂停发送，等待 B 的确认。B 收到了 M_1 就向 A 发送确认。A 在收到了对 M_1 的确认后，就再发送下一个分组 M_2。同样，在收到 B 对 M_2 的确认后，再发送 M_3。

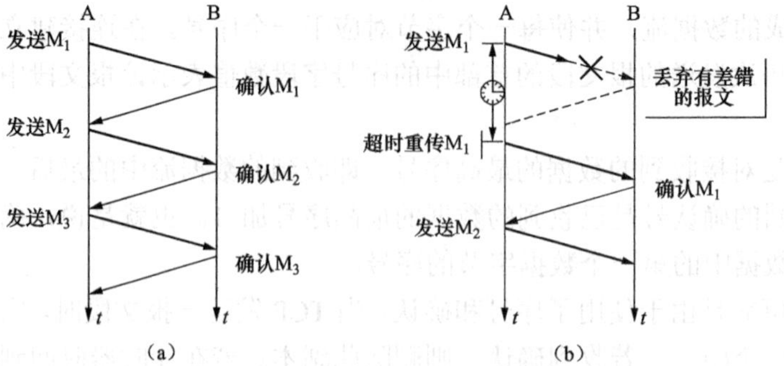

图 5-3 停止—等待协议

（a）无差错情况；（b）超时重传

（2）出现差错。图 5-3（b）是分组在传输过程中出现差错的情况。B 接收 M_1 时检测出了差错，就丢弃 M1，其他什么也不做。也可能是 M1 在传输过程中丢失了，这时 B 当然什么都不知道。在这两种情况下，B 都不会发送任何信息。可靠传输协议是这样设计的：A 只要超过了一段时间仍然没有收到确认，就认为刚才发送的分组丢失了，因而重传前面发送过的分组。这就叫超时重传。要实现超时重传，就要在每发送完一个分组设置一个超时计时器。如果在超时计时器到期之前收到了对方的确认，就撤销已设置的超时计时器。其实在图 5-3（a）中，A 为每一个已发送的分组都设置了一个超时计时器。但 A 只要在超时计时器到期之前收到了相应的确认，就撤销该超时计时器，为简单起见，这些细节在图 5-3（a）中都省略了。

这里应注意以下三点。

第一，A 在发送完一个分组后，必须暂时保留已发送的分组的副本（为发生超时重传时使用）。只有在收到相应的确认后才能清除暂时保留的分组副本。

第二，分组和确认分组都必须进行编号，这样才能明确是哪一个发送出去的分组收到了确认，而哪一个分组还没有收到确认。

第三，超时计时器设置的重传时间应当比数据在分组传输的平均往返时间更长一些。图 5-3（b）中的一段虚线表示如果 M_1 正确到达 B 同时 A 也正确收到确认的过程。可见重传时间应设定为比平均往返时间更长一些。显然，如果重传时间设定的很长，那么通信的效率就会很低。但如果重传时间设定的太短，以致产生不必要的重传，浪费了网络资源。然而在运输层重传时间的准确设定是非常复杂的，这是因为已发送出的分组到底会经过哪些网络，以及这些网络将会产生多大的时延（这取决于这些网络当时的拥塞情况），这些都是不确定因素。图 5-3 中都把往返时间当作固定的（这并不符合网络的实际情况）。

（3）确认丢失和确认迟到。图 5-4（a）说明的是另一种情况。B 所发送的 M_2 的确认丢失了。A 在设定的超时重传时间内收到确认，但并无法知道是自己发送的分组出错、丢失，或者是 B 发送的确认丢失了。因此 A 在超时计时器到期后就要重传 M_2。现在应注意 B 的动作，假定 B 又收到了重传的分组 M_2，这时应采取两个行动。

第一，丢弃这个重复的分组 M_2，不向上层交付。

第二，向 A 发送确认。不能认为已经发送过确认就不再发送，因为 A 之所以重传 M_2 就表示 A 没有收到对 M_2 的确认。

图 5-4（b）也是一种可能出现的情况。传输过程中没有出现差错，但 B 对分组 M_1 的确认迟到了。A 会收到重复的确认。对重复的确认的处理很简单：收下后丢弃。B 仍然会收到重复的 M_1，并且同样要丢弃重复的 M_1，并重传确认分组。

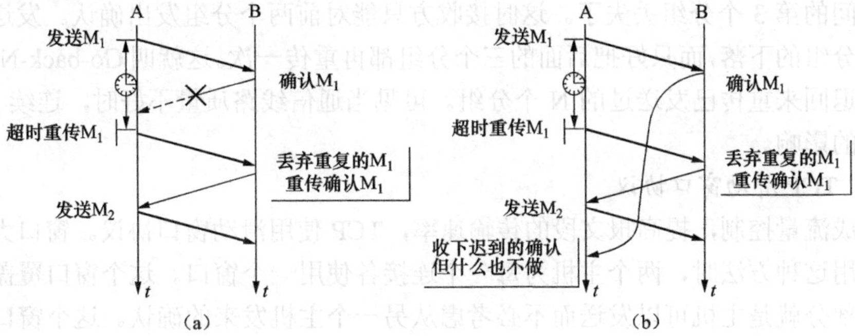

图 5-4　确认丢失和确认迟到

（a）确认丢失；（b）确认迟到

通常 A 最终总是可以收到对所有发出的分组的确认。如果 A 不断重传分组但总是收不到确认，就说明通信线路差，不能进行通信。

使用上述的确认和重传机制，我们就可以在不可靠的传输网络上实现可靠的通信。

上述的这种可靠传输协议常称为 ARQ（Automatic Repeat reQuest）。意思是重传的请求是自动进行的。接收方不需要请求发送方重传某个出错的分组。

5.2.2.2　连续 ARQ 协议

滑动窗口协议比较复杂，是 TCP 协议的精髓所在。这里先给出连续 ARQ 协议最基本的概念，但不涉及许多细节问题。图 5-5（a）表示发送方维持的发送窗口，它的意义是：位于发送窗口内的 5 个分组都可连续发送出去，而不需要等待对方的确认。这样，信道利用率就提高了。

连续 ARQ 协议规定，发送方每收到一个确认，就把发送窗口向前滑动一个分组的位置。图 5-5（b）表示发送方收到了对第一个分组的确认，于是把发送窗口向前移动一个分组的位置。如果原来已经发送了前 5 个分组，那么现在就可以发送窗口内的第 6 个分组了。

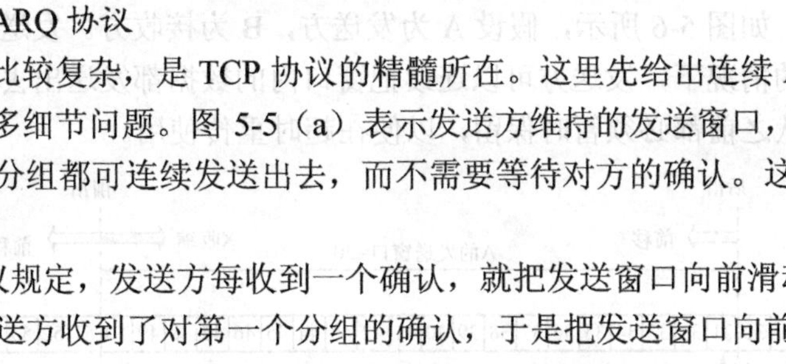

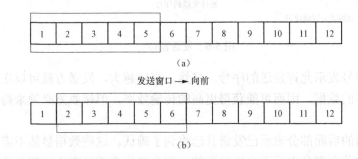

图 5-5　连续 ARQ 协议的工作原理

（a）发送窗口是 5；（b）收到一个确认后发送窗口向前滑动

接收方一般都是采用累积确认的方式。这就是说，接收方不必对收到的分组逐个发送确认，而是可以在收到几个分组后，对按序到达的最后一个分组发送确认，这样就表示，到这个分组为止的所有分组都已正确收到了。

累积确认有优点也有缺点。优点是：容易实现，即使确认丢失也不必重传。但缺点是不能向发送方反映出接收方已经正确收到的所有分组的信息。例如，如果发送方发送了前 5 个分组，而中间的第 3 个分组丢失了。这时接收方只能对前两个分组发出确认。发送方无法知道后面三个分组的下落，而只好把后面的三个分组都再重传一次。这就叫 Go-back-N（回退 N），表示需要再退回来重传已发送过的 N 个分组。可见当通信线路质量不好时，连续 ARQ 协议会带来负面的影响。

5.2.2.3 TCP 滑动窗口协议

为了完成流量控制，提高报文段的传输速率，TCP 使用滑动窗口协议。窗口大小的单位是字节。使用这种方法时，两个主机为每一个连接各使用一个窗口。这个窗口覆盖了缓存的一部分，这部分就是主机可以发送而不必考虑从另一个主机发来的确认。这个窗口叫滑动窗口，因为当发送出数据和接收到确认时，这个窗口能够在缓存上滑动。TCP 就是用这个窗口，慢慢地从数据的左边移动到右边，把处于窗口范围内的数据发送出去（但不用发送所有，只是处于窗口内的数据可以发送）。

滑动窗口的用途是使传输更加有效，同时也可用于数据的流量控制，使得不致因过量数据而瘫痪。TCP 的滑动窗口是面向字节的。滑动窗口本质上是描述接收方的 TCP 数据报缓冲区大小的数据，发送方根据这个数据来计算自己最多能发送多长的数据。如果发送方收到接收方的窗口大小为 0 的 TCP 数据报，那么发送方将停止发送数据，等到接收方发送窗口大小不为 0 的数据报的到来。

（1）发送窗口。如图 5-6 所示，假设 A 为发送方，B 为接收方。发送窗口表示：在没有收到接收方的确认的情况下，发送方可以连续把窗口内的数据都发送出去。凡是已经发送的数据，在未收到确认之前都必须暂时保留，以便在超时重传使用。

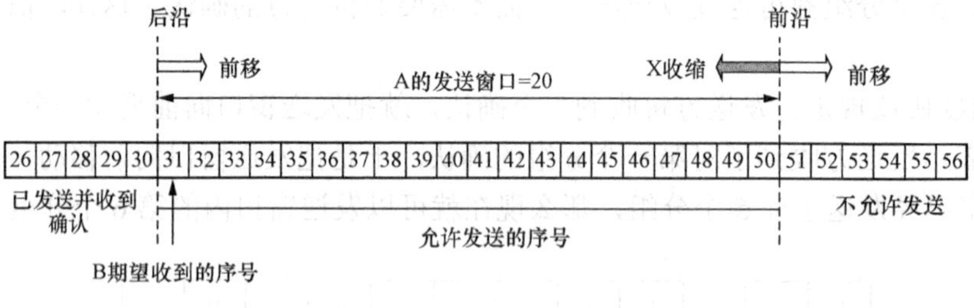

图 5-6 发送窗口

窗口里面的序号表示允许发送的序号。显然，窗口越大，发送方就可以在收到对方确认之前连续发送更多的数据，因而可能获得更高的传输效率。但接收方必须来得及处理这些收到的数据。

发送窗口后沿的后面部分表示已发送且已收到了确认。这些数据显然不需要再保留了。而发送窗口前沿的前面部分表示不允许发送的，因为接收方都没有为这部分数据保留临时的存放缓存空间。

发送窗口通常只是发送缓存的一部分。已被确认的数据应当从发送缓存中删除，因此发送缓存和发送窗口的后沿是重合的。发送应用程序最后写入发送缓存的字节减去最后被确认的字节，就是还保留在发送缓存中的被写入的字节数。发送应用程序控制写入缓存的速率，不能太快，否则发送缓存就会没有存放数据的空间。图 5-7 所示为 TCP 的发送缓存和发送窗口。

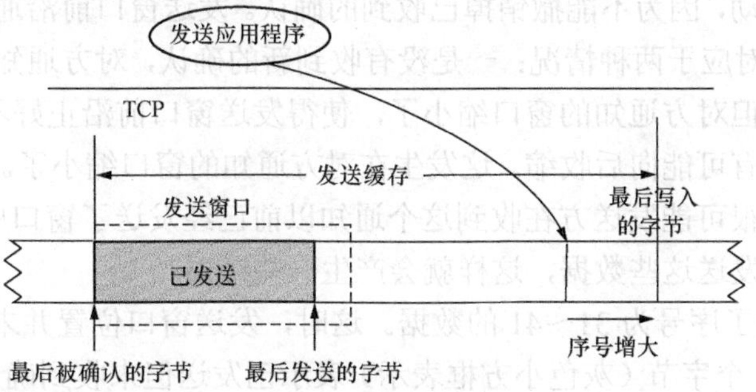

图 5-7 TCP 的发送缓存和发送窗口

（2）接收窗口。如图 5-8 所示，假设接收方 B 的接收窗口大小是 20。在接收窗口外面，到 30 号为止的数据是已经发送过确认，并且已经交付给主机了。因此在 B 中可以不再保留这些数据。接收窗口内的序号（31-50）是允许接收的。在图 5-8 中，B 收到了序号为 32 和 33 的数据。这些数据没有按序到达，因为序号为 31 的数据没有收到（也许丢失了，也许滞留在网络中的某处）。请注意，B 只能对按序收到的数据中的最高序号给出确认，因此 B 发送的确认报文段中的确认号仍然是 31（即期望收到的序号），而不能是 32 或 33。

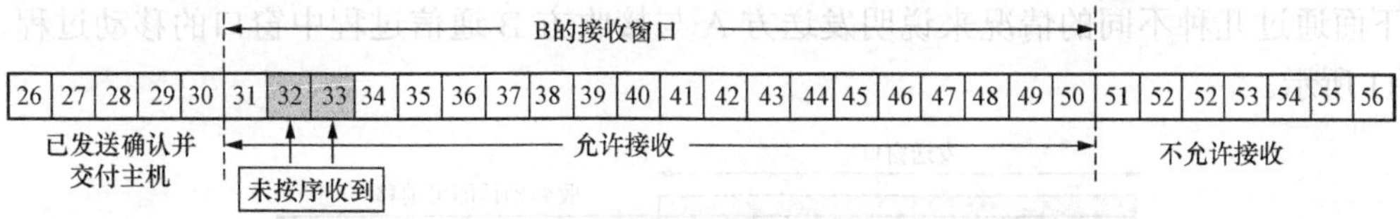

图 5-8 接收窗口

接收缓存用来暂时存放：①按序到达的、但尚未被接收应用程序读取的数据；②为按序到达的数据。如果收到的分组被检测出有差错，则要丢弃。如果接收应用程序来不及读取收到的数据，接收缓存最终就会被填满，使接收窗口减小到零。反之，如果接收应用程序能够及时从接收缓存中读取收到的数据，接收窗口就可以增大，但最大不能超过接收缓存的大小。图 5-9 指出了下一个期望收到的字节号。这个字节号也就是接收方给发送方的报文段的首部中的确认号。

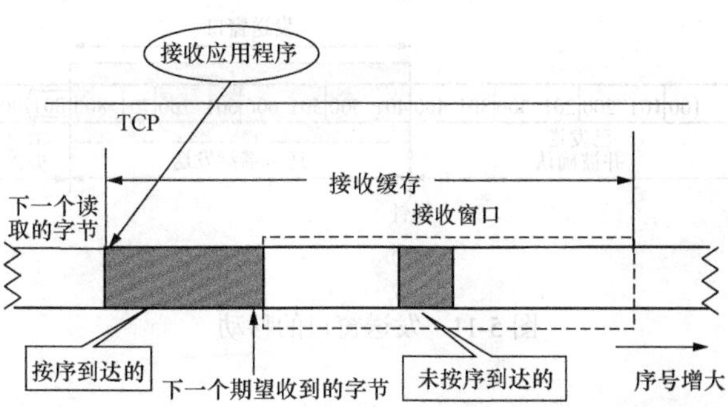

图 5-9 接收缓存和接收窗口

（3）发送窗口的移动。发送窗口的位置由窗口前沿和后沿的位置共同确定。发送窗口后沿的变化情况有两种可能，即不动（没有收到新的确认）和前移（收到了新的确认）。发送窗口后沿不可能向后移动，因为不能撤销掉已收到的确认。发送窗口前沿通常是不断向前移动，但也有可能不动。这对应于两种情况：一是没有收到新的确认，对方通知的窗口大小也不变；二是收到了新的确认但对方通知的窗口缩小了，使得发送窗口前沿正好不动。

发送窗口前沿也有可能向后收缩。这发生在对方通知的窗口缩小了。但 TCP 的标准强烈不赞成这样做。因为很可能发送方在收到这个通知以前已经发送了窗口中的许多数据，现在又要收缩窗口，不止发送这些数据，这样就会产生一些错误。

现在假定 A 发送了序号为 31～41 的数据。这时，发送窗口位置并未改变（见图 5-10），但发送窗口后面有 11 个字节（灰色小方框表示）表示已发送但未收到确认。而发送窗口内靠前面的 9 个字节（42～50）是允许发送但尚未发送的。

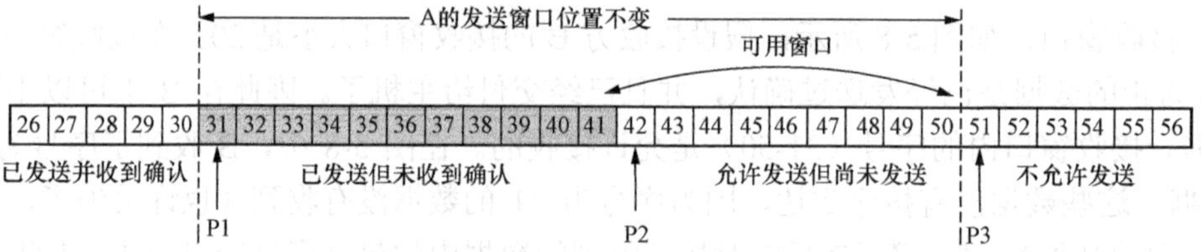

图 5-10 窗口位置不变

下面通过几种不同的情况来说明发送方 A 与接收方 B 通信过程中窗口的移动过程，如图 5-11 所示。

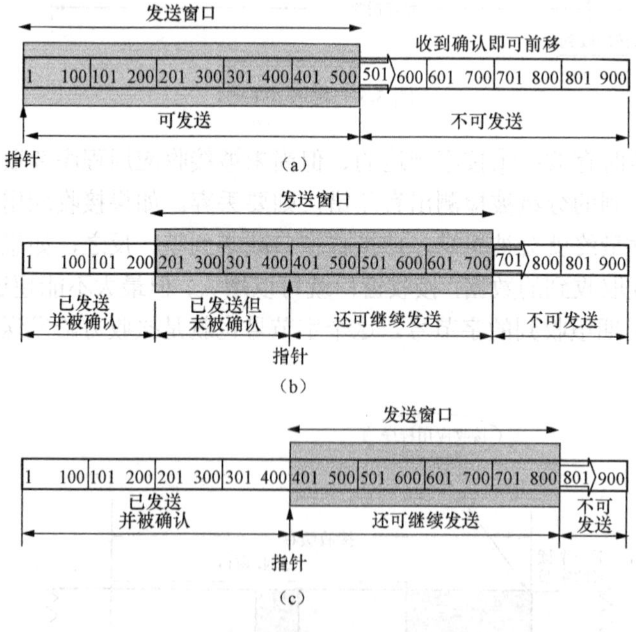

图 5-11 发送窗口的移动

情况（a）：

发送端要发送 900 字节长的数据，划分为 9 个 100 字节长的报文段，而发送窗口确定为

500 字节。发送端只要收到了对方的确认，发送窗口就可前移。发送 TCP 要维护一个指针。每发送一个报文段，指针就向前移动一个报文段的距离。

情况（b）：

发送端已发送了 400 字节的数据，但只收到对前 200 字节数据的确认，同时窗口大小不变。现在发送端还可发送 300 字节。

情况（c）：

发送端收到了对方对前 400 字节数据的确认，但对方通知发送端必须把窗口减小到 400 字节。现在发送端最多还可发送 400 字节的数据。

图 5-12 所示的例子说明了如何利用滑动窗口机制进行流量控制。

设主机 A 向主机 B 发送数据。双方确定的窗口值是 400。设一个报文段为 100 字节长，序号的初始值为 1（即 SEQ＝1）。在图 5-12 中，主机 B 进行了三次流量控制。第一次将窗口减小为 300 字节，第二次将窗口又减为 200 字节，最后一次减至零，即不允许对方再发送数据了。这种暂停状态将持续到主机 B 重新发出一个新的窗口值为止。

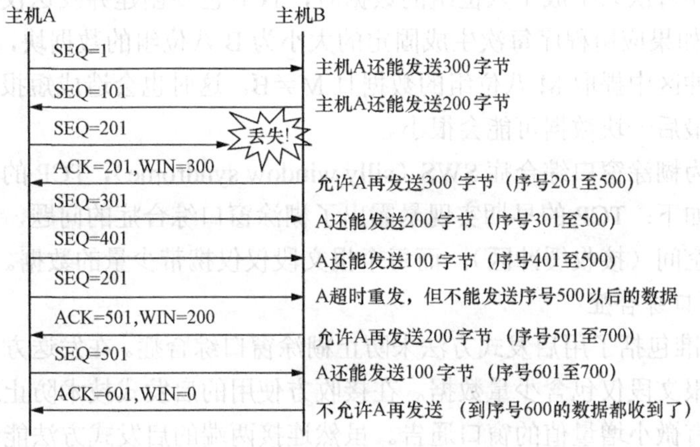

图 5-12 利用可变滑动窗口进行流量控制

5.2.3 糊涂窗口综合症

1. 糊涂窗口综合症概念

从事TCP协议的研究和发展工作的人员发现，收发两端的应用程序以不同的速率工作时，软件性能会出现严重的问题。我们知道，TCP 对到来的数据进行缓冲处理。让我们考虑接收方应用程序每次仅选取一个八位组的情况。连接建立之后，接收方的 TCP 软件申请 K 字节的缓冲空间，并在确认报文段中使用窗口（WINDOW）字段通告对方可用的缓冲区大小。如发送应用程序快速地生成了数据，发送方 TCP 软件所传输的报文段数据就会装满整个缓冲区。最终发送方会收到确认信息，得知整个接收窗口已经饱和，无法发送后续数据。

当接收应用程序从饱和的缓冲区中读取一个八位组的数据之后，就有一个八位组的可用缓冲空间。而当接收方的缓冲区具有可用空间时，TCP 软件就会生成一个确认，使用窗口（WINDOW）字段通知发送方。在此例中，接收方会通告一个八位组的窗口。发送方得知空间可用后，会发送一个包含一个八位组数据的报文段。

尽管仅有一个八位组的窗口能够正常工作，并填满接收方的缓冲区，但这样就造成了一系列短的数据段。发送方的 TCP 软件要装配一个仅包含 1 八位组数据的段，把该段封装到 IP 数据报中传输。接收应用程序读取下一个八位组之后，TCP 软件又发出一个确认报文段（其窗口字段值为 1）。这又使得发送方再传输一个仅包含一个八位组数据的报文段。最终发送方与接收方就形成了稳定状态，TCP 为每一个八位组数据发送一个报文段。

传输短的报文段（即有效数据少的报文段）浪费了网络带宽，带来了不必要的计算负载。之所以浪费带宽是因为每个报文段仅携带 1 八位组的数据，首部与数据的比率太大。而计算负载之所以增加是因为收发双方的 TCP 软件对每个报文段都要进行复杂的处理。发送方的 TCP 要申请缓冲区空间、生成报文段首部并为各报文段计算校验和。同样，发送方的 IP 要把报文段封装到数据报中、计算首部校验和、为数据报选择路由并将数据报送给相应的网络接口模块。在接收方，IP 软件要检验 IP 首部校验和并将报文段送交 TCP，TCP 再检验报文段的校验和、检查序号、提取报文段中的数据并把数据送入缓冲区。

虽然我们已描述了接收方通告一个小的可用窗口值怎样导致产生短的报文段，但发送方也会使各报文段仅包含少量数据。例如，一个 TCP 实现是只要有可能就尽快地发送数据. 那么当发送方应用程序每次只生成 1 八位组的数据时，TCP 也要创建并发送仅带有 1 八位组数据的报文段。此外，如果应用程序每次生成固定的大小为 B 八位组的数据块，而发送方的 TCP 软件一次最多从缓冲区中提取 M 八位组的数据且 M≠B。这时也会造成短报文段的发送，因为缓冲区中剩下的最后一块数据可能会很小。

上述问题被称为糊涂窗口综合症 SWS（silly window syndrome），TCP 的早期实现无法解决这个问题。归纳如下：TCP 的早期实现暴露出了糊涂窗口综合症的问题，即每个确认报文通告了少量的可用空间（接收缓冲区），而每个报文段仅仅携带少量的数据。

2. 避免糊涂窗口综合症

现行的 TCP 标准包括了用启发式方法来防止糊涂窗口综合症。在发送方使用的启发式技术避免了传输的各报文段仅包含少量数据。在接收方使用的启发式技术防止送出可能会引发小数据分组的、具有微小增量值的窗口通告。虽然连接两端的启发式方法能够很好地合作，收发双方各自避免糊涂窗口综合症的做法，确保了某一端不能有效实施避免措施时协议仍具有良好的性能。

实际上，收发双方的 TCP 软件都必须包括避免初糊涂窗口综合症的代码，这是因为 TCP 的连接是一个全双工连接，数据是双向流动的，因此连接一端的 TCP 软件必须包括接收和发送这两个方向的有关代码。

3. 接收方对糊涂窗口的避免

接收方为避免糊涂窗口综合症所用的启发式策略简明易懂。通常接收方为当前可用的窗口值维护一个内部记录，并在窗口大小显著增加之前推迟发送增加窗口的通告。对于“显著”的定义依赖于接收方的缓冲区大小以及最大报文段长度值。TCP 认为，窗口大小至少为缓冲区空间的一半或者最长报文段中所含数据八位组数目时才称得上“显著”。

接收端预防糊涂窗口综合症的措施防止了应用程序以低速接收数据所引起的小窗口通告。在接收方缓冲区饱和的情况下，它送出的确认包含了零窗口通告信息。接收应用程序从缓冲区中提取八位组后，接收方的 TCP 计算出新的可用缓冲区空间，但是它并不立即发送窗口通告，而是等到可用空间达到缓冲区的一半或最长报文段所含的数据量时才发送窗口通告。因此，发送方经常收到将当前窗口大幅度增加的通告，这使得它能够发送较长的报文段。

接收端避免糊涂窗口综合症的策略：通告零窗口之后，要等到缓冲区可用空间至少达到总空间的一半或达到最大报文段长度之后才发送更新的窗口通告。

实现接收方避免糊涂窗口综合症的策略可使用两种手段。第一，TCP 对收到的报文段进行确认，但是要等到窗口空间达到启发式策略所指定的限度之后才发出窗口增大的通告。第二，在窗口大小不足以避免该症的策略所指定的限度时，则推迟发送确认。TCP 标准推荐推迟确认技术。

推迟确认技术既有优点也有缺点。其主要优点是推迟的确认能够降低通信量并提高吞吐率。如果在确认推迟期间到达新的数据，那么对收到的所有数据只需使用一个确认。而如果接收应用程序在数据到达之后立即产生响应（如远程登录会话中的回送字符），那么短暂的迟延正好把确认捎带在一个数据段中发送回来。此外，由于 TCP 只有在接收应用程序从缓冲区中读取数据之后才能移动窗口，所以短暂的迟延可在确认报文段中捎带窗口加大通告。而在立即确认的体制中，TCP 就要在数据到达时先发送一个确认，随后还要再发送一个窗口通告（应用程序已读取了数据，窗口扩大了）。

推迟确认技术的缺点也很明显。其主要的缺点是当接收方的确认迟延太大时，发送方会进行报文段的重传。不必要的重传浪费了网络带宽，降低了吞吐率，还加重了收发双方的计算负载。此外，TCP 使用确认的到达时间来估计往返时间，推迟确认造成了估计值的混乱并增大了重传时间。

为了避免潜在的问题，TCP 标准规定了推迟确认的时间限度，TCP 在实现时对确认最多推迟 500 毫秒。此外，为了使 TCP 能尽量准确地估计往返时间，TCP 的标准推荐使用正常的方式对报文段进行确认。

4. 发送方对糊涂窗口的避免

发送方避免糊涂窗口综合症的启发式策略非常巧妙，令人惊奇。它的目标是防止发送短的报文段，而发送方的应用程序可按很小的块来生成数据（如每次一个八位组），因此发送方的 TCP 软件要允许发送应用程序多次调用写操作，并把每次调用传输的数据收集起来形成一个较长的报文段来传输。所以发送方的 TCP 在发送报文段之前必须延迟，以积聚合理的数据量。这被称为组块技术（clumping）。

那么 TCP 应该在传输数据之前等待多久呢?如果 TCP 等待太久，应用程序的时延就会过长。更重要的是，由于 TCP 不知道应用程序会不会在最近的将来生成更多的数据，所以 TCP 无法决定是否该继续等待下去。而如果等待时间不够长，报文段就会很短，吞吐率就会下降。

TCP 之前的协议对该问题的解决办法是使用组块技术把数据组装成更大分组。例如，为了在网络上高效地传输，早期的远程终端协议在每次敲键之后延迟几百毫秒，以检查用户是否继续敲键，然后才进行传输。但是 TCP 被设计成一个通用的协议，所以它可以被各种应用程序调用。在 TCP 连接上传输的字符可能源于用户敲击键盘，也可能源于传输文件的程序。一个固定的时延值不可能适用于所有的情况。

类似于 TCP 使用的避免拥塞的重传算法和慢启动算法，TCP 避免发送短报文段的技术也具有自适应能力，其延迟根据互联网的当前性能而定。发送端避免糊涂窗口综合症的技术和慢启动一样被称为自计时（self clocking），它并不计算延迟，而是使用确认的到达来触发其余数据的传输。对这个启发式策略可归纳如下。

发送方避免糊涂窗口综合症的策略：在一个连接上已经传输的数据还未被确认的情况下，

发送方的应用程序又生成了后续数据，并照常将数据送到输出缓冲区中。但这时并不发送后续报文段，而是等到数据足以填满一个达最大长度的报文段之后再把缓冲区中的数据发送出去。该策略适用于任何情况，包括堆操作在内。

如果某个应用程序每次仅产生一个八位组的数据，TCP会立即发送最初的那个八位组，但是在确认到达之前，TCP会把后续数据存入缓冲区中。因此，当应用程序生成数据的速率比网络的速率快不少时（如传输文件），后续的各个报文段将包括很多的数据，而当应用程序比网络速率更慢时（如用户敲键盘），就会发送较短的报文段而不必经过长的延迟。

这项技术根据其发明者的名字被称为Nagle算法，它只需少量的计算而显得十分巧妙。主机不需要为每个连接设立独立的定时器．在应用程序生成数据时也不需要检查时钟。更为重要的是，这项技术能够适应不同网络的时延、最大段长度以及不同应用程序速度的组合情况，而且在常规情况下不会降低网络的吞吐率。

为什么常规情况下网络能保持高吞吐率呢?为提高吞吐率而优化过的应用程序不会每次只生成一个八位组的数据（否则会产生不必要的操作系统负载）。这种应用程序每次调用时都会生成大块的数据，因而TCP的缓冲区在发送时总是包括了至少能装满一个最大长度报文段的数据。另外，由于应用程序生成数据的速率比TCP的传输速率快，发送缓冲区总是保持几乎饱和的状态，而TCP不会推迟传输。这样，在应用程序连续不断地填充缓冲区时，TCP就会持续地以互联网所能承受的最大速率来发送报文段。归纳如下。

现行的TCP要求收发双方实现避免糊涂窗口综合症的启发式策略。接收方要避免小窗口通告，而发送方要使用自适应机制来推迟传输，以便将数据组块形成较长的大报文段。

第2篇　网络新技术及其在新一代电力系统中的应用

第6章　无线传感器网络

随着通信技术、嵌入式计算技术和传感器技术的飞速发展和日益成熟，具有感知能力、计算能力和通信能力的微型传感器开始在世界范围内出现。由这些微型传感器构成的无线传感器网络引起了人们的极大关注，它将成为下一代网络的研究重点。

6.1　无线传感器网络概述

6.1.1　无线传感器网络的定义

无线传感器网络（Wireless Sensor Networks，WSN）是由大量的具有通信和计算能力的微小传感器节点，以无线的方式连接构成的自治测控网络。由于传感器节点数量众多，部署时只能采用随机投放的方式，传感器节点的位置不能预先确定；在任意时刻，节点间通过无线信道连接，采用多跳（multi-hop）、对等（peer to peer）通信方式，自组织网络拓扑结构；传感器节点间具有很强的协同能力，通过局部的数据采集、预处理以及节点间的数据交换来完成全局任务。

传感器由电源、感知部件、嵌入式处理器、存储器、通信部件和软件这几部分构成，如图6-1所示。传感器也许还会有一些额外的（比如定位发现系统、能量再生和移动等）组件。传感器节点的一个重要组成部分就是电源，电源为传感器提供正常工作所必需的能源，可以使用太阳能电池或微型电池。感知部件用于感知、获取外界的信息，并通过A/D转换器将其转换为数字信号，然后送到处理部件。处理部件负责协调节点各部分的工作，如对感知部件获取的信息进行必要的处理、保存，控制感知部件和电源的工作模式等。通信部件负责与其他传感器或观察者的通信。软件则为传感器提供必要的软件支持，如嵌入式操作系统、嵌入式数据库系统等。

节点在网络中可以充当数据采集者、数据中转站或簇头节点（Cluster-Head Node）的角色。作为数据采集者，数据采集模块收集周围环境的数据，通过通信路由协议直接或间接将数据传输给远方基站（Base Station）或网关节点（Gate Way Nale）。作为数据中转站，节点除了完成采集任务外，还要接收邻居节点的数据，将其转发给距离基站更近的邻居节点或者直接转发到基站或汇节点；作为类头节点，节点负责收集该类内所有节点采集的数据，经数据融合后，发送到基站或汇节点。

6.1.2　无线传感器网络的体系结构

在WSN中，节点任意散落在被监测区域内，这一过程是通过人工、机械、飞行器空投等方式完成的。节点以自组织形式构成网络，通过多跳中继方式将监测数据传送到 Sink 节点，Sink 节点也可以用同样的方式将信息发送给各节点，如图 6-2 所示。最终借助长距离或临时建立的 Sink 链路将整个区域内的数据传送到远程中心进行集中处理。

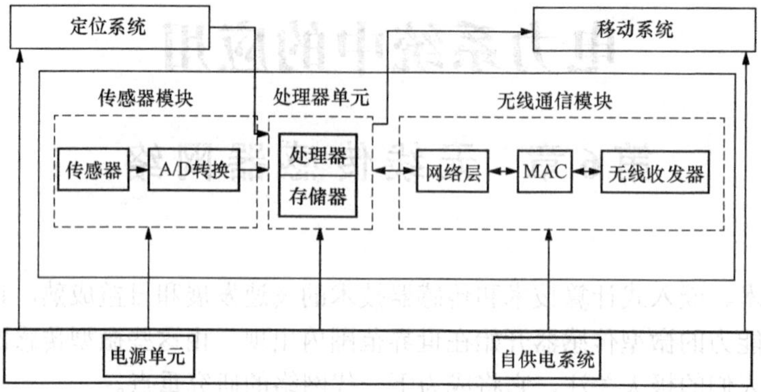

图 6-1 无线传感器节点结构

在 WSN 的工作过程中，大量传感器节点随机部署在监测区域内部或附近，能够通过自组织的方式构成网络。传感器节点监测的数据沿着其他传感器节点逐跳的进行传输，在传输过程中监测数据可能被多个节点处理，经过多跳后路由到汇聚节点，最后通过互联网或卫星到达管理节点。用户通过管理节点对传感器网络进行配置和管理，发布监测任务以及收集监测数据。

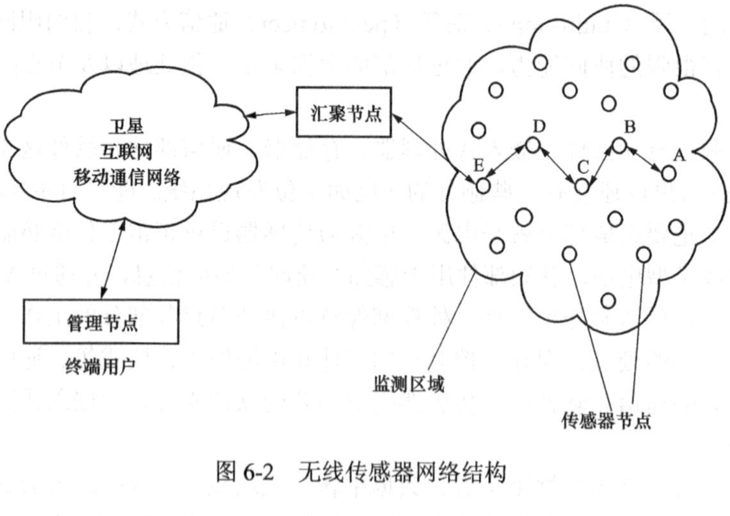

图 6-2 无线传感器网络结构

6.2 无线传感器网络关键技术

由于 WSN 的特殊性，从其关键技术的研究来看，主要包括以下几方面。

6.2.1 WSN 部署与初始化技术

WSN 只有在完成有效的部署与初始化之后，才能够进入正常的组网与运行维护阶段。无线传感器节点部署有两种基本的方法，一种是确定放置的方式，即通过人工方式或智能机器人将节点放置在预定的位置。这种方法适用于可控的安全环境，节点一般不要求有移动能力的固定方式装置。另一种是随机抛撒方式，即通过飞机、无人机或炮弹将节点随机撒放到监控区域，节点可以是固定的，也可以是移动的，这种方式适用于在危险监控区域部署WSN。但是，随机抛撒的方式存在一定的问题，即传感器节点最初处于无网络结构状态，如何通过一定的算法使得所有的节点从无结构状态，自组织的配置成一个自组网结构，进一步通过MAC层与高层协议，使得WSN能够执行任务。

WSN部署与初始化问题的研究难度比较大，现有的研究工作都是建立在检测区域与障碍物具有规则的形状，节点的通信距离远远大于感知距离，以及节点同时被唤醒的假设之上，而现实应用场景会出现监测区域与障碍物形状不规则，节点的通信距离远远小于感知距离，以及节点存在异步被唤醒的问题，因此，需要考虑不同的监测区域的真实地理场景、节点的异步唤醒、节点对网络状态不了解，节点的通信距离远远小于感知距离以及节能优化等问题。

6.2.2 WSN信道访问控制协议

对WSN来说，传感器节点体积微小，面临的环境更加复杂和恶劣，节点部署密集，节点能力有限，无线链路易受干扰，节点易失效，且WSN拓扑结构动态变化，网络资源也在不断变化，这都对WSN网络的MAC协议提出了更高的要求，WSN的信道接入控制方法与MAC协议决定着无线信道的使用方式，在无线传感器节点之间分配有限的无线通信资源，用了构建WSN系统的底层基础结构。由于单个节点的功能比较弱，能量、存储、计算和通信带宽等资源有限，而WSN的功能需要通过多个节点协同工作才能实现，因此，设计MAC协议时，需要着重考虑节省能量、可扩展性与网络效率等问题。

针对不同的WSN应用，可以将传感器网络的MAC协议分为三类：基于无线信道的随机竞争方式、基于无线信道的时分复用（TDM）方式和基于无冲突的无线信道的分配方式MAC协议。目前，传感器网络MAC协议的基本类型如图6-3所示。

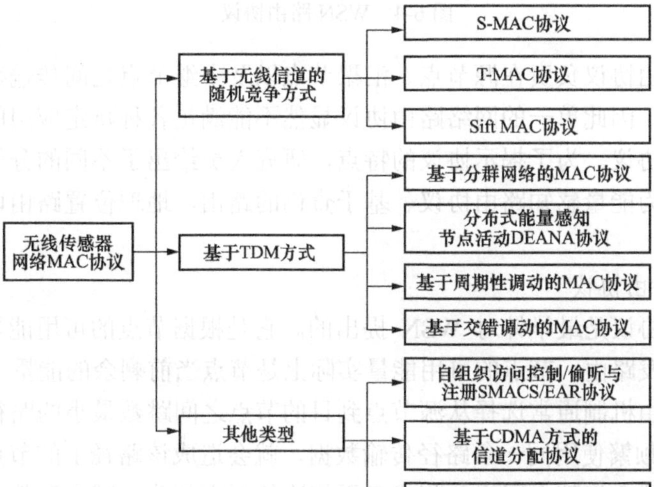

图6-3 传感器网络MAC协议

WSN是应用相关的网络，应用需求不同时，网络协议往往需要根据应用类型或应用目标环境特征制定，没有任何一个协议能够高效适应所有的应用。

6.2.3 WSN 路由协议

与传统网络路由协议相比，WSN 路由协议的侧重点在于：能量优先、基于局部拓扑信息、以数据为中心，以及与应用相关的其他因素。为了节约能量，每个节点不能做大数据量的计算，因此路由生成只能限制在局部拓扑信息上。WSN 中有很多节点分布在感兴趣的地区、部署者关心的是被监测区域的大量节点的感知数据，而不是个别节点获取的数据，因此路由协议必须考虑对感知数据的需求、数据通信模式与数据流向，以便形成以数据为中心的转发路径。同时，WSN 实际应用场景和要求区别很大，必须针对具体的应用需求去考虑路由协议。

目前，WSN 路由协议的分类还没有一个完整的标准，图 6-4 给出 WSN 路由协议的主要类型。

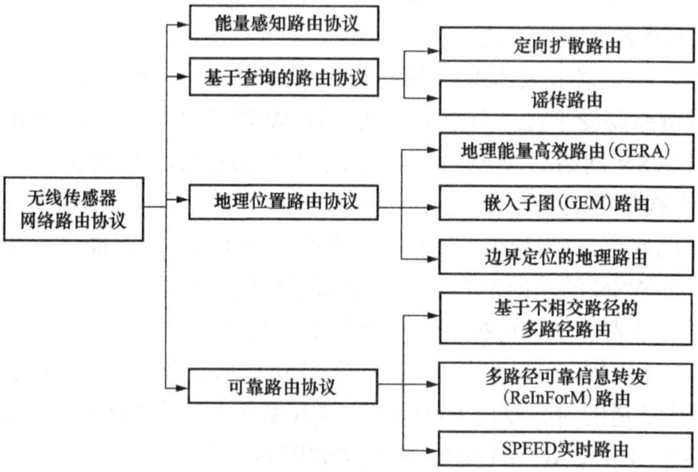

图 6-4 WSN 路由协议

传感器网络路由协议负责在源节点、汇聚节点以及中继节点之间传输数据。由于传感器网络是面向应用的，因此单一的网络路由协议显然不能满足各种特定应用的需求，因而人们研究了众多的路由协议。为了揭示协议的特点，研究人员给出了不同的分类，将路由协议按通常的分类方法分为能量感知路由协议、基于查询的路由、地理位置路由以及可靠路由协议四类。

1. 能量感知路由协议

能量感知路由协议是最早针对 WSN 提出的。它是根据节点的可用能量或传输路径上的能量选择数据的转发路由。节点的可用能量实际上是节点当前剩余的能量。

传统网络的路由机制通常选择从源节点到目的节点之间跳数最小的路径传输数据。但是在 WSN 中，如果频繁使用同一条路径传输数据，就会造成该路径上的节点因能量消耗过快而过早失效，这样就会将整个网络分割成互不相连的孤立部分，减少了整个网络的生存期。因此，Rahul C.Shah 等人提出一种能量多路径路由机制。该机制在源节点和目的节点之间建立多条路径，根据路径上节点的通信能量消耗和节点的剩余能量情况，给每条路径赋予一定的选择概率，使得数据传输均衡消耗整个网络的能量，以便延长整个网络的生存期。

能量多路径路由协议包括三个过程：路径建立、数据传播和路由维护。在路径建立过程中，每个节点要知道到达目的节点的所有下一跳节点，并计算选择每个下一跳节点传输数据的概率。概率的选择是根据节点到目的节点的通信代价来计算的。由于每个节点到达目的节点的路径很多，因此需要为各个路径确定加权值。在数据传播过程中，对于接收到的每个数据分组，节点根据概率从多个下一跳节点中选择一个节点，并将数据分组转发给该节点。路由维护是通过周期性地从目的节点到源节点进行洪泛查询来维护所有路径的活动性。

能量多路径路由协议综合考虑了通信路径上的消耗能量和剩余能量，节点根据概率在路由表中选择一个节点，作为路由的下一跳节点。由于这个概率是与能量相关的，可以将通信能耗分散到多条路径上，从而可实现整个网络的能量平稳降级，最大限度地延长网络的生存期。

2. 基于查询的路由

第一个例子：定向扩散路由。

定向扩散（Directed Diffusion，DD）是一种基于查询的路由机制。汇聚节点通过兴趣分组（interest）发出查询任务，采用洪泛方式传播兴趣分组到整个区域或部分区域内的所有传感器节点。兴趣分组用来表示网络用户查询对监测区域内感兴趣的信息，例如监测区域内的温度、湿度和光照等环境信息。在兴趣消息的传播过程中，逐跳地在每个传感器节点上建立反向的从数据源到汇聚节点的数据传输梯度（gradient）。传感器节点将采集到的数据沿着梯度方向传送到汇聚节点。

定向扩散路由是一种经典的以数据为中心的路由机制。汇聚节点根据不同应用需求定义不同的任务类型、目标区域等参数的兴趣分组，通过向网络中广播兴趣分组启动路由建立过程。中间传感器节点通过兴趣表，建立从数据源到汇聚节点的数据传输梯度，自动形成数据传输的多条路径。按照路径优化的标准，定向扩散路由使用路径加强机制生成一条优化的数据传输路径。为了动态适应节点失效、拓扑变化等情况，定向扩散路由机制可以分为周期性的兴趣扩散、梯度建立以及路径加强 3 个阶段。但是，定向扩散路由在路由建立时需要一个兴趣扩散的洪泛传播、能量和时间开销都比较大，尤其是当底层 MAC 协议采用休眠机制时，可能造成兴趣建立的不一致。

第二个例子，谣传路由。

有些 WSN 的应用中，数据传输量较少或者已知事件区域，如果采用定向扩散路由，需要经过查询分组的洪泛传播和路径增强机制，才能确定一条优化的数据传输路径。因此在这类应用中，定向扩散路由并不是高效的路由机制。Boulis 等人提出了谣传路由（Rumor Routing）的方法，它适用于数据传输量较少的传感器网络。

谣传路由机制引入查询分组的单播随机转发，克服使用洪泛方式建立转发路径带来的开销过大问题。它的基本思想是由时间区域中的传感器节点产生代理（agent）分组。代理分组沿随机路径向外扩散传播，同时汇聚节点发送的查询分组也沿随机路径在网络中传播。当代理分组和查询分组的传输路径交叉在一起时，就会形成一条汇聚节点到事件区域的完整路径。由于谣传路由使用随机方式生成路径，因此数据传输路径不是最优路径，并且可能存在路由环路问题。

3. 地理位置路由

在 WSN 中，节点通常需要获取它的位置信息，这样它采集的数据才有意义。例如，在森林防火的应用中，消防人员不仅要知道森林中发生火灾事件，而且还要知道火灾的具体位置。地理位置路由假设节点知道自己的地理位置信息，以及目的节点或者目的区域的地理位置，利用这些地理位置信息作为路由选择的依据，节点按照一定策略转发数据到目的节点。地理位置的精确度和代价相关，在不同的应用中会选择不同精度的位置信息来实现数据的路由转发。

第一个例子：GEAR路由协议。

在数据查询类应用中，汇聚节点需要将查询命令发送到事件区域内的所有节点。洪泛方式将查询命令传播到整个网络，建立汇聚节点到事件区域的传播路径，这种路由建立过程的开销很大。地理能量高效路由（Geographical and Energy-Aware Routing，GEAR）协议根据事件区域的地理位置信息，建立汇聚节点到事件区域的优化路径，避免了洪泛传播方式，这样就可以减少路由建立的开销。GEAR路由假设已知事件区域的位置信息，每个节点知道自己的位置信息和剩余能量信息，并通过一个简单的Hello消息交换机制知道所有邻节点的位置信息和剩余能量信息。在GEAR路由中，节点间的无线链路是对称的。GEAR路由中查询消息传播包括两个阶段。首先汇聚节点发出查询命令，并根据事件区域的地理位置将查询命令传送到区域内距汇聚节点最近的节点，然后从该节点将查询命令传播到区域内的其他所有节点。监测数据沿查询消息的反向路径向汇聚节点传送。

GEAR路由用实际代价（learned cost）和估计代价（estimate cost）两种代价值表示路径代价。当没有建立从汇聚节点到事件区域的路径时，中间节点使用估计代价来决定下一跳节点。估计代价定义为归一化的节点到事件区域的距离以及节点的剩余能量两部分，节点到事件区域的距离用节点到事件区域几何中心的距离来表示。由于所有节点都知道自己的位置和事件区域的位置，因而所有节点都能计算出自己到事件区域几何中心的距离。GEAR路由通过定义估计路由代价为节点到事件区域的距离和节点剩余能量，并利用捎带机制获取实际路径代价，进行数据传输的路径优化，从而形成能量高效的数据传输路径。GEAR路由采用的贪心算法是一个局部最优的算法，适合WSN中节点只知道局部拓扑信息的情况，其缺点是由于缺乏足够的拓扑信息，路由过程中可能遇到路由空洞反而降低路由效率。如果节点拥有相邻两跳节点的地址位置信息，可以大大减少路由空洞的产生概率。GEAR路由中假设节点的地理位置固定或变化不频繁，适用于节点移动性不强的应用环境。

第二个例子：GEM路由协议。

WSN存储监测数据的方式主要有三种：本地存储（local storage）、外部存储（external storage）和数据中心存储（data-centric storage）。在本地存储方式中，节点首先将监测数据保存在本地存储器中，并在收到查询命令后将相关数据发送给汇聚节点。在外部存储方式下，节点在获得监测数据后，不论汇聚节点目前是否对该数据感兴趣，都主动地把数据发送给汇聚节点。在数据中心存储方式下，首先对可能的监测事件进行命名，然后按照一定的策略将每一个事件映射到一个地理位置上，距离这个位置最近的节点作为该事件的负载节点，节点在监测到事件后，把相关数据发送到映射位置。负责节点接收数据，进行数据融合并存储在本地。在那本地存储方式中，网络传输的数据都是汇聚节点感兴趣的数据，网络传输效率高，但是需要每个节点都具有相对较大的存储空间，数据融合只能在传输过程中进行，并且汇聚节点需要经过较长的延迟后才能获得查询数据。外部存储方式中，节点将采集数据及时传输给汇聚节点，可以提高传感器网络对突发事件的反应速度。但是，监测数据会不断发送给汇聚节点，一方面由于有些数据不是汇聚节点感兴趣的，造成了网络能量的浪费。另一方面容易使汇聚节点附近形成网络热点，降低传感器网络的吞吐率。数据中心存储方式在网络中选择不同的负责节点，实现不同事件监测数据的融合和存储。它是介于本地存储和外部存储之间的一种方式，在查询延迟、能量消耗和存储空间等多项指标间进行折中。由于 WSN 处理的事件往往有多种，数据中心存储方式能够将网络通信流量、处理流量和存储流量在网络中均匀分摊，从而有效避免了网络热点的产生。

嵌入图（Graph Embedding，GEM）路由是一种适用于数据中心存储方式的地理路由。GEM 路由的基本思想是建立一个虚拟极坐标系统（Virtual Polar Coordinate System，VPCS），用来表示实际的网络拓扑结构。网络中的节点形成一个以汇聚节点为根的带环树（ringed tree），每个节点用到树根的跳数距离和角度范围来表示，节点间的数据路由通过这个带环树实现。

GEM 路由根据节点的地理位置信息，将网络的实际拓扑结构转化为用虚拟极坐标系统表示的逻辑结构，即一个以汇聚节点为根节点的带环树结构，并在这个带环树上实现节点间的数据路由。GEM 路由为数据中心存储的传感器网络提供了一种路由机制，它不依赖于节点精确的位置信息。采用虚拟极坐标的方法能够简单地将网络实际拓扑信息映射到一个易于进行路由处理的逻辑拓扑中，而且不改变节点间的相对位置。但是，由于采用了带环树结构，实际网络拓扑发生变化时，树的调整比较复杂，因此 GEM 路由适用于拓扑结构相对稳定的传感器网络。

第三个例子：GRWLI 路由协议。

基于地理信息的路由（Geographic Routing Without Location Information，GRWLI）是一种只需要少数节点精确位置就可以路由的路由协议。在 WSN 的实际应用中，如果每个节点都需要知道自己的精确位置信息，那么路由代价比较大。地理位置路由研究中的一个重要方向就是如何在保证路由正确性的前提下，尽量减少需要精确位置信息的节点数目，以及路由机制对节点精确位置信息的依赖，提出了一种只需要少数节点精确位置信息就可以进行正确路由的地理路由机制，它的基本思想是：首先通过网络中知道自身位置信息的节点确定一个全局坐标系，其次确定其他节点在这个坐标系中的位置，最后根据节点在坐标系中的位置进行数据路由。知道自身位置信息的节点通常是网络中较为特殊的信标节点，当所有节点的坐标位置信息确定后，协议使用贪心算法选择路由。因此，协议的关键部分是利用信标节点确定全局坐标系以及确定其他节点在坐标系中的位置。相关文献提出了三种策略：边界节点均为信标节点、使用两个信标节点以及使用一个信标节点的方法。

边界节点均为信标节点是假设网络实际边界上的节点都是信标节点，这些边界已经给定了一个全局坐标系。非边界节点需要通过边界节点来确定自己的位置。

使用两个信标节点不再需要所有边界节点的精确位置信息，这样就可以大大减少网络部署的成本。在这种策略中，仍然将节点分为边界节点和非边界节点。边界节点只知道自己处于网络的边缘，但是不知道自己的精确位置信息。该策略首先通过边界节点之间的信息交换机制建立全局坐标系，其次引入两个信标节点以减少全局坐标系的误差，最后按前述方法来计算非边界节点在全局坐标系中的位置。

使用一个信标节点的策略是：利用一个信标节点确定一组边界节点，然后才有上面第二种策略介绍算法确定全局坐标系并计算节点在坐标系中的位置信息。

与 GEAR 路由相比，边界定位的路由机制只需要很少节点知道精确的位置信息，减少了对传感器节点的功能要求，降低了传感器网络的部署成本。但是，为了确定全局坐标系和节点在坐标系中的位置信息，节点需要进行大量的信息交换，通信开销很大。同时，由于算法采用了迭代过程确定节点的位置，计算出的节点位置精度和迭代次数相关，与 GEM 路由相比，边界定位路由建立的全局坐标系更加接近节点实际位置，且对于网络拓扑的变化调整比较简单。

4. 可靠路由协议

有一些 WSN 的应用对于数据传输的可靠性提出了比较高的要求，因此 WSN 路由中的一个重要方面是研究可靠路由协议。传感器节点由于受到能量供应和工作环境恶劣的限制，经常面临失效问题，这为研究适合于传感器网络的可靠路由协议增加了困难。目前，研究人员提出的可靠路由协议主要从两个方面考虑：一是利用节点的冗余性，提供多条路径且保证通信可靠性；二是建立对传输可靠性的估计机制，从而保证每跳传输的可靠性。另外，有些传感器网络应用时，需要节点间通信提供一定的实时性保证。

第一个例子：基于不相交路径的多路径协议。

在 WSN 中，引入多路径路由是为了提供数据传输的可靠性和实现网络负载平衡。在多路径路由中，如何建立数据源节点到汇聚节点的多条路径是首要问题。在定向扩散路由中，当有数据查询需要时，汇聚节点首先通过洪泛兴趣消息形成传输梯度，其次建立数据源节点到汇聚节点的多条路径，最后通过路径消息选择一条主路径传输数据。当主路径失败时，定向扩散路由需要使用周期性低速率的洪泛就能够恢复从数据源节点到汇聚节点的传输路径。设计基于不相交路径的多路径路由基本思想是：首先建立从数据源节点到汇聚节点的主路径，然后再建立多条备用路径。数据通过主路径进行传输，同时利用备用路径低速传输数据，来维护路径的有效性。当主要路径失效时，从备用路径选择出次优路径作为新的主路径。

第二个例子：ReInForM 路由协议

在 WSN 中，传感器节点是数据源，它将监测数据发送给汇聚节点。多路径可靠信息转发（Reliable Information Forwarding using Multiple paths，ReInForM）路由从数据源节点开始，考虑可靠性需求、信道质量与传感器节点到汇聚节点的跳数，来确定节点需要的传输路径数目、下一跳节点数目和相对应的节点，以便实现满足可靠要求的数据传输。

ReInForM 路由的基本过程是：第一步，数据源节点根据传输的可靠性要求，计算需要的传输路径数目；第二步，在邻节点中选择若干节点作为下一跳转发节点，并给每个节点按照一定比例分配路径数目；第三步，数据源节点将分配的路径数作为数据报头中的一个字段，发给邻节点。邻节点在接收到数据源节点的数据后，将自己视作数据源节点，重复上述数据源节点的选路过程。

第三个例子：SPEED 路由协议。

在有些 WSN 应用中，汇聚节点需要根据采集数据实时做出反应，因此传感器节点到汇聚节点的数据通道要保持一定的传输速率。SPEED 协议是一个实时路由协议，在一定程度上实现了端到端的传输速率保证、网络拥塞控制以及负载平衡机制。为了实现上述目标，SPEED 协议首先交换节点的传输延迟，以得到网络负载情况；然后利用局部地理信息和传输速率信息做出路由决定。同时通过邻居反馈机制保证网络传输速率在一个全局定义的传输速率阈值之上。节点还通过反向压力路由变更机制，避开延迟太大的链路和路由空洞。

SPEED 协议主要由以下四个部分组成：延迟估计机制、SNGF 算法、邻居反馈策略和反向压力路由变更机制。其中延迟估计机制用来得到网络的负载情况，判断网络是否发生拥塞。

无状态随机地理转发（Stateless Non-deterministic Geographic Forwarding，SNGF）算法用来选择满足传输速率要求的下一跳节点。邻居反馈策略（Neighborhood Feedback Loop，NFL）是当 SNGF 路由算法中找不到满足传输速率要求的下一跳节点时采取的补偿机制。反向压力路由变更机制是用来避免拥塞和路由空洞。路由空洞是指节点发现自己没有下游节点能将数据分组转发到目的节点的情况。

6.2.4 WSN 拓扑控制与功率控制技术

WSN 的传感器节点是体积微小的嵌入式设备，它所面临的环境更加复杂和恶劣，节点部署更为密集，节点能量更加有效，无线链路更容易受到干扰，节点也更容易失效。因此，需要设计优化的网络拓扑控制机制。网络拓扑控制主要研究的问题是：在保证网络的覆盖范围、连通性的前提下，设置或调整节点的发射功率，并按照一定的策略选择合适的节点作为骨干节点，参与网络中的数据处理和传输，达到优化网络拓扑、延长网络生存时间的目的。WSN 的拓扑控制分为两类：节点功率控制和层次拓扑结构控制。

功率控制是在满足网络连通度的前提下，调节网络中每个节点的发射功率，均衡节点的一跳可达邻节点的数量，降低节点之间的干扰。节点通过设置或动态调整节点的发射功率，在保证网络拓扑结构连通、双向连通或者多连通的基础上，使得网络中节点的能量消耗最小，延长整个网络的生存时间。当传感器节点部署在二维或三维空间中时，传感器网络的功率控制是一个很困难的问题。因此，一般的解决方案都是寻找近似解法。在 WSN 中，功率控制的基本方法有：基于节点度数的 LMA/LMN 算法和基于临近图的 DRNG/DLMST 算法。

层次性拓扑控制则是利用分群机制，选择群首节点，由群首节点形成一个处理并转发数据的骨干网，其他非骨干网节点可以暂时关闭通信模块，进入休眠状态以节省能量。在 MAC 层进行拓扑控制的基本方法有：层次型低功率自适应分群（LEACH）拓扑控制算法和 GAF 算法。

6.2.5 WSN 定位技术

在 WSN 中，位置信息是事件位置报告、目标跟踪、地理路由、网络管理等系统功能的前提，事件发生的位置或获取信息的节点位置，是传感器节点监测消息中所包含的重要信息，没有位置信息的监测消息往往毫无意义。位置信息还可以用于目标跟踪，实时监测目标的行动路线，预测目标的前进轨迹；可以直接利用节点位置信息，实现数据传递按地理的路由；根据节点位置信息构建网络拓扑图，实时统计网络覆盖情况，对节点密度低的区域及时采取补充措施。

在 WSN 节点定位技术中，根据节点是否已知自身的位置，可以将传感器节点分为两类：信标节点和未知节点。信标节点在网络节点中所占的比例很小，可以通过携带 GPS 定位设备等手段，获得自身的精确位置。信标节点是未知节点定位的参考点。未知节点通过信标节点的位置来确定自身的位置。

WSN 定位通常会使用到三边测量法、三角测量法或估计法来计算节点位置。在 WSN 中，根据定位过程中是否测量实际节点间的距离或角度，定位算法可以分为基于测距的定位算法和不基于测距的定位算法。前者需要测量相邻节点间的距离或方位，利用节点间的实际距离来计算出未知节点的位置；后者无需测量节点间的距离或方位，而是利用节点间的路由信息来估算出节点间的距离。基于测距的定位算法在节点硬件与功耗方面要求较高，而不基于测距的定位算法是一种低成本的替代方法。基于测距的定位算法主要有：室内定位系统（Cricket）、Ad hoc 定位算法（AHLos）、APS（Adhoc Positioning System）、RADAR 算法、LCB

算法以及 DPE 算法；而不基于测距的定位算法有质心算法、DV-Hop 算法、Amorphous 算法以及 APIT 算法。

由于定位的准确性直接关系到传感器节点采集数据的有效性，而节点又受到能量、存储能力和计算能力的限制，要求定位算法必须是低复杂性的。要进一步延长网络的生存周期，就必须要减少定位过程中的通信开销。目前的算法大都在能耗、成本和精度上作了折中考虑。由于各种应用差别很大，没有普遍适合于各种应用的定位算法，因此，要针对不同的应用，通过综合考虑节点的规模、成本及系统对定位精度的要求，来选择最合适的定位算法。

1. 节点定位技术的基本概念与方法

在 WSN 节点定位技术中，根据节点是否已知自身的位置，可以将传感器节点分为两类：信标节点（beacon node）和未知节点（unknown node）。信标节点在网络节点中所占的比例很小，可以通过携带 GPS 定位设备等手段，获得自身的精确位置。信标节点是未知节点定位的参考点。除了信标节点外，其他传感器节点就是未知节点，它们通过信标节点的位置信息来确定自身位置。图 6-5 给出了 WSN 中的信标节点和未知节点示意。M 代表信标节点，S 代表未知节点。未知节点 S 通过与邻近信标节点 M 或已经得到位置信息的 S 节点之间的通信，根据一定的定位算法来计算出节点的位置。

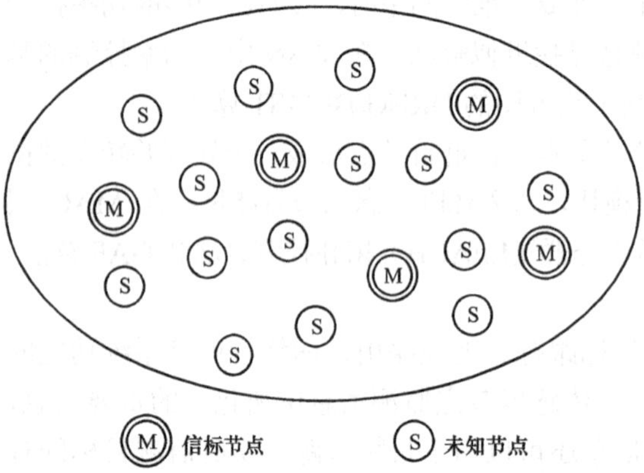

图 6-5 传感器网络中的信标节点和未知节点

WSN 定位通常会使用到三边测量法、三角测量法或估计法来计算节点位置。

2. 定位算法分类

在 WSN 中，定位算法通常可以分为以下五类。

基于测距的定位算法和不基于测距的定位算法。根据定位过程中是否测量实际节点间的距离或角度，可以把定位算法分为基于测距的（range-based）定位算法和不基于测距的（range-free）定位算法。前者需要测量相邻节点间的距离或方位，利用节点间的实际距离来计算出未知节点的位置：后者无须测量节点间的距离或方位，而是利用节点间的路由信息来估算出距离。基于测距的定位算法在节点硬件与功耗方面要求较高，而不基于测距的定位算法是一种低成本的替代方法。

基于测距的定位算法是通过测量相邻节点间的实际距离或方位进行定位。基于测距的定位分为基于到达时间（Time Of Arrive，TOA）的定位、基于到达时间差（Time Difference Of Arrive，TDOA）的定位、基于到达角度（Angle Of Arrive，AOA）的定位以及基于接收信号强度指示（Received Single Strength Indication，RSSI）的定位。具体过程通常分为三个阶段。

第一阶段：测距阶段。未知节点首先测量到邻节点的距离或角度，然后进一步计算到邻近信标节点的距离或方位，在计算到邻近信标节点的距离时，可以计算未知节点到信标节点的直线距离，也可以用二者之间的跳段距离作为直线距离的近似。

第二阶段：定位阶段。未知节点在计算出到达 3 个或 3 个以上信标节点的距离或角度后，利用三边测量法，三角测量法或其他估计方法来计算出未知节点的坐标。

第三阶段：修正阶段。对求得的节点的坐标进行优化，以提高定位精度，减少误差。

基于测距的定位主要有：室内定位系统（Cricket）；Ad hoc 定位算法（AHLos）；APS（Adhoc Positioning System）；RADAR 算法；LCB 算法；DPE 算法。

基于测距的定位算法由于要实际测量节点间的距离或角度，通常定位精度相对较高，因此对节点的硬件也提出了很高的要求，定位过程中消耗的能量相对较多。

3. 不基于测距的定位算法

虽然基于距离的定位能够实现精确定位，但是对于无线传感器节点的硬件要求高。出于硬件成本、能耗等考虑，针对某一些只关心相对位置，不需要实际测量节点间的绝对距离或方位，误差允许大一些的应用，不基于测距的定位算法可以满足实际应用的需求。

目前提出了两类主要的距离无关的定位方法：一类是先对未知节点和信标节点之间的距离进行估计，然后利用三边测量法或极大似然估计法进行定位；另一类方法是通过邻接点和信标节点确定包含未知节点的区域，然后把这个区域的质心作为未知节点的坐标。

下面举几个例子来说明距离无关的定位算法的研究思路。

第一个例子：质心算法。

质心是多边形的几何中心，它的坐标是多边形顶点坐标的平均值。在质心算法（Centroid Aogorithm）中，第一步是确定包含未知节点的区域，第二步是计算区域的质心，并将它作为未知节点的位置。具体做法是，信标节点周期性地向相邻节点发送广播信标分组，信标分组包含着信标节点的标识符和位置信息。当未知节点接收到来自不同信标节点的信标分组数量超过一个规定的阈值时，就可以确定自身的位置为一个由某些信标节点组成的多边形的质心。

质心算法完全基于网络的连通性，无须信标节点与未知节点之间的协调，因此算法简单，容易实现。但是质心位置只能是一种估算的结果，它实际上与信标节点的密度与分布直接相关，算法忽略了这个重要的因素。在此基础上研究人员提出了密度自适应 HEAP 算法，它希望通过在信标节点密度低的区域增加信标节点的办法来提高定位密度。

第二个例子：DV-Hop 算法。

距离向量—跳数（Distance Vector-Hop，DV-Hop）算法类似于传统网络中的距离向量路由机制。DV-Hop 算法首先让未知节点计算与每个信标节点的最小跳步数，估计平均每跳的距离；利用最小跳步数乘以平均每跳的距离，得到未知节点与信标节点的估计距离，再利用三边测量法或极大似然估计法计算未知节点的坐标。

DV-Hop 算法利用平均每跳的距离计算实际距离，因此它对节点的硬件要求比较低，算法也容易实现，缺点是估算误差相对比较大。

第三个例子：Amorphous 算法。

Amorphous 算法执行也分为三步。第一步与 DV-Hop 算法相同，首先计算未知节点计算与每个信标节点的最小跳步数；第二步是假设节点的通信半径相同，节点的平均每跳距离为通信半径，未知节点计算到达每个信标节点的跳步距离；第三步利用三边测量法或极大似然估计法计算未知节点的坐标。

Amorphous 算法以假设节点的通信半径相同为前提，实际情况不会那么简单，因此造成的误差比较大。人们对此提出了两种修正：一种方法是重新计算平均每跳的距离，另一种方法是利用局部跳数平均值代替跳数。

第四个例子：APIT 算法。

近似三角形内点测试法 APIT（Approximate Point-In-Triangulation test）算法首先确定多

个包含未知节点的三角形区域，这些三角形区域的交集是一个多边形，它限制了更小的包含未知节点的区域，然后再计算这个多边形的质心，将质心作为未知节点的位置。

随着 WSN 研究和应用的不断深入，定位技术的研究也越来越深入。由于定位的准确性直接关系到传感器节点算法必须是低复杂性的。要进一步延长网络的生存周期，就必须要减少定位过程中的通信开销。目前的算法大都在能耗、成本和精度上做了折中考虑。由于各种应用差别很大，没有普遍适合于各种应用的定位算法，因此要针对不同的应用，通过综合考虑节点的规模、成本及系统对定位精度的要求，来选择最适合的定位算法。

6.2.6　WSN 时间同步技术

时间同步是需要协同工作的无线传感器网络的一个关键机制。每个传感器节点都有自己的本地时钟，由于不同分布式系统通常需要一个表示整个系统时间的全局时间，全局时间根据需要可以是物理时间或逻辑时间。物理时间用来表示人类社会使用的绝对时间，逻辑时间表达事件发生的顺序关系，是一个相对概念。时间同步机制在传统网络中已经得到广泛使用，在 WSN 中同样需要时间同步机制。

通常在 WSN 中，除了非常少量的传感器节点携带硬件时间同步部件外，绝大多数传感器节点都需要根据时间同步机制交换同步信息，与网络中的其他传感器节点保持时间同步。在设计 WSN 的时间同步机制时，需要考虑扩展性、稳定性、鲁棒性、节点失效解决方法和能量感知等因素。

目前，在 WSN 中已提出多个时间同步机制：①参考广播同步（RBS）机制；②时间同步协议（TPSN）；③Mini-sync 与 tiny-sync 同步算法；④延迟测量时间同步（DMTS）机制；⑤基于轻量树（LTS）同步机制；⑥洪泛时间同步协议（FTSP）。

目前提出了多个时间同步机制，其中 RBS、TPSN 和 TYNY/MINI-SYNC 被认为是三个基本的同步机制。

1. RBS 同步机制

J.Elson 等人提出的参考广播同步（RBS）机制利用了无线数据链路层的广播信道特征。一个节点发送广播帧，接收到广播帧的一组节点通过比较各自接收到帧时的本地时刻，实现它们之间的时间同步。帧传输延迟决定了发送节点和网络的瞬间负荷，它是随时间变化的，比较大且难于估计。广播帧相对所有接收节点发送时间是相同的，通过比较接收节点之间的时间，就能够从消息帧中抵消发送时间的误差，提高局部网络内部节点之间的时间同步精度。

RBS 时间同步机制通过发送节点广播一个信标（beacon）帧，广播域中两个节点都能够接收到这个帧。每个接收节点分别根据自己的本地时间记录接收到 beacon 帧的时刻，然后交换它们记录的 beacon 帧接收时间。两个接收时间的差值相当于两个接收节点间的时间差值，其中一个接收节点可以根据这个时间差值更改它的本地时间，从而达到两个接收节点的时间同步。RBS 机制中不是通告发送节点的时间值，而是通过广播同步指示分组实现接收节点间的相对时间同步，通过去除主要误差源来提高时间同步的精度。因此 RBS 机制是一种基于接收者—接收者的时钟同步。

2. TPSN 同步机制

时间同步协议（Timing-sync Protocol for Sensor Networks，TPSN）类似于传统网络的 NTP 时间同步协议，目的是提供 WSN 全网范围内节点间的时间同步。在网络中有一个可装配如 GPS 接收机的根节点，它通过与外界通信获取外界时间标准，作为整个网络系统的时钟源。

TPSN 协议采用层次型网络结构，首先将所有节点按照层次结构进行分级，然后每个节点与上一级的一个节点进行时间同步，最终所有节点都与根节点时间同步。节点对之间的时间同步是基于发送者—接收者的同步机制。

TPSN 同步机制能实现全网范围内的节点之间的短时间的时间同步，同步误差与跳步距离成正比，如果需要长时间节点的时间同步，则需要周期性地执行 TPSN 同步协议，两次同步之间的时间间隔应根据具体的应用要求而定。同时，TPSN 同步机制没有考虑根节点失效问题，新节点的加入需要重新初始化层次发现过程。

3. Mini-sync 与 Tiny-sync 同步算法

为了计算节点间时钟的频偏和相偏，传统方法通常采用收集大量数据采集点信息，然后进行拟合处理，这样就需要较大的通信量、存储空间和计算量，不适用于 WSN。在上述分析的基础上，M.Sichiitiu 和 C.Veerarittiphan 提出了 Tiny-sync 同步算法。Tiny-sync 同步算法的基本原理是：在每次获得新的数据点时，首先与以前的数据点比较，如果新的数据点计算出的误差大于以前数据点计算的误差，则抛弃新的数据点；否则采用新的数据点，而抛弃旧的数据点。这样可以实现一定精度的时间同步，也可有效降低存储需求和计算量，Tiny-sync 同步算法利用了所有的数据信息，只是通过实时处理使得保留的数据总是很少，但是在某些情况下可能丢失更有用的数据采集点。Mini-sync 算法是为了克服 Tiny-sync 算法中可能丢失有用数据的缺点提出的。该算法通过建立约束条件来确保仅丢掉将来不会有用的数据点，并且每次获取新的数据点后都更新约束条件。约束条件是限制不会丢弃有用的数据。

Min-sync 和 Tiny-sync 同步算法是两个轻量的时间同步算法。它们试图通过交换少量消息，能够提供具有确定误差上界的频偏和相偏估计，同时仅需要非常有限的网络通信带宽、存储容量和处理能力等资源，这正是传感器网络最需要的特性。这两个算法的前提条件是节点的时间是“真实时间”线性变化，它的时钟频偏和相偏是不变的，对于需要长期监测的传感器网络应用，传感器节点低成本的晶体振荡器很难保证时钟频偏和相偏的长时间稳定性。

4. DMTS 同步机制

延迟测量时间同步（Delay Measurement Time Synchronization，DMTS）是基于同步分组在传输路径上所有延迟的估计实现节点间的时间同步的。在 DMTS 机制中，要选择一个节点作为时间主节点（leader）广播同步时间。所有接收节点测量这个时间广播分组的延迟，设置它的时间为接收到分组携带的时间加上这个广播分组的传输延迟，这样所有接收到广播分组的节点都与主节点进行时间同步。时间同步的精度主要由延迟测量的精度所决定。

DMTS 是一种灵活的、轻量的和能量高效的节点时间同步机制。与 RBS 机制相比，DMTS 机制的计算开销小，需要传输的消息条数少，特别是能够与外部世界标准时间进行同步，但它的同步精度相对较低。DMTS 机制在实现复杂度、能量高效与同步精度之间进行了折中，能够应用在对时间同步要求不是非常高的传感器网络中。

5. LTS 同步机制

在有些 WSN 应用中，对时间同步的精度要求并不是很高，秒级往往就能够达到要求，同时需要时间同步的节点可能不是整个网络的所有节点，这样就可以使用简单的，轻量的时间同步机制，通过减少时间同步的频率和参与同步的节点数目，在满足同步精度要求的同时，降低节点的通信和计算开销，减少网络能量的消耗。基于轻量树同步（Lightweight Tree-based

Synchronization，LTS）算法的设计目标就是为了适应这种需要。同时，要求这种算法能够适应节点失效、动态调整信道和节点移动等情况。

Anceaume 和 Puaut 将 LTS 同步机制划分为三个组成部分，即重同步事件监测、远程时钟估计和时钟修正。重同步事件监测部分用来确定节点进行时间同步的时刻；远程时钟估计部分用来决定网络中另一个节点的本地时钟；在同步事件发生和获取远程时钟的估计信息后，时钟修正部分用来更正节点的本地时间。当所有节点需要同时进行时间同步时，集中式多跳同步算法更加高效，当部分节点需要频繁同步时，分布式机制需要相对少量的成对同步。

LTS 算法与 TPSN 算法的区别在于：LTS 算法只需要与其直接父节点同步，LTS 算法的同步次数是节点与根节点的距离的线性函数。LTS 算法降低了交换的信息量，同时也降低了同步精度。它的精度与生成树的深度相关，构造与维护深度小的生成树需要一定的计算和通信开销，同时算法还依赖从节点到参考节点的路由信息，错误的路由消息可能导致同步失败。

6. 其他同步机制

M.Maroti 等提出了洪泛时间同步协议（Flooding Time Synchronous Protocol，FTSP），它综合考虑了能量感知、可扩展性、鲁棒性、稳定性和收敛性等方面的同步要求。FTSP 协议假设每个节点有唯一的 ID 标识号，无线信道能够发送广播消息，利用单个广播消息使得发送节点和它的邻节点达到时间同步，采用同步时间数据的线性回归方法估算时钟漂移和偏差。

6.2.7 WSN 数据融合技术

由于 WSN 的基本功能是收集并返回传感器节点所在监测区域的信息，而无线传感器节点受到能量和易失效性的约束，因此需要减少数据传输量以有效地节省能量，利用节点的本地计算和存储能力处理数据的融合以除去冗余信息，通过数据融合达到数据备份与信息的准确性。

在 WSN 中，数据融合是指：将无线传感器节点产生的多份数据或信息进行处理，组合出更有效、更符合用户需求的数据的过程。WSN 中的数据融合技术有：依据融合前后数据的信息含量分类，依据数据融合与应用层数据语义的关系分类，依据融合操作的级别进行分类，如图 6-6 所示。

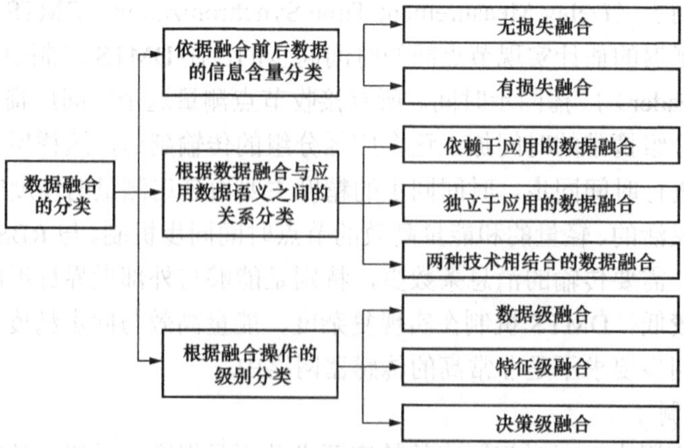

图 6-6 数据融合技术类型

WSN 中的数据融合技术有三种分类方法：依据融合前后数据的信息含量分类，依据数据融合与应用层数据语义的关系分类，依据融合操作的级别进行分类。在 WSN 的应用中，这三个层次的融合技术可以根据应用的特点综合运用。例如，有的应用场合传感器数据的形式比较简单，不需要进行较低层的数据级融合，而需提供灵活的特征级融合手段；而有的应用要处理大量的原始数据，需要有强大的数据级融合功能。

1. 根据数据进行融合操作前后的信息含量的分类

根据数据进行融合操作前后的信息含量，可以将数据融合分为两类：无损失融合（lossless aggregation）和有损融合（lossy aggregation）。

无损融合是将所有的细节信息均保留，只除去信息中的冗余部分。将多个数据分组打包成一个数据分组，而不改变各个分组携带的数据内容的方法属于无损失融合。这种方法只是缩减分组头部的数据和为传输多个分组而需要的传输控制开销，而保留了全部数据信息。时间戳融合也属于无损失融合。在远程监控应用中，传感器节点以一定的时间间隔进行报告，一段时间内被检测的对象情况没有发生变化，则这一阶段节点的每次报告中除时间戳不同外，其他数据可能都是相同的，收到这些报告的中间节点可以只传送时间戳最新一次的数据。

有损失融合通常会省略一些细节信息或降低数据的质量，从而减少需要存储或传输的数据量。以达到节省存储资源或能量资源的目的。有损失融合中，信息损失的上限是要保留应用所需要的全部信息量。很多有损失融合都是针对数据收集的需求而进行网内处理的必然结果。例如在温度监测应用中，需要查询某一区域范围内的平均温度或最低、最高温度时，网内处理将对各个传感器节点所报告的数据进行运算，并只将结果数据报告给查询者。从信息含量角度看，这份结果数据相对于传感器节点所报告的原始数据来说，损失了绝大部分的信息，仅能满足数据收集者的要求。

2. 根据数据融合与应用层数据语义之间关系的分类

数据融合技术能在传感器网络协议栈的多个层次实现，既可以在 MAC 协议中实现，也可以在路由协议或应用层协议实现。根据数据融合是否基于应用数据的语义，可以将数据融合技术分三类：依赖于应用的数据融合（Application Dependent Data Aggregation，ADDA）。独立于应用的数据融合（Application Independent Data Aggregation，AIDA）与两种技术结合的数据融合。

第一，依赖于应用数据融合 ADDA。

通常数据融合都是对应用层数据进行的。如果在应用层实现数据融合，就需要了解应用数据的语义。如果应用 ADDA 结构方式，在网络层实现数据融合，就需要跨传输层协议直接与应用层数据有接口。ADDA 技术可以根据应用需求，最大限度地进行数据压缩，但可能导致损失的信息量过多。同时，跨层语义理解在具体实现上比较困难。

第二，独立于应用的数据融合 AIDA。

鉴于 ADDA 的语义相关性问题，有人提出独立于应用层的数据融合 AIDA。AIDA 数据融合技术不需要了解应用层的数据语义，直接对数据链路层的数据包进行融合，例如，可以将多个数据帧组装成一个数据帧转发，AIDA 作为一个独立层次处于网络层与 MAC 层之间。AIDA 保持了网络协议层的独立性，不对应用层数据进行处理，这样就不会导致信息丢失，但是数据融合效率没有 ADDA 高。

第三，两种技术相结合的数据融合。

还有一种方法是将 ADDA 与 AIDA 两种技术结合，保留 AIDA 协议层次，同时使用跨层的数据的数据融合，综合使用多种机制得到更符合应用需求的融合效果。

3. 根据融合操作级别的分类

根据对传感器数据的操作级别，可将数据融合技术分为数据级融合、特征级融合与决策级融合。

第一，数据级融合。

数据级融合是最底层的融合，操作对象是传感器通过采集得到的数据，因此是面向数据的融合。这类融合大多数情况下仅依赖于传感器类型，不依赖于用户需求。在目标识别的应用中，数据级融合为像素级融合，进行的操作包括对像素数据进行分类或组合，以及去除图像中的冗余信息等。

第二，特征级融合。

特征级融合是面向监测对象特性的融合。通过特征提取将数据表示为一系列反映事物的属性的特征向量。例如，在温度监测应用中，特征级融合可以对温度传感器数据进行综合，以地区范围、最高温度、最低温度等特征参数表示。在目标监测应用中，特征级融合可以用图像的颜色特征值来表示。

第三，决策级融合。

决策级融合是面向应用的融合。根据应用需求，决策级融合的操作包括：提取监测对象数据特征参数，对特征参数进行判别与分类，并通过逻辑运算获取满足应用需求的决策信息，例如，在温度监测应用中，决策级融合可能需要综合温度、湿度或震动等多种类型的传感器信息，进而对是否发生灾难事故进行判断。在目标监测应用中，决策级融合需要综合监测目标的颜色特征和轮廓特征，对目标进行识别，最终只传输识别结果。

第7章 网 络 安 全

7.1 网络安全概述

网络安全有时也被称作网络信息安全、信息网络安全、网络安全服务和网络安全技术等，这些定义都是在不同应用场合和不同用户对象中对网络安全的说法。网络安全包括一切为解决或缓解计算机网络技术应用过程中存在的安全威胁所使用的技术手段或管理手段，也包括这些安全威胁本身及相关的活动。从广义上说，网络安全包括网络硬件资源及信息资源的安全性。硬件资源包括通信线路、通信设备（交换机、路由器等）、主机等，要实现信息快速、安全的交换，一个可靠的物理网络是必不可少的；信息资源包括维持网络服务运行的系统软件和应用软件，以及在网络中存储和传输的用户信息数据等。信息资源的保密性、完整性、可用性和真实性等是网络安全研究的重要课题。

网络安全威胁是指计算机和网络系统所面临的，来自已经发生的安全事件或潜在安全事件的负面影响，这两种情况通常又分别称为现实威胁和潜在威胁。网络安全威胁的种类繁多，对计算机和网络系统带来的负面影响各不相同，网络安全威胁的原因也形形色色。

解决或缓解网络安全威胁的手段和方法就是网络安全技术，网络安全技术应用具备的安全功能称为网络安全服务，有时也称为网络安全特性。保密性、完整性和可用性是基本的网络安全特性，可认证性、可核查性和可靠性是基本安全特性在当前应用中突出和延伸的重要特性。

7.1.1 网络存在的安全威胁

所谓安全威胁，是指某个人、物、事件或概念对某一资源的保密性、完整性、可用性或合法性使用所造成的危险。攻击就是某个安全威胁的具体实施。安全威胁有时可分为故意（如黑客渗透）和偶然（如信息被发往错误的地方）两类。故意的威胁又可以进一步分为被动攻击和主动攻击。被动攻击只对信息进行监听（如搭线窃听），而不对其进行修改。主动攻击却对信息进行故意的修改（如改动某次金融会话过程中货币的数量）。总之，被动攻击比主动攻击更容易以更少的花费付诸实施。

目前尚没有统一的方法对各种威胁加以区别和进行分类，也难以理清各种威胁之间的相互关系。不同威胁的存在及严重性随着环境的变化而变化。然而，为了解释网络安全服务的作用，我们将计算机网络及通信过程中常遇到的一些威胁编成图表。我们分三个阶段对威胁进行分析：①基本威胁；②主要可实现威胁；③潜在威胁。

1. 基本威胁

信息泄露：信息被泄露或透露给某个非授权的人或实体。这种威胁来自诸如窃听、搭线或其他更加复杂的信息探测攻击。

完整性破坏：数据的一致性通过非授权的增删、修改或破坏而受到损坏。

拒绝服务：对信息或资源的访问被无条件的阻止。

非法使用：某一资源被某个非授权的人或以某种非授权的方式使用。如侵入某个计算机系统的攻击者会利用此系统作为盗用电信服务的基点，或者作为侵入其他系统的基地。

2. 主要可实现威胁

在安全威胁中，主要的可实现威胁应该引起高度关注，因为这类威胁一旦成功实施，就会直接导致其他任何威胁的实施。主要的可实现威胁包括渗入威胁和植入威胁。

主要的渗入威胁有如下几种。

（1）假冒：某个实体假装成另外一个不同的实体。这是突破某一安全防线最常用的方法。这个非授权的实体提示某个防线的守卫者，使其相信它是一个合法实体，此后便取得了此合法用户的权利和特权。黑客大多采取这种假冒攻击方式来实施攻击。

（2）旁路控制：为了获得非授权的权利和特权，某个攻击者会发掘系统的缺陷和安全漏洞。例如，攻击者通过各种手段发现原本应保密但又暴露出来的一些系统特征。攻击者可以绕过防线守卫者侵入系统内部。

（3）授权侵犯：一个授权以特定目的使用某个系统或资源的人，却将其权限用于其他非授权的目的。这种攻击的发起者往往属于系统内的某个合法的用户，因此这种攻击又称为“内部攻击”。

主要的植入类型的威胁有如下几种。

（1）特洛伊木马：软件中含有一个不易觉察的或无害的程序段，当被执行时，它会破坏用户的安全性。例如，一个表面上具有合法目的的应用程序软件，如文本编辑软件，它还具有一个暗藏的目的，就是将用户的文件复制到一个隐藏的秘密文件中，这种应用程序就称为特洛伊木马。此后，植入特洛伊木马的那个攻击者就可以阅读到该用户的文件。

（2）陷门：在某个系统或器部件中设置“机关”，使在提供特定的输入数据时，允许违反安全策略。例如，如果在一个用户登录子系统上设有陷门，当攻击者输入一个特别的用户身份号时，就可以绕过通常的口令检测。

3. 潜在威胁

在某个特定的环境中，如果对任何一种基本威胁或主要的可实现的威胁进行分析，我们就能发现某些特定的潜在威胁，而任意一种潜在的威胁都可能导致一些更基本的威胁发生。例如，在对信息泄露这种基本威胁进行分析时，我们有可能找出以下几种潜在的威胁：①窃听；②流量分析；③操作人员的不慎所导致的信息泄露；④媒体废弃物所导致的信息泄露。

7.1.2 网络安全威胁趋势

随着互联网规模的进一步扩大和用户数量的激增，网络安全攻击和威胁的形式将更加严峻。下面列举网络攻击和安全威胁的一些新趋势。

（1）攻击的不对称性。互联网上的安全是互相依赖的。每个互联网系统遭受攻击的可能性取决于连接到全球互联网上的其他系统的安全状态。由于攻击技术的进步，一个攻击者可以比较容易地利用分布式系统对一个受害者发动破坏性的攻击。分布式攻击等技术的广泛应用，使得威胁的不对称性将继续增加。

（2）攻击行为的智能化。随着技术的进步，越来越多的攻击技术已被封装成一些免费的工具，网络攻击的自动化程度和攻击速度越来越高。当然，攻击技术自身的提高也会导致攻击行为的智能化。这样，通过特征码检测和防范攻击行为的方式几乎走到了尽头。

（3）对安全设备的渗透性强。安全设备本身是用来提高网络系统的安全性能，而安全设备的设计从理论上来说仍具有网络系统设计自身类似的方面，比如包含软件部分，硬件设备可能存在物理缺陷，以及安全设备管理本身存在隐患等。能够渗透安全设备的攻击也成为网络攻击的一种趋势。

（4）病毒与网络攻击融合。互联网普及程度还不足的时候，病毒行为和网络攻击行为的界限是很清晰的，而现在网络正成为病毒传播的主要途径，病毒技术和一般的网络攻击技术相结合可以得到更高的攻击效果。病毒和网络攻击之间越来越难明确分清，对于相关攻击程序通称为“害虫”是一种很有意思的说法。

（5）对基础设施将形成越来越大的威胁。基础设施攻击是大面积影响互联网关键组成部分的攻击。由于用户越来越多地依赖互联网完成日常业务，因此基础设施攻击引起人们越来越大的担心。基础设施面临分布式拒绝服务攻击、蠕虫病毒、对互联网域名系统的攻击和对路由器攻击或利用路由器的攻击。

（6）攻击行为政治化。随着电子政务的建设和其他高安全需求部门的网络系统普及，网络攻击行为在很多时候已不仅仅是简单的恶意行为。有针对性地危害国家安全部门正成为网络攻击的新特点。

7.1.3 网络安全内容

1. 网络安全的目标

网络安全的目标是确保网络系统的信息安全。网络信息安全主要包括两个方面：信息存储安全和信息传输安全。

信息存储安全是指信息在静态存放状态下的安全，如是否会被授权调用等，一般通过设置访问权限、身份识别、局部隔离等措施来保证。针对“外部”的访问、调用而言的访问控制技术是解决信息存储安全的主要途径。

在网络系统中，任何调用指令和任何信息反馈均是通过网络传输实现的，所以网络信息传输上的安全就显得特别重要。信息传输安全主要是指信息在动态传输过程中的安全。

2. 网络安全的需求

（1）解决网络的边界安全问题。

（2）保证网络内部的安全。

（3）实现系统安全及数据安全。

（4）建立全网通行的身份识别系统，并实现用户的统一管理。

（5）在用户和资源之间进行严格的访问控制。

（6）保证信息在传输中的数据完整性和保密性。

（7）建立一套审计、记录的机制。

（8）融合技术手段和行政手段，形成全局的安全管理。

3. 网络安全机制

网络安全机制包括访问控制机制、加密机制、认证交换机制、数字签名机制、业务流分析机制和路由控制机制。

（1）物理层信息安全，主要防止物理通路的损坏，物理通路的窃听，对物理通路的攻击如干扰等。

（2）网络层的网络安全需要保证通过网络链路的数据不被监听。

（3）网络层的安全需要保证网络只给授权的用户使用授权服务，保证网络路由正确，避免被拦截或监听。

（4）操作系统安全要求保证用户资料和操作系统访问控制的安全，同时能够对该操作系统上的应用进行审计。

（5）应用系统完成网络系统的最终目的是为用户服务，应用系统的安全与系统设计和实现关系密切。

7.2 密 码 体 制

密码体制是现代密码学的最重要的发明和进展。一般理解密码学就是保护信息传递的机密性，但这仅仅是当今密码学主题的一个方面。对信息发送与接收人的真实身份的验证、对所发送/接收信息在事后的不可抵赖以及保障数据的完整性是现代密码学主题的另一方面。

7.2.1 对称密钥密码体制

对称密码体制是从传统的简单换位发展而来的。其基本思想就是加解密双方在加解密过程中要使用完全相同的一个密钥，而且通信双方都必须获得这把钥匙，并保持钥匙的秘密，如图 7-1 所示。对称密码算法有；DES、IDEA、TDEA（3DES）、RC5 和 AES 等，使用最广泛的是 DES 密码算法。

对称密码技术的安全性依赖于以下两个因素。第一，加密算法必须是足够强的，仅仅基于密文本身去解密信息在实践上是不可能的；第二，加密方法的安全性依赖于密钥的秘密性，而不是算法的秘密性，因此，我们没有必要确保算法的秘密性，而需要保证密钥的秘密性。对称加密系统的算法实现速度极快，从 AES 候选算法的测试结果看，软件实现的速度都达到了每秒数兆或数十兆比特。由于对称密钥密码系统具有加解密速度快和安全强度高的优点，目前被越来越多地应用在军事、外交以及商业等领域。

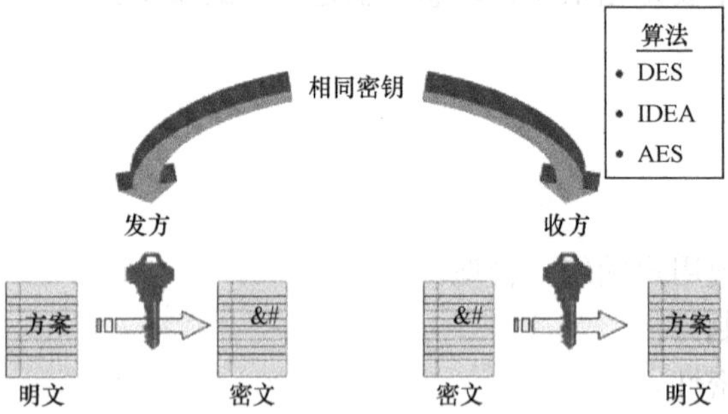

图 7-1　对称加密体制模型

7.2.2 公钥密码体制

公钥密码体制即非对称密码体制，对前面两方面的问题：保护信息传递的机密性；对信息发送与接收人的真实身份的验证、对所发送/接收信息在事后的不可抵赖以及保障数据的完整性，都给出了出色的解答，并正在继续产生许多新的思想和方案。

公钥密码体制是由 Diffie 和 Hellman 首先引入的。采用公钥体制的每个用户都有一对选定的密钥：一个是可以公开的，以 K_1 表示；另一个则是保密的，以 K_2 表示。公共密钥可以像电话号码一样进行公开注册，因此该体制被称作公钥密码体制。

公钥密码体制的主要特点是将加密和解密能力分开，因而可以实现多个用户加密的消息只能由一个用户解读，或实现由一个用户加密的消息使多个用户可以解读。前者可用于公共网络中实现保密通信，而后者可用于认证系统中对消息进行数字签名。

公钥密码体制可以用于保密通信，公钥密码体制也可以用于认证系统，如图 7-2 所示。

公钥密码体制特别适用于多用户通信网，它大大减少了多用户之间通信所需的密钥量，便于密钥管理。这个体制的出现是密码学研究中的一项重大突破，它标志着现代密码学的诞生。

公开密钥加密技术的主要优点是，增加了安全性，秘密密钥无须传输给任何人，或无须任何人联络，也无须委托他人。而在对称密钥体制中，在该秘密密钥被传送时，总是存在被敌人发现的机会。

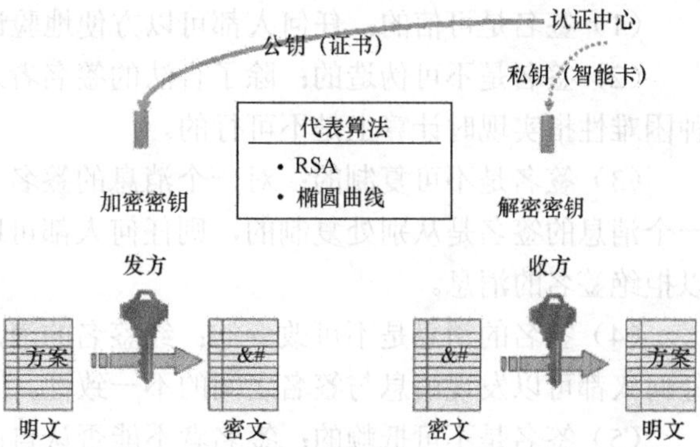

图 7-2 非对称加密体制模型

公开密钥体制的另一个优点是，其提供了一种数字签名的方法。经过一秘密密钥系统的证实要去共享某种秘密，且有时还要求委托第三方，一发送者可通过宣称所共享的秘密在某种程度上遭受泄露而否认先前签署的信息。公钥密码体制可用于具有法律效力的文件，而对称密钥证实则不能这样使用。

公开密钥密码技术的主要缺点是速度问题。一些常用的对称密钥加密方法显著地快于任何先前可用的公开密钥加密方法。对加密而言，最好的方法是，将公开密钥密码体制和对称密码体制结合起来，以得到两者的优点，即安全性和速度。公开密钥密码体制很好地解决了密钥分配问题，但它并不能代替对称密钥密码体制，只不过是对对称密钥密码体制的补充，以获得更高的安全性。

7.3 数 字 签 名

数字签名在信息安全，包括身份认证、数据完整性、不可否认性以及匿名性等方面有重要应用，特别是在大型网络安全通信中的密钥分配、认证及电子商务系统中具有重要作用。数字签名是实现认证的重要工具。

7.3.1 基本概念

在消息通信中通信双方可能存在相互的攻击。假定 A 发送一个带鉴别的消息给 B，双方之间的争议可能有多种形式，例如：

- B 伪造一个不同的消息，但声称是从 A 收到的。
- A 可以否认发过该消息，B 无法证明 A 确实发了该消息。

在这些情况下，发方和收方存在欺骗和抵赖，因此需要一种机制来解决，这就是数字签名技术。

数字签名是通过一个单向函数对要传送的报文进行处理，用以认证报文来源并核实报文是否发生变化的一个字母数字串，该字母数字串称为该消息的消息鉴别码或消息摘要，这就是通过单向哈希函数实现的数字签名；在公钥体制下的签名，用户用自己的私钥对原始数据的哈希摘要进行加密，然后信息接收者使用信息发送者的公钥对附在原始信息后的数字签名进行解密后获得哈希摘要，并通过与用自己收到的原始数据产生的哈希摘要对照，便可确信原始信息是否被篡改，这样就保证了数据传输的不可否认性。这是公钥签名技术。

7.3.2 数字签名的特性和功能

数字签名除了具有普通手写签名的特点和功能外，还具有自己独特的特性和功能。

1. 数字签名的特性

（1）签名是可信的：任何人都可以方便地验证签名的有效性。

（2）签名是不可伪造的：除了合法的签名者之外，任何其他人伪造其签名是困难的。这种困难性指实现时计算上是不可行的。

（3）签名是不可复制的：对一个消息的签名不能通过复制变为另一个消息的签名。如果一个消息的签名是从别处复制的，则任何人都可以发现消息与签名之间的不一致性，从而可以拒绝签名的消息。

（4）签名的消息是不可改变的：经签名的消息不能被篡改。一旦签名的消息被篡改，则任何人都可以发现消息与签名之间的不一致性。

（5）签名是不可抵赖的：签名者不能否认自己的签名。

2. 数字签名技术的功能

数字签名可以解决否认、伪造、篡改及冒充等问题，具体要求如下。

（1）发送者事后不能否认发送的报文签名。

（2）接收者能够核实发送者发送的报文签名、接收者不能伪造发送者的报文签名、接收者不能对发送者的报文进行部分篡改。

（3）网络中的某一用户不能冒充另一用户作为发送者或接收者。

7.3.3 数字签名的实现方法

1. 用对称加密算法进行数字签名

这种算法的签名通常称为Hash签名。该签名不属于强计算密集型算法，应用较广泛。很多少量现金付款系统，如DEC的Millicent和CyberCash的CyberCoin等都使用Hash签名。使用这种较快的Hash算法，可以降低服务器资源的消耗，减轻中央服务器的负荷。Hash的主要局限是接收方必须持有用户密钥的副本以检验签名，因为双方都知道生成签名的密钥，较容易攻破，存在伪造签名的可能。如果中央计算机或用户计算机中有一个被攻破，那么其安全性就受到了威胁。因此这种签名机制适合安全性要求不是很高的系统中。

2. 用非对称加密算法进行数字签名和验证

（1）发送方首先用公开的单向函数对报文进行一次变换，得到数字签名，然后利用私有密钥对数字签名进行加密后附在报文之后一同发出。

（2）接收方用发送方的公开密钥对数字签名进行解密变换，得到一个数字签名的明文。发送方的公钥是由一个可信赖的技术管理机构即验证机构（Certification Authority，CA）发布的。

（3）接收方将得到的明文通过单向函数进行计算，同样得到一个数字签名，再将两个数字签名进行对比，如果相同，则证明签名有效，否则无效。

用RSA或其他公开密钥密码算法进行数字签名的最大的方便是没有密钥分配问题（网络越复杂、网络用户越多，其优点越明显）。因为公开密钥加密使用两个不同的密钥，其中有一个是公开的，另一个是保密的。公开密钥可以保存在系统目录内、未加密的电子邮件信息中、电话黄页（商业电话）上或公告牌里，网上的任何用户都可获得公开密钥。而保密密钥是用户专用的、由用户本身持有的，它可以对由公开密钥加密信息进行解密。

7.3.4 数字签名的分类

数字签名可分为两类：无仲裁的数字签名和有仲裁的数字签名。

1．无仲裁的数字签名

无仲裁的数字签名仅涉及通信方（源点，终点）。它假定终点知道源点的公开密钥。数字签名可以通过使用发送方（签名者）的私有密钥对整个报文进行加密，或对报文的杂凑值进行加密来形成。接收方（验证者）可存储明文和签名以备解决争端时使用。需要查证签名时，验证者可利用发送方公钥解密签名，再与发送方出示的明文或明文摘要进行比较即可完成。

所有无仲裁的签名方案都有一个共同的弱点：方案的有效性依赖于发送方私有密钥的安全性。发送方要否认发送过某一消息时，可能会声称其私有密钥丢失或被窃。从而声称他人伪造了他的签名。通常需要采用与私有密钥安全性相关的行政管理控制手段来制止或至少是削弱这种情况，但威胁在某种程度上依然存在。改进的方式可以要求被签名的信息包含一个时间戳（日期与时间），并要求将已暴露的密钥报告给一个授权中心。另一种威胁是某个私有密钥真的可能在时间 T 在 X 处被盗。攻击者便能发送带有 X 的签名报文并附上小于等于 T 的时间戳。

2．有仲裁的数字签名

使用无仲裁的数字签名所带来的问题可通过使用仲裁来解决。有仲裁的数字签名方案按如下方式进行：每个从签名者 X 发往验证者 Y 的签名报文首先被送给仲裁者 A，仲裁者 A 对该报文和它的签名进行测试以检验签名的有效性；然后对报文注明日期，附上一个已经经过仲裁证实属实的说明后发给 Y。A 的存在解决了直接签名方案所面临的问题——X 可能否认发送过该报文。在这种方案中，仲裁起着监督的作用，所有通信方必须充分信任仲裁机构。

7.3.5 盲签名和群签名

这一部分介绍两种特殊的签名方法，即盲签名和群签名。

7.3.5.1 盲签名

一般的数字签名中，总是要先知道了文件内容后才签署，这也符合一般情况的需要。但有时需要对一个文件签名，而且不想让签名者知道文件的内容，称这样的签名为盲签名（Blind Signature）。这种签名方法最先是由 Chaum 提出的，如在投票选举和货币协议中会碰到这类要求。利用盲变换可以实现盲签名，这类签名的过程如图 7-3 所示。

图 7-3 盲签名

1．完全盲签名

现在假设 B 担任仲裁人的角色，A 要求 B 签署一个文件，但并不想让他知道文件的内容，而且 B 也没必要知道文件的内容，他只需要确保在需要时能进行公正的仲裁。以下就是实现这个签名的具体过程。

（1）盲变换：A 将要签名的文件与一个随机数相乘，该随机数称为盲因子。这实际上完成了对原文件的隐藏，隐藏完的文件被称为盲文件。

（2）A 将该盲文件送给 B。

（3）签名：B 对该盲文件签名。

（4）解盲变换：A 对签过字的盲文件除以所用的盲因子，就得到 B 对原文件的签名。

只有当签名算法和乘法是可交换的，则上述的过程就可以真正实现，否则就要考虑用其他方法对原文件进行盲变换。

如何保证 B 不能进行欺诈活动？这要求盲因子是真正的随机因子，这样 B 不能对任何人证明对原文件的签名，而只是知道对其签过名，并能验证该签名。这就是一个完全盲签名的过程。完全盲签名的特点如下：首先 B 对文件的签名是合法的和传统的签名具有相同的属性；B 不能将所签文件与实际文件联系起来，即使他保存所有曾签过的文件，也不能获得所签文件的真实内容。

2. 盲签名

完全盲签名可以使 A 令 B 签任何内容的文件，这对 B 显然是很危险的，例如，对“B 欠 A100 万元”这样的内容赋予完全盲签名显然是十分危险的，因此完全盲签名并不实用。为了避免这种恶意的使用，采用“分割—选择”技术，能使 B 知道所签的为何物，但仍保留了完全盲签名有意义的特征，即 B 能知道所签为何物，但他因为协议规定的限制条件，无法进行对他有利的欺诈，或者说进行欺诈所需代价超过其获利。这就是盲签名的实用所在。

7.3.5.2 群签名

首先简单介绍一下群体密码学的概念。群体密码学是研究面向一个团体的所有成员需要的密码体制。在群体密码中，有一个公用的公钥，群体外面的人可以用它向群体发送加密消息，密文收到后要由群体内部成员的子集共同进行解密。

群签名（Group Signature）是面向群体密码学中的一个课题分支，于 1991 年由 Chaum 和 Van Heyst 提出。群签名有以下几个特点。

（1）只有群体中的成员能代表群体签名。

（2）接收到签名的人可以用公钥验证群签名，但不可能知道由群体中哪个成员所签。

（3）发生争议时可由群体中的成员或可信赖机构识别群签名的签名者。

这类签名可用于投标商务活动中。例如所有公司应邀参加投标，这些公司组成一个群体，且每个公司都匿名地采用群签名对自己的标书签名。事后当选中了一个满意的标书，就可以识别出签名的公司，而其他标书仍保持匿名。中标者想反悔已无济于事，因为在没有他参加下仍可以识别出他的签名。还有别的类似场合这样的签名也是行之有效的。

7.4 网络信息安全风险评估

7.4.1 信息安全风险评估的定义

按照国信办《信息安全风险评估指南》标准草案，信息安全风险评估（Information Security Risk Assessment）是指依据有关信息安全技术与管理标准，对信息系统及由其处理、传输和存储的信息的机密性、完整性和可用性等安全属性进行评价的过程。它要评估资产面临的威胁以及威胁利用脆弱性导致安全事件的可能性，并结合安全事件所涉及的资产价值来判断安全事件一旦发生对组织造成的影响。

在信息安全风险评估领域，以下术语经常被提及。

（1）资产（Asset）：对组织具有价值的信息资源，是安全策略保护的对象。

（2）资产价值（Asset Value）：资产的重要程度或敏感程度。资产价值是信息资源的属性，也是进行资源识别的主要内容。

（3）威胁（Threat）：可能对资产或组织造成损害的潜在原因。威胁可以通过威胁主体、资源、动机、途径等多种属性来刻画。

（4）脆弱点（Vulnerability）：可能被威胁利用对资产造成损害的薄弱环节。

（5）信息安全风险（Information Security Risk）：由于资产的重要性，认为或自然的威胁利用信息系统及其管理体系中存在的脆弱性导致安全事件及其对组织造成的影响。

（6）机密性（Confidentiality）：使信息不泄漏给未授权的个人、实体、过程或者不使信息为其利用的特性。

（7）完整性（Integrality）：保证信息及信息系统不会被有意或无意地更改或破坏的特性。

（8）可用性（Availability）：可以由得到授权的实体按要求进行访问或使用的特性。

7.4.2 风险评估过程

风险评估可以明确安全需求及确定切实可行的控制措施，系统全面的风险评估是实施有效风险管理的基础。本文参考 BS17799-2 的风险评估步骤，如图 7-4 所示。

（1）组织资源识别，并根据评估准则，对信息资源进行评估。

（2）根据资源所处的环境进行威胁识别与评价。

（3）对应每一威胁，对资源或组织存在的脆弱点进行识别与评价。

（4）对已采取的安全控制进行确认。

（5）建立风险测量的方法及风险等级评价原则，确定风险的大小与等级。

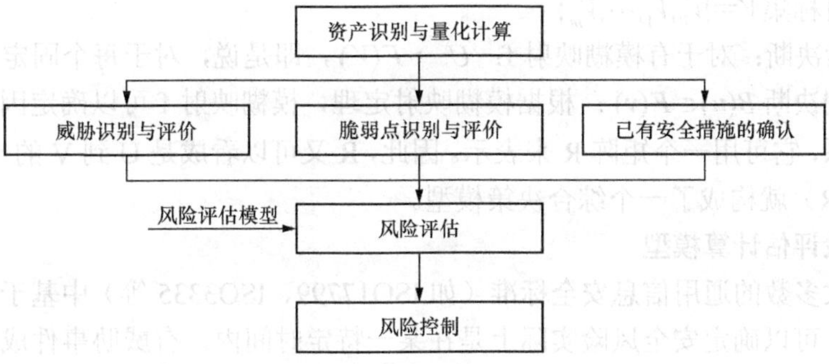

图 7-4 风险评估流程

7.4.3 风险评估分析方法

本节在风险分析过程中主要选择了便于风险量化计算的故障树分析法以及可以描述不确定性特征的模糊层次分析法，下面介绍这两种方法。

1. 故障树分析法（Fault Tree Analysis，FTA）

又称因果树分析，最初是 20 世纪 60 年代为便于 Minuteman 火箭系统的分析而提出的，后来这种方法在航天工业、电子设备、化学工业、机械制造、核工业及一般电站的可靠性分析中得到了广泛应用，并且取得了不少成果。目前它主要用于分析大型复杂系统的可靠性及安全性，被公认为是对复杂系统可靠性、安全性进行分析的一种有效的方法。

故障树分析是一种 top-down 方法，通过对可能造成系统故障的硬件、软件、环境、人为因素进行分析，画出故障原因的各种可能组合方式及其发生概率，由总体至部分，按树状结构，逐层细化的一种分析方法。故障树分析采用树形图的形式，把系统的故障与组成系统的部件的故障有机地联系在一起。故障树分析首先以系统不希望发生的事件作为目标（称顶事件），然后按照演绎分析的原则，从顶事件逐级向下分析各自的直接原因事件（称基本事件），根据彼此间的逻辑关系，用逻辑门符号连接上下事件，直至所要求的分析深度。所以执行故障树分析，首先需要故障树建模。故障树建模，就是寻找所研究系统故障和导致系统故障的诸因素之间逻辑关系，并且用故障树的图形符号（事件符号与逻辑门符号），抽象表示实际系统故障组合和传递的逻辑关系。在故障树模型构造完成之后，为了准确计算顶事件发生的概率，需要简化故障树，消除多余事件，特别是在故障树的不同位置存在同一基本事件时，必须利用布尔代数描述并进行整理，然后才能计算顶上事件的发生概率，否则就会造成定性分析或定量分析的错误。

2. 模糊综合评价法

模糊数学理论是近十年来发展起来的一门新的数学理论，也是一项新的数学工具，模糊集的概念首先由美国控制专家查德（L.A.zdaeh）在 1965 年提出的。本文将在第三章运用模糊综合评价决策模型计算威胁发生可能性及影响。作为定性分析和定量分析综合集成的一种常用方法，模糊综合评价（Fuzzy Comprehensive Evaluation-FCE）已在工程技术、经济管理和社会生活中得到广泛应用。目前模糊综合评价的研究难点之一，就是如何科学、客观地将一个多指标问题综合成一个单指标的形式，以便在一维空间中实现综合评价。综合评判问题也称为综合决策问题。进行综合评判时，必须具备以下三个条件。

（a）因素集$U=\{U_1,U_2,\cdots,U_n\}$；

（b）评判目标集$V=\{V_0,V_1,\cdots,V_m\}$；

（c）单因素决断：对于有模糊映射 f：$U\rightarrow F(V)$，即是说，对于每个固定单因素$u\in U$，便存在一个模糊决断$B(u)\in F(v)$；根据模糊映射定理，模糊映射 f 可以确定因素集与目标集之间的模糊关系，它可用一个矩阵 R 来表示。因此，R 又可以看成是 U 到 V 的一个模糊变换。于是（U，V，R）就构成了一个综合决策模型。

7.4.4 风险评估计算模型

根据目前大多数的通用信息安全标准（如 ISO17799、ISO3335 等）中基于风险的安全理念的核心思想，可以确定安全风险实际上是在某一特定时间内，有威胁事件成功发生的可能性及其对系统造成的影响所决定的。所以系统总体风险值的计算公式如下。

$$风险值=威胁事件成功发生的可能性 * 威胁后果 \tag{7-1}$$

更进一步，针对某种特定的信息，系统的脆弱性以及在某一特定时间内，威胁发生的可能确定了威胁事件成功发生的可能。与此同时，因为威胁事件产生的后果使某些信息资产的安全性受到破坏，所以可以通过综合分析这些信息资产的价值（对系统的重要性）来确定系统受到的损害和影响。

由上述分析可知，风险值的计算公式可以进一步细化成式（7-2）、式（7-3）。

$$风险值=f(威胁发生概率(P),威胁影响后果(C)) \tag{7-2}$$

$$威胁影响后果(C)=I(资产重要性(A)) \tag{7-3}$$

7.4.5 风险评估相关标准

国外关于信息安全风险评估的研究已经有 20 多年历史，相关的标准体系、组织架构和业务体系都比较成熟。比较著名的有美国国防部的《可信计算机系统评估准则（TCSEC）》、法国、德国、荷兰和英国四个欧洲国家安全评估标准的统一与扩展的《信息技术安全性评估准则（ITSEC）》、北美和欧盟联合开发的统一国家互认的安全准则《信息技术安全管理评估通用准则（CC）》等；而我国的信息安全标准建设近几年才开始，相应的标准体系和技术体系还处于研究阶段，现在已经颁布的有《计算机信息安全保护等级划分准则》《信息技术》《安全技术》《信息技术》《安全性评估准则》等。在本文中我们主要涉及的是《信息安全管理标准（BS7799）》和《信息安全技术-信息安全风险评估指南》。

1. BS17799 信息安全管理标准

2000 年，BS17799 通过了 ISO 认证，成为国际标准 ISO/IEC 17799-1：2000，全名为《信息技术 信息安全管理实施规则》。该标准是组织建立并实施信息安全管理体系的一个指导性准则，主要为组织制定其信息安全策略和进行有效的信息安全控制提供一个大众化的最佳惯例。

实施细则中的指南内容趋于全面，并提供一套大众化的最佳惯例，但是，实施细则中所提供的基线控制集并非对每个组织都是充分的，也不是对每个组织都是缺一不可的，它没有考虑实际信息系统在环境上的限制因素，标准假设条款的实施由具有合适资格和经验的人来承担或指导的。《信息安全管理实施指南规则》由十大独立的管理要项、36 个管理目标和 127 条控制措施组成，每一个管理要项覆盖了不同的主题和区域，这十大管理要项如下。

（1）安全策略：为信息安全提供管理指导和支持。

（2）安全组织：在公司内管理信息安全。

（3）资产分类与管理：对公司的信息资产采取适当的保护措施。

（4）人员安全：减少人为错误、盗窃、欺诈或滥用信息及处理设施的风险。

（5）物理与环境安全：防止对商业场所及信息未经授权的访问、损坏及干扰。

（6）通信与运作管理：确保信息处理设施正确和安全运行。

（7）访问控制：管理对信息的访问。

（8）系统的开发和维护：确保将安全纳入信息系统。

（9）业务连续性的管理：防止商业活动的中断，并保护关键的业务过程免受重大故障或灾难的影响。

（10）符合性：避免违反任何刑法和民法、法律法规或合同义务以及任何安全要求。

2. 信息安全风险评估指南

《信息安全风险评估指南》是由国务院信息化工作办公室提出，由国家信息中心信息安全研究与服务中心、国家保密技术研究所、中科院安全国家重点实验室等多家机构合作起草而成。规定了信息安全风险评估的工作流程、评估内容、评估方法和风险评判准则；主要用以识别信息系统中存在的风险，为确立信息系统安全等级提供参考，直到信息系统的安全管理，信息系统建设完成验收时用于参考，为信息系统业务发生变更时提供安全参考。

7.5 网络安全相关技术

7.5.1 虚拟专用网 VPN 技术

7.5.1.1 VPN 概述

网络层或网络层以下实现的安全机制对应用有较好的透明性。因此，通常意义下称网络层或网络层以下实现的安全通信协议为虚拟专网技术（VPN，Virtual Private Network）。常用的 VPN 协议包括 IPsec、PPTP 等。随着网络安全通信技术的发展，传输层的安全通信协议

SSL也用作VPN。VPN利用这些安全协议，在公众网络中建立安全隧道，提供专用网络的功能和作用。

为了保障信息在互联网上传输的安全性，VPN技术采用了认证、存取控制、机密性、数据完整性等措施，以保证信息在传输中不被偷看、篡改和复制。由于使用国际互联网进行传输，相对于租用专线来说，其费用极为低廉，所以VPN的出现使企业通过互联网既安全又经济地传输私有的机密信息成为可能。

图7-5是一个典型VPN系统的具体组成。

（1）VPN服务器：接受来自VPN客户机的连接请求。

（2）VPN客户机：可以是终端计算机也可以是路由器。

（3）隧道：数据传输通道，在其中传输的数据必须经过封装。

（4）VPN连接：在VPN连接中，数据必须经过加密。

（5）隧道协议：封装数据、管理隧道的通信标准。

（6）传输数据：经过封装、加密后在隧道上传输的数据。

（7）公共网络：如互联网，也可以是其他共享型网络。

VPN不是某个公司专有的封闭线路或者是租用某个网络服务商提供的封闭线路，但同时VPN又具有专线的数据传输功能，VPN能够像专线一样在公司公共网络上处理自己的信息。

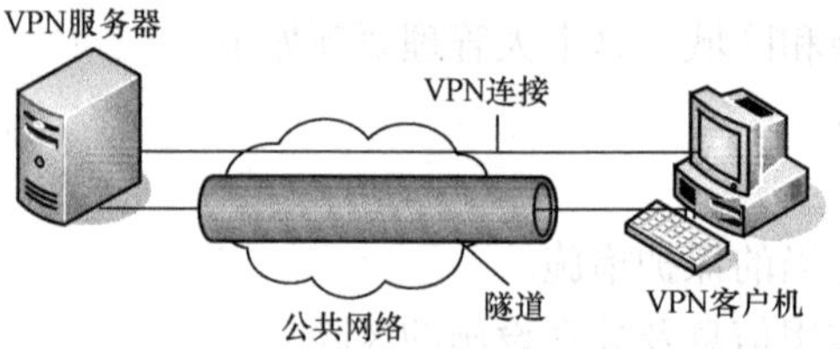

图7-5 VPN的构成

7.5.1.2 VPN关键技术

基于Internet的VPN使用了下面一些技术来实现内部数据网。

1. 隧道协议（Tunne1Protocols）

VPN技术中的隧道是由隧道协议形成的，隧道协议用来建立通过Internet的安全的点到点传输。大多数的VPN系统使用了点到点隧道协议（Point to Point Tunneling Protocol，PPTP）、第二层隧道协议（Layer 2 Tunneling Protocol，L2TP）以及IPSec（Secure IP）标准。PPTP协议被嵌入到Windows98和Windows NT4.0中。L2TP协议综合了PPTP协议和L2F（Layer 2 Forwarding）协议的优点，并且支持多路隧道，这样可以使用户同时访问Internet和企业网。一般而言，PPTP/L2TP的特点如下。

（1）封装的PPP数据包中包含用户信息。

（2）支持隧道交换，隧道交换可以根据用户权限，开启并分配新的隧道，将PPP数据包在网络中传输。

（3）便于企业在防火墙和内部服务器上实施访问控制。

位于企业防火墙的隧道终端器，接收包含用户信息的PPP数据包，然后对不同来源的数据包实施访问控制。隧道交换还可以将用户导向指定的企业内部服务器。而IPSec是一个广泛的、安全的VPN协议，IPSec包含了用户身份认证、查验和数据完整性内容。该协议规定了用以在两个IP工作站之间进行加密、数字签名等而使用的一系列IP级协议。IPSec实现来自不同厂商的设备在进行隧道开通和终止时的互操作。同时，IPSec的安全性功能与密钥管理系统松散耦合，当密钥管理系统发生变化时，IPSec的安全机制不需要进行修改。IPSec适应向IPv6迁移，预计今后它将成为VPN的主要标准。隧道协议有两个重要的方面：性能与安全。各公司采用不同的标准，因此这方面有着广泛的技术。同时可以有很多技术来提高隧道的性能，包括减少丢包、压缩和加密数据，但在目前，这些技术并未被广泛应用。

2. 隧道服务器（Tunnel severs）

隧道服务器位于企业网的中心站点，用于集中隧道连接。隧道服务器具备高性能，这些高性能设备可以同时处理几百或几千个用户连接，同时隧道服务器往往具有一些访问控制、认证和加密能力。

3. 认证（Authentication）

认证包括对用户身份进行认证，而不仅是认证IP地址，认证后决定是否允许用户对网络资源的访问，现在有大量的认证技术来认证用户，包括用户名/口令、RADIUS认证、令牌卡等。一旦一个用户同公司的VPN服务器进行了认证，根据他的访问权限表，他就有一定程度的访问权限。每个人的访问权限表由网络管理员制定，并且要符合公司的安全策略。在大量的认证技术中，VPN更普遍的是使用RADIUS进行用户认证。在RADIUS服务器中设立一个中心数据库，这个中心数据库包括用户身份证信息（比如用户名，口令），RADIUS根据这个中心数据库来认证用户。VPN采用RADIUS用户认证的大致过程是：当远程用户拨入远程访问服务器时，RAS或VPN获得认证信息，并将认证信息传给RADIUS服务器，如果用户在中心数据库中并有权访问网络，RADIUS则通知远程访问服务器继续处理，同时RADIUS发送一些关于用户的概要信息（比如用户IP地址、用户和网络保持连接的最大时间、允许用户拨入访问网络的电话号码等）给远程访问服务器，RAS或VPN根据这些信息来检查用户是否符合所有的条件，只有当拨入用户符合所有的条件，用户才能访问网络。

4. 加密（Encrytion）

当数据包传递时，加密技术用来隐藏数据包。如果数据包要通过不安全的Internet，那么即使已建立了用户认证，VPN也不完全是安全的。因为如果没有加密的话，普通的嗅探技术也能捕获，甚至更改信息流。所以在隧道的发送端，认证用户要先加密，再传送数据；在接收端，认证用户接收后再解密。

7.5.1.3 VPN的实现

VPN技术支持两种基本的虚拟网络连接方式：Client-LAN方式和LAN-LAN方式。前者实现用户安全的远程访问，后者既可用于组建安全的内联网，也可用于组建企业外联网络系统。两种方式基本情况描述如下。

1. Client-LAN

这种类型的VPN与传统的远程访问网络相对应，故又称为Access VPN。如果企业的内部人员移动或有远程办公需要，或者商家要提供B2C的安全访问服务，就可以考虑使用Access VPN。

Access VPN通过一个拥有与专用网络相同策略的共享基础设施，提供对企业内部网或外部网的远程访问。Access VPN能使用户随时随地以其所需的方式访问企业资源。Access VPN实现包括模拟、拨号、ISDN、数字用户线路（xDSL）、移动IP和电缆技术等接入方式的终端安全地连接到移动用户、远程工作者或分支机构，如图7-6所示。

Access VPN工作时，远程客户通过拨号线路连接到ISP的NAS上，经过身份认证后，通过公网与公司内部的VPN网关之间建立一个隧道，这个隧道实现对数据的加密传输。Access VPN 最适用于公司内部经常有流动人员远程办公的情况。出差员工利用当地 ISP 提供的 VPN 服务，就可以和公司的 VPN 网关建立私有的隧道连接。

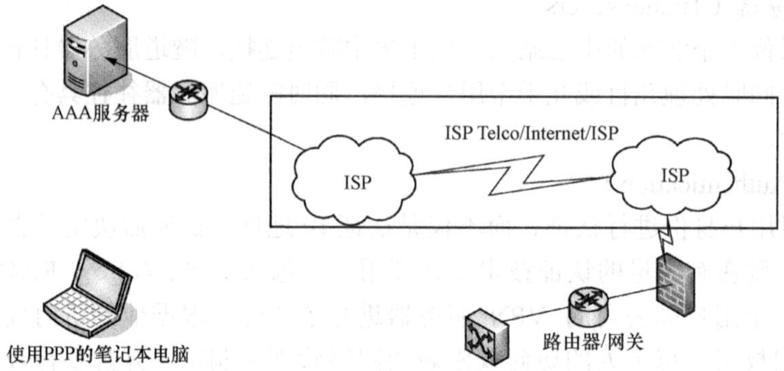

图 7-6 Access VPN 结构图

Access VPN 对用户的吸引力在于：减少用于相关的调制解调器和终端服务设备的资金及费用，简化网络；实现本地拨号接入的功能来取代远距离接入或 800 电话接入，显著降低远距离通信的费用；极大的可扩展性，简便地对加入网络的新用户进行调度；将工作重心从管理和维护拨号网络的工作人员转到公司的核心业务上来。

Access VPN 的核心技术是第二层隧道技术。第二层隧道协议具有简单易行的优点，但是它们的可扩展性都不好。更重要的是，它们缺省情况下都没有提供内在的安全机制，它们不能支持企业和企业的外部客户以及供应商之间会话的保密性需求，因此它们不支持用来连接企业内部网和企业的外部客户及供应商的企业外联网。外联网需要对隧道进行加密并需要相应的密钥管理机制。

2. LAN-LAN

如果要进行企业内部各分支机构的互联或者企业的合作者互联，使用 LAN-LAN VPN 是很好的方式。

越来越多的企业需要在全国乃至世界范围内建立各种办事机构、分公司、研究所等。各个分公司之间传统的网络连接方式一般是租用专线。显然，在分公司增多、业务开展越来越广泛时，网络结构趋于复杂，费用昂贵。利用 VPN 特性可以在互联网上组建世界范围内的 LAN-LAN VPN。利用互联网的线路保证网络的互联性，而利用隧道、加密等 VPN 特性可以保证信息在整个 LAN-LAN VPN 上安全传输。LAN-LAN VPN 通过一个使用专门连接的共享基础设施连接企业总部、远程办事处和分支机构。企业拥有与专用网络的相同政策，包括安全、服务质量、可管理性和可靠性，如图 7-7 所示。

LAN-LAN VPN 对用户的吸引力在于：减少 WAN 宽带的费用；能使用灵活的拓扑结构，包括全网络连接；新的站点能更快、更容易地被连接；通过设备供应商 WAN 的连接冗余，可以延长网络的可用时间。

LAN-LAN VPN 主要使用 IPSec 协议来建立加密传输数据的隧道。用于构建内联网时称为 Intranet VPN，用于企业和企业的合作者互联使用时称为 Extranet VPN，两者的区别在于后者往往结合 PKI 使用。

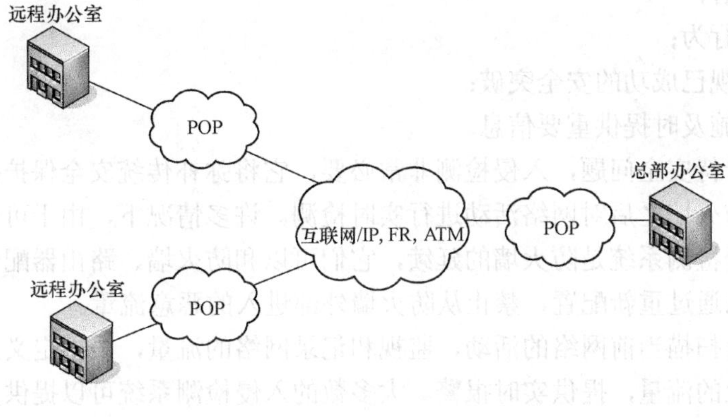

图 7-7 LAN-LAN VPN 结构图

7.5.2 入侵检测技术

7.5.2.1 概述

计算机网络安全应提供保密性、完整性以及抵抗拒绝服务的能力，但是由于联网用户不断增加，很多系统都或多或少地受到入侵者的攻击，这些入侵者利用操作系统或者应用程序的缺陷企图破坏系统。对付这些入侵者的攻击，可以要求所有的用户确认并验证自己的身份，并使用严格的访问控制，还可以用各种密码学方法对数据提供保护，但是这并不完全可行，而且访问控制和保护模型本身也存在问题，这里有以下几方面的因素。

（1）口令。很多人使用他们自己的名字、孩子的名字、配偶的名字、宠物的名字，或者小车的型号做口令，也有的用户使用“password” 或者简单到什么也没有。这给入侵者的攻击提供了方便。即使入侵者使用这些猜测进行攻击失败，入侵者还可以试图用“字典攻击”方法，尝试字典中的单词的每种可能。字典攻击可以利用重复的登陆或者收集加密的口令试图同加密后的字典中单词匹配；入侵者通常也利用英语字典或其他语言的字典；入侵者也利用附加的类字典数据库，比如名字和常用的口令；强力攻击（Brute Force Attacks）同字典攻击类似，入侵者可能尝试所有的字符组合方式。一个由 4 个小写字母组成的口令可以在几分钟内被破解（大约共有 50 万个可能的组合）。如果以每秒试验 100 万种组合进行，则一个较长的由大小写字母组成的口令，包括数字和标点（10 万亿种可能的组合）可以在一个月内破解。如果口令已经被破解，那么访问控制措施就不能够阻止受到危害的授权用户的信息丢失或者破坏。

（2）静态安全措施不足以保护安全对象属性。通常，在一个系统中，静态的安全特性（例如不进行动态预测的防火墙）可能过于简单并且不充分，或者是系统过度地限制用户。例如，静态技术未必能阻止违背安全策略造成的浏览数据文件，而强制访问控制（例如所有用户都不可以使用 Telnet）仅允许用户访问具有合适的通道的数据，这样造成系统使用麻烦。因此，一种动态的方法如行为跟踪对检测和尽可能阻止安全突破是必要的。

由于蓄意的未授权尝试有可能造成非授权访问信息、泄露信息系统不可靠或不可用，因此必须设计系统的安全机制以保护系统资源与数据以防恶意入侵，但是企图完全防止安全问题的出现在目前看来是不现实的。人们可以尽力检测出这些入侵，以便在以后修补这些漏洞。

安全技术入侵检测其主要目的如下

1）识别入侵者；

2）识别入侵行为；

3）检测和监视已成功的安全突破；

4）为对抗措施及时提供重要信息。

从这个角度看待安全问题，入侵检测非常必要，它将弥补传统安全保护措施的不足。入侵检测系统处于防火墙之后对网络活动进行实时检测。许多情况下，由于可以记录和禁止网络活动，所以入侵检测系统是防火墙的延续，它们可以和防火墙、路由器配合工作。例如，入侵检测系统可以通过重新配置，禁止从防火墙外部进入的恶意流量。

入侵检测系统扫描当前网络的活动，监视和记录网络的流量，根据定义好的规则过滤从主机网卡到网线上的流量，提供实时报警。大多数的入侵检测系统可以提供关于网络流量非常详尽的分析。它们可以监视任何定义好的流量；很多系统对FTP、HTTP和Telnet流量都有缺省的设置；还可监视其他的流量：如NetBus、本地和远程登录失败等等；也可以自己订制策略，如果你定义了策略和规则，便可以获得FTP、SMTP、Telnet和任何其他的流量。这种规则有助于追查该连接和确定网络上发生过什么，以及现在正在发生什么。这些程序在需要确定网络中策略实施的一致性情况时是非常有效的工具。

7.5.2.2　入侵检测原理

入侵企图或威胁可以被定义为未经授权蓄意尝试访问信息、篡改信息，使系统不可靠或不能使用。或者是有关试图破坏资源的完整性、机密性及可用性的活动。一般说来，按照入侵者的角度可以将入侵分为以下六种类型。

（1）尝试性闯入（Attempted Break-in）。

（2）伪装攻击（Masquerade Attack）。

（3）安全控制系统渗透（Penetration of the Security Control System）。

（4）泄露（Leakage）。

（5）拒绝服务（Denial of Service）。

（6）恶意使用（Malicious Use）。

上述分类方法的根据是入侵方法的特征，它对检测入侵很有帮助。

最早提出的入侵检测模型是IDES，如图7-8所示。在这个模型中，主体对客体的访问必须通过一个安全监控器，该模型独立于任何特殊的系统和应用环境，提供了一个通用的入侵检测专家系统框架，简称IDES模型。它能够检测出黑客入侵、越权操作及非正常使用计算机系统的行为。该模型基于这样的假设；计算机安全的入侵行为可以通过检查一个系统的审

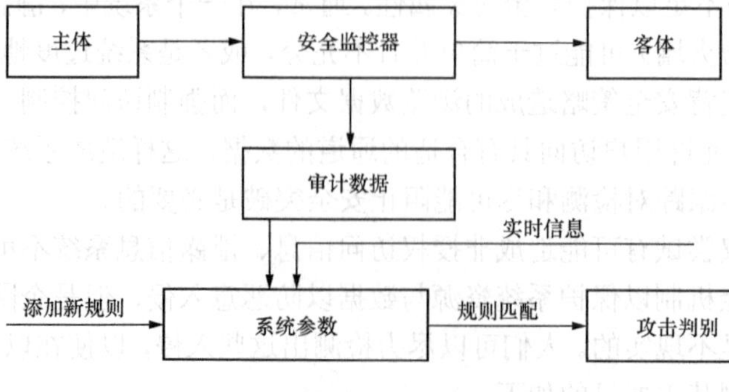

图7-8　IDES入侵检测模型

计记录，从中辨识异常使用系统的入侵行为。IDES 模型由主体（Subject）、客体（Object）、审计记录（Audit Records）、系统参数（Profile）、异常记录（Anomaly records）和活动规则（Activity Rules）六部分组成。这六个部分的具体情况如下。

（1）主体是指系统操作中的主动发起者，例如计算机操作系统的进程、网络的服务连接等。

（2）客体指的是系统被操作和管理的对象资源，如文件系统、网络服务端接口等。

应说明的是主体和客体有时是相互转变的，例如操作系统进程 A，去访问文件 B 时，进程 A 是主体；而从进程创建者的角度来看，则进程 A 是客体。因此，模型中的审计数据的对象在不断变化，这取决于入侵检测系统的审计策略。

（3）审计数据指的是主体对客体实施操作时，系统产生的数据，如用户注册、命令执行和文件访问等。IDES 审计记录的格式由 6 元组构成：

<主体，操作，客体，异常情况，资源使用情况，操作时间>

记录中主体是本次操作的发起者，客体是本次操作的承受者，异常情况用来描述主体的本次操作后的返回值及错误信息，资源使用情况用来统计本次操作的资源使用情况，操作时间用来记录本次操作发生的时间。

（4）系统参数是 IDES 模型用来刻画主体对客体的行为，并使用随机变量和统计模型来定量描述观测到主体对客体的行为活动特征。

7.5.2.3 入侵检测研究的条件和局限性

入侵检测是基于计算机网络环境下的一个研究方向，研究入侵检测需要的条件。其一就是要在网络环境下进行；其二能够有可靠的数据来源供入侵研究分析；其三要有数学、计算机、人工智能、密码学等各学科技术知识背景。目前入侵检测技术的方法主要停留在异常检测统计方法和误用检测方法上，这两种方法都还存在这样或那样的问题。网络入侵技术在不断地发展，入侵的行为表现出不确定性、多样性等特点。网络应用的发展又带来新的安全问题，如高速网络技术出现流量大，那么基于网络的入侵检测系统如何适应这种情况？基于主机审计数据怎样做到既能减少数据量，又能有效地检测到入侵？入侵检测研究领域急需其他学科知识提供新的入侵检测解决方法。

入侵检测只是仅仅试图发现计算机网络中的安全问题，要解决网络安全的问题还需要其他的网络安全技术。另外，入侵检测系统本身还存在安全问题，入侵检测系统也可能会受到攻击。Fred Cohen 的方法给出了 50 种攻击入侵检测系统的方法，这些方法从理论上说是可行的。

7.5.3 防火墙技术

7.5.3.1 防火墙概述

防火墙的原义是指古代修筑在房屋之间的一道墙，当某一房屋发生火灾的时候，它能防止火势蔓延到别的房屋。这里所说的防火墙是指目前一种广泛应用的网络安全技术。它用来控制两个不同安全策略的网络之间互访，从而防止不同安全域之间的相互危害。

Internet 防火墙是一种装置，它是由软件或硬件设备组合而成，通常处于企业的内部局域网与 Internet 之间，限制 Internet 用户对内部网络的访问以及管理内部用户访问外界的权限，它的基本系统模型如图 7-9 所示，一个防火墙在一个被认为是安全和可信的内部网络和一个被认为是不那么安全和可信的外部网络（通常是 Internet）之间提供一个隔离工具。防火墙是一种被动的技术，因为它假设了网络边界的存在，它对内部的非法访问难以有效地控制，因此防火墙只适合于相对独立的网络，例如企业的内部的局域网络等。

简言之，防火墙将网络分隔为不同的物理子网，限制威胁从一个子网扩散到另一个子网，正如传统意义的防火墙能防止火势蔓延一样。防火墙用于保护可信网络免受非可信网络的威胁，同时仍有限制地允许双方通信。通常，这两个网络称为内部网和外部网。虽然现在许多防火墙用于 Internet 和内部网之间，但是也可以在任何网络之间和企业网内部使用防火墙。防火墙通常安装在内部网络和外部网络的连接点上，如图 7-10 所示。

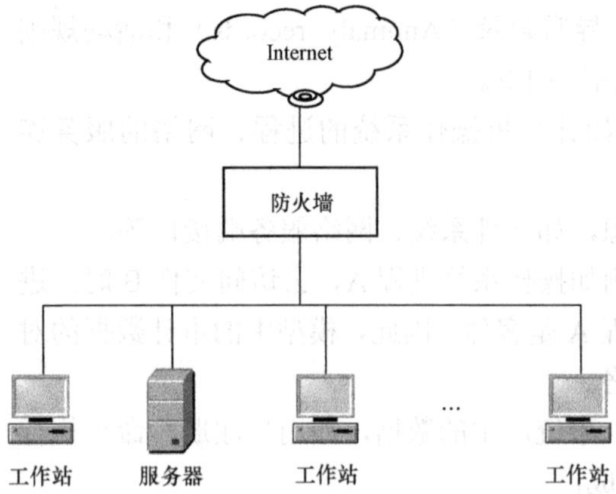

图 7-9　基本的防火墙系统模型

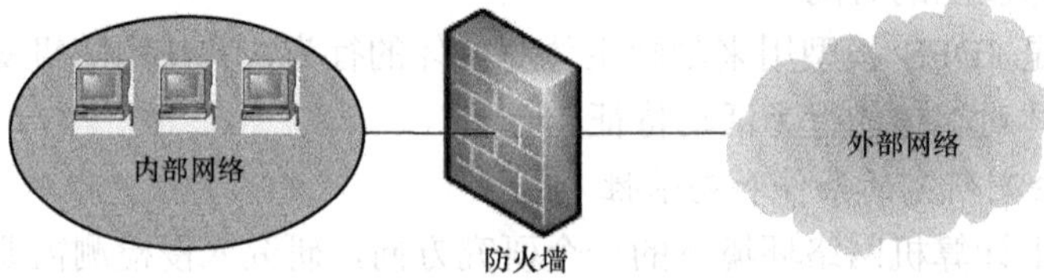

图 7-10　防火墙系统的位置

7.5.3.2　防火墙的功能

本质上来讲，防火墙是两个网络间的隔断，只允许符合规则的一些数据通过。同时防火墙自身应当足够安全，不易被攻入。

早期的防火墙主要用来提供服务控制，现在已经扩展为多种服务，还包括方向控制、用户控制、行为控制等。

（1）服务控制：确定可以访问的因特网服务的类型。

（2）方向控制：确定特定的服务请求通过防火墙流动的方向。

（3）用户控制：控制用户对特定服务的访问。

（4）行为控制：控制怎样使用特定的服务；例如：可以使外部只能访问一个本地服务器的部分信息。

归纳起来，防火墙主要作用如下。

（1）防火墙对内部网实现了集中的安全管理，可以强化网络安全策略，比分散的主机管理更经济易行。

（2）防火墙能防止非授权用户进入内部网络。

（3）防火墙可以方便地监视网络的安全并及时报警。

（4）使用防火墙，可以实现网络地址转换（Network Address Translation，即 NAT），利用 NAT 技术，可以缓解地址资源的短缺，隐藏内部网的结构。

（5）利用防火墙对内部网络的划分，可以实现重点网段的分离，从而限制安全问题的扩散。

（6）所有的访问都经过防火墙，因此它是审计和记录网络的访问和使用的理想位置。

通过选择市场上优秀的防火墙产品，制定出合理的安全策略，内部网络就可以在很大程度上避免遭受攻击。

7.5.3.3 防火墙的基本规则

配置防火墙有两种基本规则。

（1）一切未被允许的就是禁止的（No 规则）：在该规则下，防火墙封锁所有的信息流，只允许符合开放规则的信息进出。这种方法可以形成一种比较安全的网络环境，但这是以牺牲用户使用的方便性为代价的，用户需要的新服务必须通过防火墙管理员逐步添加，其规则检查策略如图 7-11（a）所示。

（2）一切未被禁止的就是允许的（Yes 规则）在该规则下，防火墙只禁止符合屏蔽规则的信息进出，而转发所有其他信息流。这种方法提供了一种更为灵活的应用环境，但很难提供可靠的安全防护，其规则检查策略如图 7-11（b）所示。具体选择哪种规则，要根据实际情况决定，如果出于安全考虑就选择第一条准则，如果出于应用的便捷性考虑就选用第二条准则。

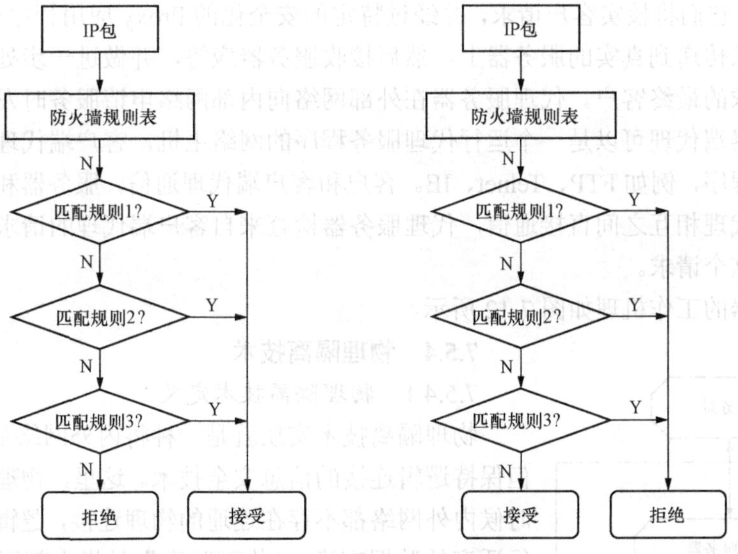

图 7-11 防火墙基本规则

（a）No 规则；（b）Yes 规则

7.5.3.4 防火墙技术

防火墙采用了两种基本的技术：数据包过滤和代理服务。

1. 数据包过滤技术

数据包过滤是在网络的适当位置，根据系统设置的过滤规则。对数据包实施过滤，只允许满足过滤规则的数据包通过并被转发到目的地，而其他不满足规则的数据包被丢弃。当前大多数的网络路由器都具备一定的数据包过滤能力，很多情况下，路由器除了完成路由选择和转发的功能之外，还可进行数据包过滤。

数据包过滤器通过检查数据包的报头信息，根据数据包的源地址、目的地址以及其他信息相组合，按照过滤规则来决定是否允许数据包通过。数据包过滤器在接收数据包时一般不判断数据包的上下文，只根据目前的数据包的内容作决定（这避免了重放攻击）。Internet 上的服务一般都与特定的端口号有关，如 FTP 一般工作在 21 端口，TELNET 工作在 23 端口，Web 服务在 80 端口，因此可通过包过滤器来禁止某项服务，例如：可通过包过滤器禁止所有通过 80 端口的数据包来禁止 Web 服务。

通过对普通路由器和包过滤路由器进行比较，可以进一步了解包过滤的工作原理。普通路由器只检查一下每个数据包的目的地址，为数据包选择它所知道的最佳路由，将这个数据包发送到目的地址。而包过滤路由器除了执行普通路由器的功能外，还根据设定的包过滤规则决定是否转发数据包。

2. 代理服务

代理服务是在防火墙主机上运行的专门的应用程序或服务器程序，这些程序根据安全策略处理用户对网络服务的请求，代理服务位于内部网和外部网之间，处理其间的通信以替代相互直接的通信。代理服务具有两个部件：一个是服务器端代理，一个是客户端代理。所谓服务器端代理，是指代表客户处理在服务器连接请求的程序。当服务器端代理得到一个客户的连接请求时，它们将核实客户请求，并经过特定的安全化的 Proxy 应用程序处理连接请求，将处理后的请求传递到真实的服务器上，然后接收服务器应答，并做进一步处理，最后将答复交给发出请求的最终客户。代理服务器在外部网络向内部网络申请服务时发挥了中间转接的作用。服务器端代理可以是一个运行代理服务程序的网络主机，客户端代理可以是经过配置的普通客户程序，例如 FTP、Telnet、IE。客户和客户端代理通信，服务器和服务器端代理通信，这两个代理相互之间直接通信，代理服务器检查来自客户端代理的请求，根据安全策略认可或否认这个请求。

代理服务器的工作机理如图 7-12 所示。

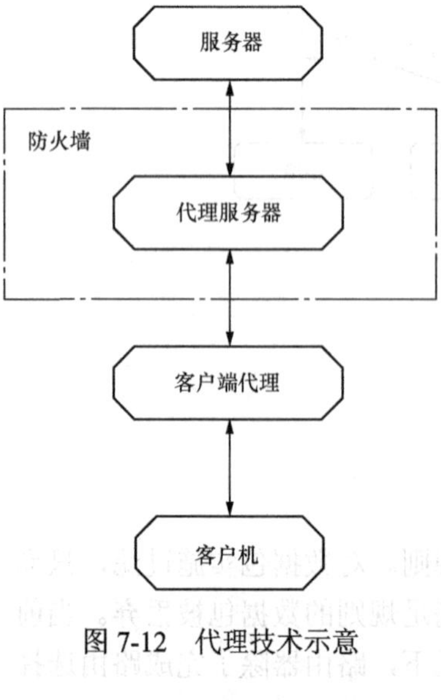

图 7-12 代理技术示意

7.5.4 物理隔离技术

7.5.4.1 物理隔离技术定义

物理隔离技术实质就是一种将内外网络从物理上断开，但保持逻辑连接的信息安全技术。这里，物理断开表示任何时候内外网络都不存在连通的物理连接，逻辑连接表示能进行适度的数据交换。“物理隔离”是指内部网不直接通过有线或无线等任何手段连接到公共网连接到公共网，从而使内部网络和外部公共网络在物理上处于隔离状态的一种物理安全技术。从这个概念上看，物理隔离是保证网络物理安全的一个有效手段，即保护路由器、工作站、各种网络服务器等硬件实体和通信链路免受自然灾害、人为破坏和搭线窃听攻击。

物理隔离从广义上分为网络隔离和数据隔离，它们都称为物理隔离。

（1）网络隔离。网络隔离就是把被保护的网络从开放、无边界、自由的环境中独立出来，这样，公众网上的黑客和计算机病毒无从下手，更谈不上入侵了。

（2）数据隔离。不管网络隔离采用的是真正的物理隔离还是逻辑隔离，如果在使用中出现一台计算机能够连接两个或多个网络，那么所有的网络隔离就没多大意义，因为同一台计算机连接两个网络，而没有把存储设备隔离，使同一个操作系统能连接不同的网络，计算机病毒很容易从一个网络流向另一个网络，使得另一个网络遭到病毒的攻击，甚至无法工作，造成不必要的损失。这些现象经常在很多公司、政府部门时有发生，即使做了网络隔离，但是网络安全的威胁同样存在。所以数据的隔离是非常重要的。

通过以上分析可知，物理隔离在安全上的要求主要有三点。

（1）在物理传导上使内外网络隔断，确保外部网不能通过网络连接而侵入内部网，同时防止内部网信息通过网络连接泄漏到外部网。

（2）在物理辐射上隔断内部网与外部网，确保内部网信息不会通过电磁辐射或耦合方式泄露到外部网。

（3）在物理存储上隔断两个网络环境，对于断电后会遗失信息的部件，如内存、处理器等暂存部件，要在网络转换时做清除处理，防止残留信息泄漏；对于断电非遗失性设备（如磁带机、硬盘等存储设备），内部网与外部网信息要分开存储。

7.5.4.2　物理隔离技术原理

目前，物理隔离实现的原理主要包括以下两类：数据二极管技术和存储池交换技术。

1. 数据二极管技术

这是一种在物理断开的网络之间进行单向桥接的专用安全技术。这种单向桥接技术是通过单工的连接完成的。这种连接只在数据源计算机具有一个数据发送源，在数据目标计算机上具有一个数据接收器。这种设计也被人们称为对外部“完全不信任”设计。

2. 存储池交换技术

这也是一种桥接隔离网络之间连接的专用安全技术。这种技术使用一个可交换方向的电子存储池。存储池每次只能与内外网络的一方相连。通过内外网络向存储池拷贝数据块和存储池的摆动完成数据传输。这种技术实际上是一种数据镜像技术。它在实现内外网络数据交换的同时，保持了内外网络的物理断开。

例如，外网是安全性不高的互联网，内网是安全性很高的内部专用网络。正常情况下，隔离设备和外网、隔离设备和内网以及外网和内网是完全断开的，如图7-13所示，这保证了网络之间是完全断开的。隔离设备可以理解为纯粹的存储介质和一个单纯的调度和控制电路。

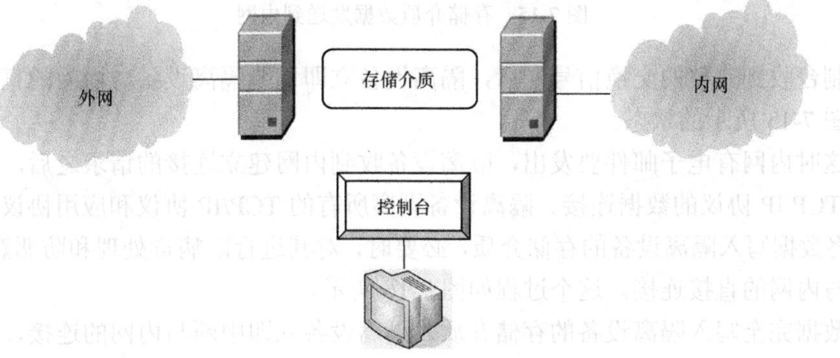

图7-13　完全断开的网络

当外网需要有数据到达内网时，以电子邮件为例，外部的服务器立即发起对隔离设备的非 TCP/IP 协议的数据连接，隔离设备将所有的协议剥离，将原始的数据写入存储介质。根据不同的应用，可能有必要对数据进行完整性和安全性检查，如防病毒和恶意代码等，如图 7-14 所示。

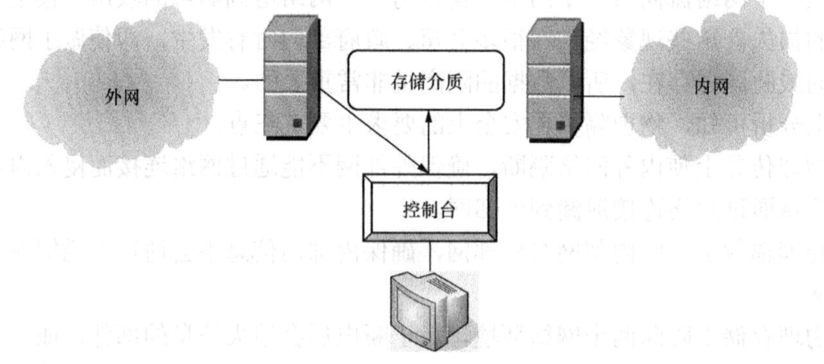

图 7-14　外网数据写入存储介质

一旦数据完全写入隔离设备的存储介质，隔离设备立即中断与外网的连接。转而发起对内网的非 TCP/IP 协议的数据连接。隔离设备将存储介质内的数据推向内网。内网收到数据后，立即进行 TCP/IP 的封装和应用协议的封装，并交给应用系统。

这时内网电子邮件系统就收到了外网的电子邮件系统通过隔离设备转发的电子邮件，如图 7-15 所示。

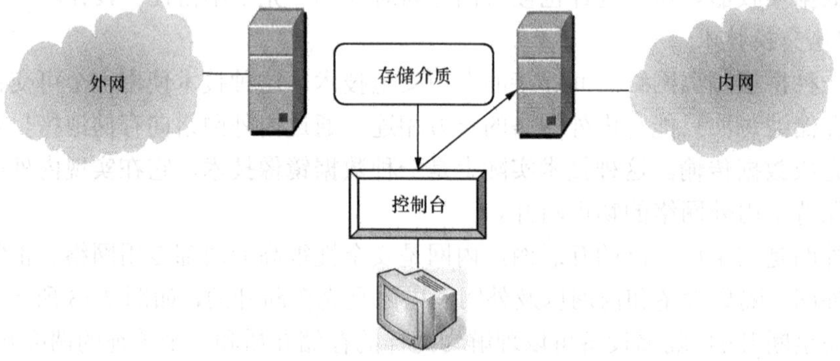

图 7-15　存储介质数据发送到内网

在控制台收到完整的交换信号之后，隔离设备立即切断隔离设备与内网的直接连接，网络回到如图 7-13 所示的状态。

如果这时内网有电子邮件要发出，隔离设备收到内网建立连接的请求之后，建立与内网之间的非 TCP/IP 协议的数据连接。隔离设备剥离所有的 TCP/IP 协议和应用协议，得到原始的数据，将数据写入隔离设备的存储介质，必要时，对其进行防病毒处理和防恶意代码检查。然后中断与内网的直接连接。这个过程如图 7-16 所示。

一旦数据完全写入隔离设备的存储介质，隔离设备立即中断与内网的连接，转而发起时外网的非 TCP/IP 协议的数据连接。隔离设备将存储介质内的数据推向外网。外网收到数据后，立即进行 TCP/IP 的封装和应用协议的封装，并交给系统，如图 7-17 所示。

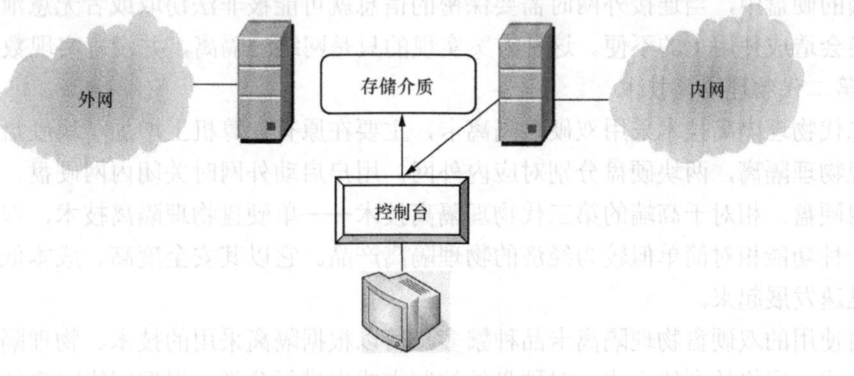

图 7-16 内网数据写入存储介质

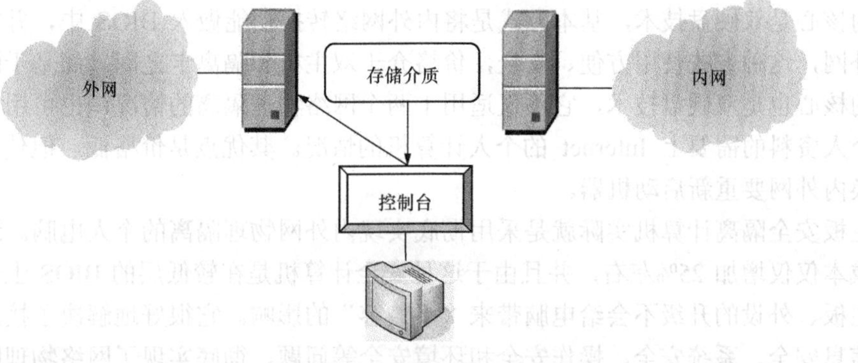

图 7-17 存储介质将数据发送到外网

控制台收到信息处理完毕后，立即中断隔离设备与外网的连接，恢复到完全隔离状态，如图 7-13 所示。

每一次数据交换，隔离设备都要经历数据的接收、存储和转发三个过程：由于这些规则都是在内存和内核里完成的，因此速度上有保证，可以达到 100%的总线处理能力。

7.5.4.3 物理隔离技术分类

物理隔离技术自问世以来，经过实践的检验和应用，不断发展成熟，目前已历经了三个发展阶段，每个阶段都产生了一种具有代表性的产品或解决方案。目前，这三代物理隔离技术在国家机要部门内部都有所应用，但由于前两代产品和方案存在一些不可弥补的缺陷，第三代物理隔离技术已经显示出了符合市场潮流的巨大优越性和旺盛生命力。

1. 第一代物理隔离技术

第一代物理隔离主要采用双机双网的技术，即采用配置两台计算机、分别连接内外两个网络的做法。

这种方法虽然能够有效保证内外网的物理隔离，符合国家有关网络安全隔离的规定，但是这种采用双机双网技术的物理隔离方式存在着诸多缺点，如导致投资成本的增加、占用较大办公空间等。另外，双机的使用会带来很多不便，并且网络设置复杂、维护难度也较大，一旦出现问题，会使对效率要求相当高的部门受到很大影响。

在实现双网物理隔离手段上，还有一种采用切换开关的方案，即使用一台电脑通过开关切换不同的网络。这种方式结构简单，但是不能保证内外网的可靠隔离。因为信息存储在同一台电脑的硬盘中，当连接外网时需要保密的信息就可能被非法窃取或者无意泄露；另外双网的转换会造成使用上的不便。这种方案实现的只是网络的隔离，并没有实现数据隔离。

2. 第二代物理隔离技术

第二代物理隔离技术采用双硬盘隔离卡，主要在原有计算机上增加一块硬盘和一块隔离卡来实现物理隔离，两块硬盘分别对应内外网，用户启动外网时关闭内网硬盘，启动内网时关闭外网硬盘。相对于高端的第三代物理隔离技术——单硬盘物理隔离技术，双硬盘物理隔离卡是一种功能相对简单但较为经济的物理隔离产品。它以其安全度高、成本低、操作简单等优势迅速发展起来。

目前使用的双硬盘物理隔离卡品种繁多，可以根据隔离采用的技术、物理隔离卡和计算机通信方式、网络的布线方式、对硬盘的控制方式来进行分类。根据网络隔离技术可以将双硬盘物理隔离技术分为两种：基于主板的隔离技术和基于隔离卡的隔离技术。基于主板的隔离技术的核心是双硬盘技术，基本方式是将内外网络转换功能做入 BIOS 中，并将插槽分为内网和外网，这种方式使用方便、安全，价格介于双主机和隔离卡之间。而基于隔离卡的隔离技术的核心也是双硬盘技术，它不仅适用于两个网络物理隔离的情况，也可用于存有需要保密的个人资料的需要上 Internet 的个人计算机的情况。其优点是价格低，但使用稍麻烦，因为转换内外网要重新启动机器。

单主板安全隔离计算机实际就是采用彻底实现内外网物理隔离的个人电脑。这种安全计算机的成本仅仅增加 25%左右，并且由于这种安全计算机是在较低层的 BIOS 上开发的，处理器、主板、外设的升级不会给电脑带来“不兼容”的影响。它很好地解决了接入网络后局域网络信息安全、系统安全、操作安全和环境安全等问题，彻底实现了网络物理隔离。安全电脑在传统 PC 主板结构上形成了两个物理隔离的网络终端接入环境，分别对应于国际互联网和内部局域网，保证局域网信息不会被互联网上的黑客和病毒破坏。主板 BIOS 控制由网卡和硬盘构成，网络接入和信息存储环境各自独立，并只能在相应的网络环境下工作，不可能在一种网络环境下使用在另一网络环境才使用的设备。

3. 第三代物理隔离技术

核心产品是单硬盘隔离卡，这是目前国内最先进的客户端物理隔离产品，也是国外普遍所采取的隔离技术（包括美国军方）。它的工作原理是将原计算机的单个硬盘从物理层上分割为公共和安全两个分区，安装两套操作系统，从而实现内外网的安全隔离。单硬盘隔离卡有严密的硬盘数据保护功能；有方便的使用方式，如使用热启动切换两个网络；并有较强的可扩展功能，如可实现低端的双硬盘隔离卡不能实现的数据安全传输功能等。

单硬盘物理隔离卡的工作原理就是通过对单个硬盘的磁道读写控制技术，在一个硬盘上分隔出两个工作区间，这两个区间无法互相访问。这样，它以物理方式将一台 PC 虚拟成了两部电脑，实现工作站的双重状态，既可在安全状态，又可在公共状态，两种状态是完全隔离的，从而使一部工作站可在完全安全状态下连接内外网。网络安全隔离卡实际是被设置在 PC 中最低的物理层上的，内、外网的连接均须通过网络安全隔离卡，在任何时候，数据只能通往一个分区。用户通过公共区连接外部网，通过安全区连接内部网。当主机使用硬盘的公共区与外部网（如 Internet）连接时，此时与内部网是断开的，且硬盘安全区是封闭的；当主机使用硬盘的安全区与内部网连接时，此时与外部网是断开的，且硬盘公共区是封闭的。两个分区分别安装各自的操作系统，是两个完全独立的环境。操作者一次只能进入其中一个系统，从而实现外部网的完全隔离。由于内外网的隔离是在物理层上，其操作和指令在固件中运行，因此这是真正意义上的物理隔离。原来要两台PC工作，现在只要一台PC加一块网络隔离卡就可以实现物理隔离。因此，此技术适用于对数据安全要求十分严格，同时又期望接入互联网的各类机构，诸如政府机关、军事机构、金融、科研院校等单位。

当两种状态转换时，通过鼠标点击操作系统上的切换键，即进入一个热启动过程。切换时，系统通过硬件重启系统重新启动，这样所有的临时数据存储将被完全删除。两个状态分别有独立的操作系统，并独立导入，两个硬盘分区不会同时激活。单硬盘网络隔离卡控制器会根据系统状态明确哪个盘可用，哪个盘隐藏、断连。为了保证安全，两个分区不能直接交换数据，但是有些网络安全物理隔离卡可以通过一个独特的设计来安全方便地实现数据交换，即在两个分区之外，网络安全隔离卡在硬盘上另外设置一个功能区，各个分区可以通过这个功能区作为过渡区来交换数据。当然，根据用户需要，也可创建单向的安全通道，即数据只能从公共区向安全区转移，而不能逆向转移。

7.5.4.4 物理隔离技术发展趋势

当前，我国物理隔离技术的应用主要是以客户端的应用为主。但随着对网络信息安全需求的不断增加，客户端的物理隔离卡已经越来越不能满足用户的实际需求。现在，已经有许多新的技术为解决涉密网的物理隔离提供了新的思路，如服务器端的物理隔离就是一个崭新的领域，它能够让用户在实现内外网安全隔离的同时，以较高的速率完成数据的安全传输，而其实现原理也是基于内外网络不能同时连接的物理隔离原则的。

国内安全公司目前已在加紧开发基于服务器的物理隔离的第四、第五代产品。第四代物理隔离产品是一种动态的隔断产品，它的内、外网自动切换速率高达1000次/秒，使操作者根本感觉不到有任何延迟，但同时又达到物理隔断的目的。第五代物理隔离产品是通过反射的原理来代替切换开关进行内外网的物理隔离，并且能对内、外网的信息进行筛选。这些新一代的物理隔离产品的问世将更好地为我国的信息安全事业服务。

第 8 章　大数据处理技术与云计算

8.1　互联网与大数据

大数据已成为一项学术界、工业界和政界都很关注的战略任务，大数据能够对全球整合经济时代的商务产生深远的影响，与此同时，大数据在公共服务领域也具有很广阔的应用前景。互联网作为一个数据集散地，聚集了海量的数据。

互联网是大数据应用的引领者之一，互联网的飞速发展也是大数据产生的重要原因。而大数据是互联网的重要资产，其数据量与用户量成正比，用户增加越多，数据增加越快。目前最主要的互联网服务和应用包括网络新闻、搜索引擎、网络购物、网上支付、网络广告、旅行预订、社交网络、微客微博、网络视频、网络游戏等。大数据分析在互联网上的一个重要方面就是基于用户的各种海量在线行为来分析用户的兴趣和需求，从而更好地实现推荐系统、广告追踪、点击流分析等分析应用。对于互联网当中的许多服务和应用，大数据的新方法、新技术都有了用武之地，将有助于互联网服务和应用得到更好地发展，从而实现互联网与大数据两大新兴领域的有机结合。

8.1.1　社交网络中的大数据应用

社交网络是大数据应用的重要领域之一，社交网络大数据应用最基本是对用户基本信息分析和用户详细行为分析，基于这些分析进而实现个性化服务、精准广告、口碑式营销等应用。通过收集社交网络甚至是移动社交网络上的用户基本资料，利用大数据技术对这些信息进行整合分析，全方位地刻画用户的喜好特征等。另外，通过鼠标点击、移动终端、键盘输入等方式采集到用户各色各样的用户行为数据，利用大数据技术分析，这些数据可以更好地进行个性化服务和指导产品开发等。总之，社交网络大数据应用的真正需求离不开对用户的分析。利用大数据技术对用户数据及用户行为数据进行推导分析，就可以得到有价值的数据。

1. 实时在线服务

实时在线服务是社交网络大数据应用的重要需求之一。目前，全球互联网用户总量近 40 亿。而且随着智能手机的普及，越来越多的用户使用移动式设备，实时的在线社交。每天都有大量的用户同时访问社交网站，如何保证社交网站能够快速有效地处理这些数据就成为社交网络大数据应用需求之一，为了满足用户对实时信息的要求，各大社交网站推出了自己的解决方案。Facebook 是利用 Hbase 和 Hadoop 对数据进行实时处理；腾讯是基于在线实时计算平台，运用流式计算的方法来实时处理数据。

2. 增值业务创新

腾讯每年 90%的收入来自于增值业务，包括互动娱乐、网络媒体、电子商务、即时通信等业务，腾讯通过对自己拥有的大数据分析与利用，不断开发符合用户需求的增值服务以便获得利润。除了投放广告，增值业务是社交网站、社交网络获得收益的主要来源，因此，社交网络大数据应用的一个关键需求就是对增值业务进行创新开发。另外，社交网络可以通过提供增值服务，吸引更多的用户或加深用户对社交网站的黏性。

3. 用户喜好分析

数据和用户是社交网站最大的资本，通过社交网络上的图片、语义、音频、视频以及用户在社交网络上访问行为等数据，可以挖掘出这些数据背后的商业价值。比如根据社交网络实时数据和历史数据，利用大数据技术深度挖掘出用户个体或者群体的喜好与习惯，进而推荐用户感兴趣的信息或产品。如通过分析微博和微信用户，发现用户在上下班途中、吃饭时间、睡觉前这几个时间段比较活跃，于是商家可以在这几个时间段进行针对性的投放广告或信息。

4. 网民情绪分析

社交网络的传播有其独特的性质。其传播的快速性与广泛性，使得某个信息或者话题很有可能以“蝴蝶效应”的爆炸性方式传播出去。通过对社交网络中用户数据的分析，我们可以掌握目前用户关心的热点话题，了解民众对某个事件的情感变化，从而更好地进行舆情分析、情感分析，为提高社会公共服务、智慧化调整产业提供参考性建议。

5. 地理位置分析

现在很多社交媒体中加入了GPS定位服务，用户将当前的位置信息通过移动设备上传，由此产生了签到数据。这些签到数据与其他行业数据结合起来进行分析，可能会带来新的销售或者服务的机会。例如，将用户的位置信息与银行信用卡的消费信息结合起来分析，可以根据用户当前所在的位置与消费喜好，为其推荐周边购物或者餐饮的优惠信息，并且不断学习提升精准广告投放的质量。

6. 产品口碑分析

社交网络上用户口碑传播是一种高效的传播方式。通过对社交网络上用户评价、留言等信息分析，商家可以了解消费者对不同产品特征的倾向性，从而更好地改善产品设计等。另外，通过社交网络掌握用户的社交关系，利用社交好友对产品的口碑向用户推荐产品。已有的研究证明，用户更容易购买社交好友推荐或喜欢的物品，目前淘宝销售的一个重要推动就是好友推荐，而 Facebook 在 2013 年就推出了搜索“我朋友喜爱的餐厅”的功能。

8.1.2 电子商务中的大数据应用

近年来，淘宝、京东等网络零售第三方平台和电子商务网站蓬勃发展，聚集了大量的经营者、消费者和商品服务，并因此而衍生出了大量的数据，利用大数据理论和技术，对网络购物、网络消费、网络团购、网络支付等数据进行深度挖掘、深入分析，发现有价值的信息与统计规律，对布局和推动今后中国互联网经济的健康有序发展、对进一步规范经营者和消费者的电子商务活动、加强国家对该领域的宏观调控和监管等，均将产生积极的影响。

1. 针对最终消费者的个性化推荐

建立个性化推荐是电子商务行业大数据的一个重要应用。个性化推荐是根据用户的兴趣特点和购买行为，向用户推荐其感兴趣的信息和商品，电子商务平台目前主要通过积累和挖掘用户消费过程的行为数据，来为消费者提供商品推荐服务。某些电子商务平台还将时间、地理位置、社交网络等因素融入用户行为中，进一步进行精准推荐。在实际的推荐系统中，主要利用的是机器学习、自然语言理解、大数据分布式存储和并行处理等技术。

个性化推荐在电子商务企业中的应用已经非常广泛，例如，亚马孙和当当就利用用户消费过程中行为数据的相关性分析，为用户提供相关书目的推荐服务。推荐系统是基于用户购买行为数据，利用在学术领域被称为“客户队列群体发现”的基本算法，用链接在逻辑和图形上表示客户队列群体，推荐系统的分析很多都涉及特殊的链接分析算法。推荐系统分析具有多元化维度，既可以根据客户的购买喜好为其推荐相关书目，也可以根据客户的社交网络进行推荐。而传统的推荐分析方法，需要先选取客户样本，将客户与其他客户对比，找到相似性再进行推荐，但是传统推荐系统的准确性较低，现在的推荐系统采取大数据分析技术后，大大提高了分析的准确性。

2. 针对商家的推荐

电子商务平台针对的用户主要分为两类，一类是最终消费者，另一类就是商家，然而目前针对商家的大数据应用服务还较少。一方面，相对于最终消费者，商家更注重数据的隐私性，对于某些数据他们不愿意被第三方获知；另一方面，商家的许多商业行为并不都是在线上完成的，有很多是在线下完成的，平台难以获得较为全面的数据。促进商家开放数据或者部分数据，需要在数据安全、数据使用的商业模式和技术等多个层面的创新，以及观念的改变才能实现，还需要一定的时间。然而，针对商家数据的分析的确具有很高的价值。例如，通过对商家进货、库存、销售、客户关系等多方位数据的获取和分析，可以有效地为商家推荐优质的上下游业务，帮助商家建立起上下游的产业链关系；可以通过平台对数据进行分析，为商家推送有关税收、融资、法律等于企业经营相关的专业服务，帮助商家更好地发展，帮助政府更好对企业进行监管和扶持。目前，国内专注于企业领域的一些公司在大力开展这方面的工作。

3. 网络广告

利用大数据方法和技术，可深入分析网络广告的效果及其对商品销售等的影响、广告“读者”对之的反应等。比如，现在网站一般都记录包括每次用户会话中每个页面事件的海量数据。这样就可以在很短的时间内完成一次广告位置、颜色、大小、用词和其他特征的实验，当实验表明广告中的这种特征更改促成了更好的点击行为，这个更改和优化就可以实时实施。

8.1.3 其他互联网服务中的大数据应用

除了社交网络、电子商务两个典型的互联网应用之外，互联网还包括搜索网站、网络新闻、网上视频和网络游戏等应用项目，大数据时代的到来给这些互联网应用带来了新的机遇和挑战。

1. 基于用户行为分析的网络信息推荐

利用大数据理论方法和技术，通过对网络阅读、搜索内容、习惯、爱好、行为、关键词等的深入分析，可为新闻门户网站的建设、搜索引擎技术的改进、互联网舆情的监控和引导等提供依据。另外，通过对用户访问行为的分析，也可以为网络新闻、搜索引擎提升服务提供参考意见。用户行为分析可以从行为载体和行为效果两个维度进行分类。从用户行为的产生方式和载体来分析用户行为，主要包括如下几点。

（1）鼠标点击和移动行为分析。互联网上最多的用户行为基本都是通过鼠标来完成的，分析鼠标点击和移动轨迹是用户行为分析的重要部分。目前国内外很多大公司都有自己的系统，用于记录和统计不同程度上的用户鼠标行为。此外，据了解，目前国内的很多第三方统计网站也可以为中小网站和企业提供鼠标移动轨迹等记录。

（2）移动终端的触摸和点击行为。随着新兴的多点触控技术在智能手机上的广泛应用，触摸和点击行为能够产生更加复杂的用户行为，有必要对此类行为进行记录和分析。

（3）键盘等其他设备的输入行为。此类设备主要是为了满足不能通过简单点击等进入输入的场景，如大量内容输入。键盘的输入行为不是用户行为分析的重点，但键盘产生的内容却是大数据应用中内容分析的重点。

（4）眼球、眼动行为。基于此种用户行为的分析在国内外有较多的应用，目前在国内有很多领域也有类似用户研究的应用，通过研究用户的眼球移动和停留等，可以更容易了解界面上哪些元素更受到用户关注，哪些元素设计的合理或不合理等。

基于以上这 4 类媒介，用户对待不同的信息可以产生千奇百怪、形形色色的行为，可以通过对这些行为的数据记录和分析，更好地指导新闻门户网站的建设、搜索引擎技术的改进等。通过对这些网站数据进行不同方法的建模和推导分析，就可以得出有价值的数据结果，进而更好地分析出用户的喜好、需求及关注点，并据此推荐相关信息给用户。

2. 基于大数据分析的网络娱乐服务

网络视频、网络游戏、网上预订等为互联网时代的民众带来了新的娱乐形式和生活方式，带动了新的经济增长，利用大数据方法和技术对此进行深入分析，可更好地发现民众新的娱乐形式和爱好，掌握网民的网络习性和规律。为更好地推出网络娱乐和网络预订产品与服务，推动全社会经济发展，同时也为保障青少年上网安全等提供依据。

对于网络游戏来说，越来越多的游戏厂商也意识到了大数据分析的重要性，特别是对于游戏的研发和运营中的三个重要环节的作用，即降低用户获取成本，提高用户留存和用户付费率及付费额。他们开始建立实时大数据平台收集用户在游戏中的行为数据，通过分析理解每个用户如何玩游戏、他们的动机和潜在价值，来调整游戏的设计，并对这些用户进行实时自动的营销，以更好地满足这些用户的需求。例如，基于游戏内用户行为利用数据挖掘和机器学习算法对每个用户进行评估和分类，然后可以使用这些细节的用户类别，推送及时、相关和个性化的消息来留住用户。同时基于行为数据对用户细分后，还可以进行跨游戏的用户营销，对不同的用户类型推送不同类型的游戏。

然而，面向游戏的大数据分析仍有三个挑战，第一个挑战是数据质量，不同的游戏之间或者不同玩家数据的预处理面临的问题，是接口不规范、杂乱无章导致数据比较差，如果能够选出高质量的数据。第二个挑战是在用户的隐私和个性化之间找到一个平衡点，这对整合互联网上的用户行为分析来说都是有挑战的问题，这个挑战不光是技术，还有政策法规。第三个挑战是未来跨设备、跨平台、跨应用的手机游戏，网页游戏和电视游戏将为用户提供更加无缝的娱乐体验，如何收集用户的完整的行为数据，以了解他们的需求将是挑战性的任务，同时如何将大数据中的预测性分析技术应用于游戏分析，提供更加个性化的游戏成为未来的另一个方向。

此外，网上预订旅行产品、旅行行程、车票机票等，已成为一项非常重要的互联网服务和应用，并因此聚类了大量的有关游客/乘客，景区/景点，宾馆/饭店等的数据，利用大数据方法和技术对此做深入、精细分析，可为更好的布局和推动我国旅游经济和假日经济的发展，更好地为游客提供旅游产品和服务，更好地建设景区和景点等提供参考和依据。

总之，通过对新兴的大数据理论和技术对互联网应用的分析，能够掌握行业现状，发现潜在问题，谋划未来发展，推动互联网和大数据这两个新兴领域的结合、互动，推动二者的共同繁荣。

8.2 大数据采集技术

8.2.1 大数据采集概述

大数据的数据采集是在确定用户目标的基础上，针对该范围内所有结构化、半结构化和非结构化的数据的采集。采集后对这些数据进行处理，从中分析和挖掘出有价值的信息。在大数据的采集过程中，其主要特点和面临的挑战是成千上万的用户同时进行访问和操作而引起的高并发数。如 12306 火车票售票网站，在 2015 年春运火车票售卖的最高峰时段，网站访问量在一天之内达到破纪录的 297 亿次。

大数据出现之前，计算机所能处理的数据都需要在前期进行相应的结构化处理，并存储在相应的数据库中。但大数据技术对于数据的结构要求大大降低，互联网上人们留下的社交信息、地理位置信息、行为习惯信息、偏好信息等各种维度的信息都可以实时处理，传统的数据采集与大数据的数据采集对比如表 8-1 所示。

表 8-1 传统的数据采集与大数据的数据采集对比

项目	传统的数据采集	大数据的数据采集
数据来源	来源单一，数据量相对较小	来源广泛，数据量巨大
数据类型	结构单一	丰富，包括结构化、半结构化、非结构化
数据处理	关系型数据库和并行数据仓库	分布式数据库

8.2.2 大数据采集的数据来源

按照数据来源划分，大数据的三大主要来源为商业数据、互联网数据与物联网数据。其中，商业数据来自于企业 ERP 系统、各种 POS 终端及网上支付系统等业务系统；互联网数据来自于通信记录及 QQ、微信、微博等社交媒体；物联网数据来自于射频识别装置、全球定位设备、传感器设备、视频监控设备等。

1. 商业数据

商业数据是指来自于企业 ERP 系统、各种 POS 终端及网上支付系统等业务系统的数据，商业数据是现在最主要的数据来源渠道。

世界上最大的零售商沃尔玛每小时收到 2.5PB 数据，存储的数据量是美国国会图书馆的 167 倍。沃尔玛详细记录了消费者的购买清单、消费额、购买日期、购买当天天气和气温，通过对消费者的购物行为等非结构化数据进行分析，发现商品关联，并优化商品陈列。沃尔玛不仅采集这些传统的商业数据，还将数据采集的触角伸入到了社交网络数据。当用户在 Facebook 和推特谈论某些产品或者表达某些喜好时，这些数据都会被沃尔玛记录下来并加以利用。

亚马孙公司拥有零售业先进的数字化仓库，通过对数据的采集、整理和分析，可以优化产品结构，开展精确营销和快速发货。另外，亚马孙的 Kindle 电子书城中积累了上千万本图书的数据，并完整记录了读者们对图书的标记和笔记，若加以分析，亚马孙能从中得到哪类读者对哪些内容感兴趣，从而能给读者作出准确的图书推荐。

2. 互联网数据

互联网数据是指网络空间交互过程中产生的大量数据，包括通信记录及 QQ、微信、微博等社交媒体产生的数据，其数据复杂且难以被利用。例如，社交网络数据所记录的大部分是用户的当前状态信息，同时还记录着用户的年龄、性别、所在地、教育、职业和兴趣等。

互联网数据具有大量化、多样化、快速化等特点。

大量化：在信息化时代背景下，网络空间数据增长迅猛，数据集合规模已实现从 GB 到 PB 的飞跃，互联网数据则需要通过 ZB 表示。在未来互联网数据的发展中还将实现近 50 倍的增长，服务器数量也将随之增长，以满足大数据存储。

多样化：互联网数据的类型多样化，例如结构化数据、半结构化数据和非结构化数据。互联网数据中的非结构化数据正在飞速增长，据相关调查统计，在 2012 年年底非结构化数据在网络数据总量中占 77%左右。非结构化数据的产生与社交网络以及传感器技术的发展有直接联系。

快速化：互联网数据一般情况下以数据流形式快速产生，且具有动态变化的特征，其时效性要求用户必须准确掌握互联网数据流才能更好地利用这些数据。

互联网是大数据信息的主要来源，能够采集什么样的信息、采集到多少信息及哪些类型的信息，直接影响着大数据应用功能最终效果的发挥。而信息数据采集需要考虑采集量、采集速度、采集范围和采集类型。信息数据采集速度可以达到秒级以上；采集范围涉及微博、论坛、博客、新闻网、电商网站、分类网站等各种网页；而采集类型包括文本、数据、URL、图片、音频、视频等。

3. 物联网数据

物联网是指在计算机互联网的基础上，利用射频识别、传感器、红外感应器、无线数据通信等技术，构造一个覆盖世界上万事万物的 The Internet of Things，也就是“实现物物相连的互联网络”。其内涵包含两个方面意思：一是物联网的核心和基础是互联网，是在互联网基础上延伸和扩展的一种网络；二是其用户端延伸和扩展到了任何物品和物品之间进行信息交换和通信。物联网的定义是：通过射频识别装置、传感器、红外感应器、全球定位系统、激光扫描器等信息传感设备，按约定的协议把任何物品与互联网相连接，以进行信息交换和通信，从而实现智慧化识别、定位、跟踪、监控和管理于一体的网络体系。

物联网数据是除了人和服务器之外，射频识别、物品、设备、传感器等节点产生的大量数据，包括射频识别装置、音频采集器、视频采集器、传感器、全球定位设备、办公设备、家用设备和生产设备等产生的数据。物联网数据的特点主要包括以下几点。

物联网中的数据量更大。物联网的最主要特征之一是节点的海量性，其数量规模远大于互联网；物联网节点的数据生成频率远高于互联网，如传感器节点多数处于全时工作状态，数据流是持续的。

物联网中的数据传输速率更高。由于物联网与真实物理世界之间关联，很多情况下需要实时访问、控制相应的节点和设备，因此需要高数据传输速率来支持。

物联网中的数据更加多样化。物联网涉及的应用范围广泛，包括智慧城市、智慧交通、智慧物流、商品溯源、智能家居、智慧医疗、安防监控等；在不同领域、不同行业，需要面对不同类型、不同格式的应用数据，因此物联网中数据多样性更为突出。

物联网对数据真实性的要求更高。物联网是真实物理时间与虚拟信息世界的结合，其对数据的处理以及基于此进行的决策将直接影响物理世界，物联网中数据的真实性显得尤为重要。

以智能安防应用为例，智能安防行业已从大面积监控布点转变为注重视频智能预警、分析和实战，利用大数据技术从海量的视频数据中进行规律预测、情景分析、串并侦查、时空分析等。在智能安防领域，数据的产生、存储和处理是智能安防解决方案的基础，只有采集足够有价值的安防信息，通过大数据分析以及综合研判模型，才能制定智能安防决策。

所以在信息社会中，几乎所有行业的发展都离不开大数据的支持。

8.2.3 大数据采集的技术方法

数据采集技术是信息科学的重要组成部分，已广泛应用于国民经济和国防建设的各个领域，并且随着科学技术的发展，尤其是计算机技术的发展与普及，数据采集技术具有更广阔的发展前景。大数据的采集技术为大数据处理的关键技术之一。

1. 系统日志采集方法

很多互联网企业都有自己的海量数据采集工具，多用于系统日志采集，如 Hadoop 的 Chukwa、Cloudera 的 Flume、Facebook 的 Scribe 等。这些系统采用分布式架构，能满足每秒数百 MB 的日志数据采集和传输需求。例如，Scribe 是 Facebook 开源的日志收集系统，能够从各种日志源上收集日志，存储到一个中央存储系统上，以便于进行集中统计分析处理。它为日志的“分布式收集，统一管理”提供了一个可扩展的、高容错的方案。

2. 非结构化数据的采集

非结构化数据的采集就是针对所有非结构化的数据的采集，包括企业内部数据的采集和网络数据采集等。企业内部数据的采集是对企业内部各种文档、视频、音频、邮件、图片等数据格式之间互不兼容的数据采集，具体采集方案在此不再详述。

网络数据采集是指通过网络爬虫或网站公开 API 等方式，从网站上获取互联网中相关网页内容的过程，并从中抽取出用户所需要的属性内容。互联网网页数据处理就是对抽取出来的网页数据进行内容和格式上的处理、转换和加工，使之能够适应用户的需求，并将之存储下来，供以后使用。该方法可以将非结构化数据从网页中抽取出来，将其存储为统一的本地数据文件，并以结构化的方式存储。它支持图片、音频、视频等文件或者附件的采集，附件与正文可以自动关联。除了网络中包含的内容之外，对于网络流量的采集可以使用 DPI 或 DFI 等带宽管理技术进行处理。

网络爬虫是一种按照一定的规则，自动地抓取万维网信息的程序或者脚本，是一个自动提取网页的程序，它为搜索引擎从万维网上下载网页，是搜索引擎的重要组成部分。

网络数据采集和处理的整体过程如图 8-1 所示，包含四个主要模块：网络爬虫（Spider）、数据处理（Data Process）、URL 队列（URL Queue）和数据（Data）。

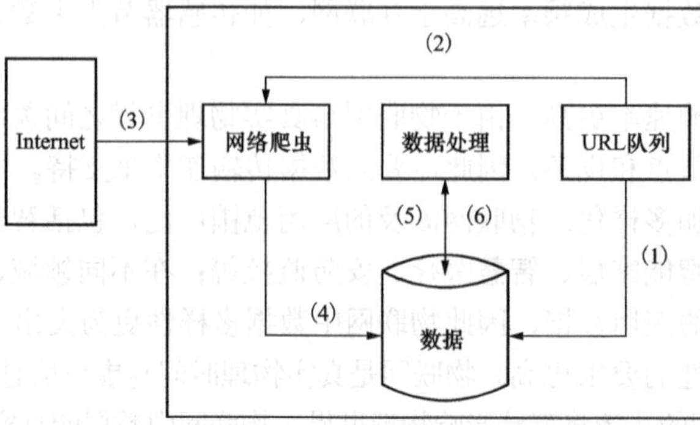

图 8-1 网络数据采集和处理流程

这四个主要模块的功能如下。

（1）网络爬虫：从 Internet 上抓取网页内容，并抽取出需要的属性内容。

（2）数据处理：对爬虫抓取的内容进行处理。

（3）URL 队列：为爬虫提供需要抓取数据网站的 URL。

（4）数据。包含 Site URL、Spider Data 和 Dp Data。其中，Site URL 是需要抓取数据网站的 URL 信息；Spider Data 是爬虫从网页中抽取出来的数据；Dp Data 是经过数据处理之后的数据。

整个网络数据采集和处理的基本步骤如下。

（1）将需要抓取数据的网站 URL 信息写入 URL 队列。

（2）爬虫从 URL 队列中获取需要抓取数据的网站 URL 信息。

（3）爬虫从 Internet 抓取与网站 URL 对应的网页内容，并抽取出网页特定属性的内容值。

（4）爬虫将从网页中抽取出的数据写入数据库。

（5）Dp 读取 Spider Data 并进行处理。

（6）Dp 将处理之后的数据写入数据库。

目前网络数据采集的关键技术为链接过滤，其实质是判断一个链接是不是在一个链接集合里。在对网页大数据的采集中，可以采用布隆过滤器（Bloom Filter）来实现对链接的过滤。

3. 其他数据采集方法

对于企业生产经营数据或科学研究数据等保密性要求较高的数据，可以通过与企业或研究机构合作，使用特定系统接口等相关方式采集数据。

尽管大数据技术层面的应用可以无限广阔，但由于受到数据采集的限制，能够用于商业应用、服务于人们的数据要远远小于理论上大数据能够采集和处理的数据。因此，解决大数据的隐私问题是数据采集技术的重要目标之一。现阶段的医疗机构数据更多来源于内部，外部的数据没有得到很好的应用。对于外部数据，医疗机构可以考虑借助如百度、阿里、腾讯等第三方数据平台解决数据采集难题。例如，百度推出的疾病预测大数据产品，可以对全国不同的区域进行全面监控，智能化地列出某一地级市和区域的流感、肝炎、肺结核等常见疾病的活跃度、趋势图等，进而有针对性地进行预防，从而降低染病的概率。在医疗领域，通过大数据的应用可以更加快速清楚地预测到疾病发展的趋势，这样在大规模暴发疾病时，能够提前做好预防措施和医疗资源的储蓄和分配，优化医疗资源。

8.3 大数据预处理技术

要对海量数据进行有效的分析，应该将这些来自前端的数据导入到一个集中的大型分布式数据库或者分布式存储集群，并且可以在导入基础上做一些简单的清洗和预处理工作。导入与预处理过程的特点和挑战主要是导入的数据量大，通常用户每秒钟的导入量会达到百兆，甚至千兆级别。

大数据的多样性决定了通过多种渠道获取的数据种类和数据结构都非常复杂，这就给之后的数据分析和处理带来了极大的困难。通过大数据的预处理这一步骤，将这些结构复杂的数据转换为单一的或便于处理的结构，为以后的数据分析打下良好的基础。由于所采集的数据里并不是所有的信息都是必需的，而是掺杂了很多噪声和干扰项，因此还需要对这些数据进行“去噪”或“清洗”，以保证数据的质量和可靠性。常用的方法是在数据处理的过程中设计一些数据过滤器，通过聚类和关联分析的规则方法将无用或错误的离群数据挑出来过滤掉，防止其对最终数据结果产生不利影响，然后将这些整理好的数据进行集成和存储。现在一般的解决方法是将针对特定种类的数据信息分门别类放置，可以有效地减少数据查询和访问的时间，提高数据提取速度，大数据处理流程如图 8-2 所示。

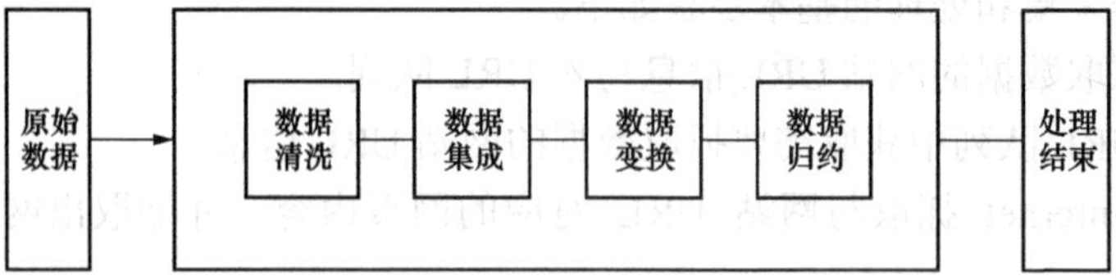

图 8-2　大数据处理流程

8.3.1　数据清洗

数据清洗主要是针对脏数据而采取的保障数据质量的方法，它主要根据一定规则和策略，通过检测、统计、匹配、合并等方法，并利用有关技术，如数理统计、数据挖掘或预定义的数据清洗规则，将脏数据转化成满足数据质量要求的数据并输出。数据清洗过程如图 8-3 所示。

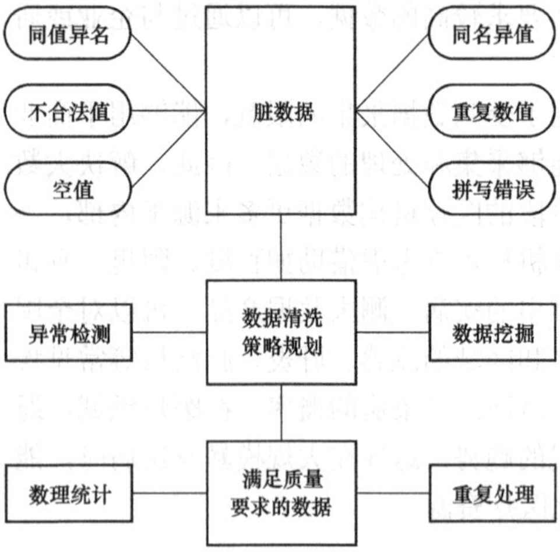

图 8-3　数据清洗过程

图 8-3 表示出了数据清洗的过程，首先，识别脏数据，也就是从数据源中抽取脏数据，如同值异名数据、值不合法数据、数值重复数据等。其次，进行规则和策略的选择，这些根据数据清洗策略和规则包括异常检测、数理统计、数据挖掘、重复处理等。最后，合并、排序并输出，这一过程可能会用到数理统计、重复处理等方法。经过这些方法的处理，输出满足质量要求的数据。

1. 空缺数据的清洗

空缺数据指的是得到的信息表是不完备的，该信息表中的某些字段是遗漏的，从而造成我们无法得知其原始值。常用的处理空缺数据有以下几种方法。

（1）删除含空缺值的记录。如果某一记录的空缺值很多，而且该记录对所研究的问题不是特别重要，则可以考虑将该记录删除。但是，删除含空缺值的记录适合纪录非常大的情况，这是因为当数据记录数量非常大时，删除含空缺值的记录对信息的完整性影响不是很显著。

（2）空缺数据特殊标记。该方法是用一个特殊符号代表空缺值，同时保留数据集中的全部含空缺值的记录。但是，在具体计算时只采用有完整信息的记录。

（3）统计估算。统计估算方法是采用统计学原理，根据其他记录的属性值的分布情况，对空缺数据进行估计补充。

2. 重复记录的清洗。

重复记录包含两个方面的含义，一个是相同重复记录，另一个是相似重复记录。相同重复记录是指两条或多条记录所有的属性值都相同。产生重复记录的原因很多，包括数据录入不正确、缺乏约束限制、数据本身不完整等。相似重复记录指客观现实世界的同一对象，由于表述方式的不同或其他原因，造成数据库不能识别其为相同的重复的记录。

清除数据源中的相同重复记录和相似重复记录，必须先通过某种方法检测出重复记录，然后采取一定的策略清洗掉这些重复记录。比较好的重复记录清洗方法是先将数据库中的记录排序，然后通过匹配相邻记录是否相等来检测重复记录。重复记录清洗的过程如下。

（1）记录排序。记录排序包括两个阶段，第一个阶段为预处理阶段，这一阶段主要是指定初步的记录匹配策略，建立算法库和规则库；第二个阶段为初步聚类阶段，该阶段主要对数据库中的记录进行阈值比较和初步排序。

（2）相似记录匹配监测。相似记录匹配监测包括三个方面内容。首先，进行字段匹配，主要是指通过调用算法库中的字段匹配算法，计算出所选记录的字段相似度；其次，进行记录匹配，即根据字段在两条记录中相似度的重要程度，为每个字段赋予不同的权重。然后调用算法库中的记录匹配算法，根据字段匹配的相似度结果，计算出记录的相似度，判断是否为重复记录；最后，进行重复记录检测，重复记录检测指调用数据库中检测重复记录的算法，对整个数据集中的重复记录进行监测。

（3）重复记录合并/消除。重复记录合并/消除是指根据已定义规则库中的合并/清除原则，对重复记录进行合并或清除，只保留其中正确的记录。

3. 噪声数据清除

噪声数据是指包含错误的数据或存在偏离期望值的孤立值。这些错误的数据可能是由于数据源本身无法得到完全精确的数据，或者是由于收集数据的设备性能不高或出现故障，人员疏忽，数据传输过程中受到干扰，从而造成数据源中记录字段的值和实际的值不相符，产生噪声数据。

噪声数据处理是数据清洗过程中的一个重要环节。在对含有噪声数据进行处理的过程中，现有的方法通常是找到这些孤立于其他数据的记录并删除掉。其缺点是通常只有一个属性上的数据需要删除或修正，将整条记录删除会丢失大量有用的干净的信息。在数据仓库技术中，数据处理过程通常应用在数据仓库之前，其目的是提高数据的质量，使后继的联机处理分析和数据挖掘应用得到尽可能正确的结果。值得注意的是，这个过程也可以反过来，即利用数据挖掘的一些技术来进行数据处理，提高数据质量。

噪声数据的处理包含三个步骤，首先，对数据进行分析判断，若为噪声数据，继续分析判断该数据是否可以引起噪声的属性；其次，如果该数据能够判定引起噪声的属性记录，则用正确的数据包含的信息对噪声数据进行校正；如果该数据不能判定引起噪声的属性记录，根据“garbage in，garbage out”原则，判定引起噪声的属性，然后进行校正；最后，利用统计方法对校正过程中生成的噪声进行统计，并列出其分布，然后对噪声数据进行处理。

8.3.2 数据集成

数据集成的目的是运用一定的技术手段，将各个独立系统的数据按一定规则组织成一个整体，使得其他系统或者用户能够有效地对数据进行访问。数据集成是现有企业应用集成解决方案中最普遍的一种形式。数据处于各种应用系统的中心，大部分的传统应用都是以数据驱动的方式进行开发。之所以进行数据集成，是因为数据分散在众多具有不同格式和接口的系统中，系统之间互不关联，所包含的不同内容之间互不相通。因此需要一种能够轻松访问特定异构数据库数据的能力。

1. 数据集成的概念

数据集成是指将不同应用系统、不同数据形式，在原应用系统不做任何改变的条件下，进行数据采集、转换和存储的数据整合过程。

2. 数据集成面临的问题

在信息系统建设过程中，由于受各子业务系统建设中具体业务要求和实施本业务管理系统的阶段性、技术性以及其他经济和人为因素等影响，导致在发展过程中积累了大量采用不同存储方式的业务数据。包括所采用的数据管理系统也大不相同，从简单的文件数据库到复杂的关系型数据库，它们构造了企业的异构数据源。异构数据源集成是数据库领域的经典问题，在构建异构数据源集成系统时，主要会面对以下几个方面的问题。

（1）异构性。异构性是异构数据集成必须面临的首要问题，其主要表现在两方面：系统异构，数据源所依赖的应用系统、数据库管理系统乃至操作系统之间的不同构成了系统异构；模式异构，数据源在存储模式上的不同，一般的存储模式，包括关系模式、对象模式、对象关系模式和文档模式等几种，其中关系模式为主流存储模式，需要指出的是，即便是同一类存储模式，它们的模式结构可能也存在着差异。

（2）完整性。异构数据，源数据集成的目的是为应用提供统一的访问支持，为了满足各种应用处理数据的条件，集成后的数据必须保证完整性，包括数据完整性和数据集成的方法及技术；数据集成，在企业数据集成领域，已经有了很多成熟的框架可以使用，目前通常采用基于中间件模型和数据仓库等方法来构造集成的系统，这些技术在不同的着重点和应用上解决数据共享和为企业提供决策支持。

面对以上几个方面的问题，产生了相关的数据变换技术和数据集成技术。

8.3.3　数据变换

数据变换是将数据转换成适合挖掘的形式。数据变换是采用线性或非线性的数学变换方法将多维数据压缩成较少维数的数据，消除它们在时间、空间、属性及精度等特征表现方便的差异，如表8-2所示。

表8-2　数据变换方法分类

数据变换方法分类	作用
数据平滑	去噪，将连续数据离散化
数据聚集	对数据进行汇总
数据概化	用高层概念替换，减少复杂度
数据规范化	使数据按比例缩放，落入特定区域
属性构造	提高数据的准确性，加深对高维数据结构的理解

数据变换涉及的内容如下。

（1）数据平滑：消除噪声数据。去除源数据集中的噪声数据和无关数据，处理遗漏数据和清洗脏数据。

（2）数据聚集：对数据进行汇总和聚集。例如，可以聚集日门诊量数据，计算月和年门诊数。

（3）数据概化：使用概念分层，用高层次概念替换低层次“原始”数据。

（4）数据规范化：将属性数据按比例缩放，使之落入一个小的特定区间，如［0.1～1.0］。规范化对于某些分类算法特别有用。

（5）属性构造：基于其他属性创建一些新属性。

8.3.4　数据归约

数据归约是从数据库或数据仓库中选取并建立使用者感兴趣的数据集合，然后从数据集合中过滤掉一些无关、偏差或重复的数据。数据归约的主要方法，如表 8-3 所示。

表 8-3　数据归方法分类

数据归约方法分类	技术
维归约	数据方法选择等
数据压缩	小波变换、主成分分析、分形技术
数值归约	回归、直方图、聚类等
离散化和概念分层	分箱技术、基于熵的离散化等

（1）维归约：通过删除不相关的属性（或维）减少数据量。维归约不仅会压缩数据集，还会减少出现在发现模式上的属性数目。

（2）数据压缩：应用数据编码或变换，得到源数据的归约或压缩表示。数据压缩分为无损压缩和有损压缩。

（3）数值归约：通过选择替代的、较小的数据表示形式来减少数据量。

（4）离散化和概念分层：通过收集并用较高层的概念替换较低层的概念来定义数值属性的一个离散化。

8.4　大数据存储及管理技术

分布式存储与访问，是大数据存储的关键技术，具有经济、高效、容错好等特点，分布式存储技术与数据存储介质的类型和数据的组织管理形式直接相关。目前的主要数据存储介质类型包括内存、磁盘、磁带等，主要数据组织管理形式包括按行组织、按列组织、按键值组织和按关系组织，主要数据组织管理层次包括按块级组织、文件级组织及数据库级组织等。

不同的存储介质和组织形式，对应于不同的大数据特征和应用特点。

8.4.1　分布式文件系统

分布式文件系统是由多个网络节点组成的向上层应用提供统一文件服务的文件系统。分布式文件系统中的每个节点可以分布在不同的地点，通过网络进行节点间的通信和数据传输。分布式文件系统中的文件在物理上可能被分散存储在不同的节点上，在逻辑上仍然是一个完整的文件。使用分布式文件系统时，无须关心数据存储在哪个节点上，只需像本地文件系统一样管理和存储文件系统的数据。

分布式文件系统的性能与成本是线性增长的关系，它能够在信息爆炸时代有效解决数据的存储和管理，分布式文件系统在大数据领域是最基础的、最核心的功能组件之一，如何实现一个高扩展、高性能、高可用的分布式文件系统是大数据领域最关键的问题之一。常用的分布式磁盘文件系统有，HDFS、GFS、KFS等，常用的分布式内存文件系统有Tachyon等。

8.4.2 文档存储

文档存储支持对结构化数据的访问。关系模型不同的是文档存储没有强制的架构，事实上，文档存储以封包键值对的方式进行存储。在这种情况下，应用对要检索的封包采取一些约定，或者利用存储引擎的能力将不同的文档划分成不同的集合以管理数据。

与关系模型不同的是，文档存储模型支持嵌套结构。例如，文档存储模型支持XML和JSON文档，字段的“值”又可以嵌套存储其他文档。文档存储模型也支持数组和列值键。

与键值存储不同的是，文档存储关心文档的内部结构。这使得存储引擎可以直接支持二级索引，从而允许对任意字段进行高效查询。支持文档嵌套存储的能力，使得查询语言具有搜索嵌套对象的能力，XQuery就是一个例子，主流的文档数据库有MongoDB、CouchDB、Terastore、RavenDB等。

8.4.3 列式存储

列式存储将数据按行排序，按列存储，将相同字段的数据作为一个列族来聚合存储。当只查询少数列族数据时，列式数据库可以减少读取数据量，减少数据装载和读入读出的时间，提高数据处理效率，按列存储还可以承载更大的数据量，获得高效的垂直数据压缩能力，降低数据存储开销。使用列式存储的数据库产品有传统的数据库仓库产品，如SybaseIQ、InfiniDB等；也有开源的数据库产品，如Hadoop Hbase等。

8.4.4 键值存储

键值存储（Key-Value存储，KV存储）是NoSQL存储的一种方式。它的数据按照键值对的形式进行组织、索引和存储。KV存储非常适合不涉及过多数据关系和业务关系的业务数据，同时能有效减少读写磁盘的次数，比SQL数据库存储拥有更好的读写性能。键值存储一般不提供事务处理机制。主流的键值数据库产品有Redis、Apache Cassandra等。

8.4.5 图形数据库

图形数据库主要用于存储事物及事物之间的相互关系，这些事物整体上呈现复杂的网络关系，这些关系可以简单地称为图形数据。使用传统的关系数据库技术已经无法很好地满足超大量图形数据的存储、查询等需求，如上百万和上千万个节点的图形关系，而图形数据库可以采用不同的技术很好地解决图形数据的查询、遍历、求最短路径等需求。在图形数据库领域，有不同的图模型来映射这些网络关系，如超图模型，包含节点、关系属性信息的属性图模型等。图形数据库可以用于对真实世界的各种对象进行建模，如社交图谱，以反应这些事物之间的相互关系，主流的图形数据库有Google Pregel、Neo4j等。

8.4.6 关系数据库

关系模型是最传统的数据存储模型，它使用记录（由元组组成）按行进行存储，存储在表中，表由架构界定。表中的每个列都有名称和类型，表中的所有记录都要符合表的定义。SQL是专门的查询语言，提供相应的语法查找符合条件的记录，如表连接（Join）。表连接可以基于表之间的关系在多表之间查询记录。表中的记录可以被创建和删除，记录中的字段也可以单独更新。关系模型数据库通常提供事务处理机制，这为涉及多条记录的自动化处理提供了解决方案。对不同的编程语言而言，表可以被看成数组、记录列表或者结构。表可以使用 B 树和哈希表进行索引，以应对高性能访问。

传统的关系数据库厂商结合其他技术改进关系型数据库，如分布式集群、列式存储，支持 XML、JSON 等数据的存储。

8.4.7　内存存储

内存存储是指内存数据库将数据库的工作版本放在内存中，由于数据库的操作都在内存中进行，从而磁盘 I/O 不再是性能瓶颈，内存数据库系统的设计目标是提高数据库的效率和空间的利用率。内存存储的核心是内存存储管理模块，其管理策略的优劣直接关系到内存数据库系统的性能。

8.5　大数据分析及挖掘技术

8.5.1　大数据分析

1. 大数据分析面对的数据类型

有一个概念可以很清楚地区分大数据分析和其他形式的分析：要分析的数据有多大的数据量？数据规模如何？数据是否呈多样性？在过去，通常是从非常大的数据库中提取样本数据集，建立分析模型，然后通过测试再调整的过程加以改进。而现在，随着计算平台能够提供可扩展的存储和计算能力，可分析的数据量几乎不再受任何限制。这意味着实时预测性分析和访问大量正确的数据，可以帮助企业改善业绩。这样的机会取决于企业能否整合和分析不同类型的大数据。以下四大类数据就是大数据要分析的数据类型。

（1）交易数据。大数据平台能够获取时间跨度更大、更海量的结构化交易数据，这样就可以对更广泛的交易数据类型进行分析、不仅仅包括POS机或电子商务购物数据，还包括行为交易数据，例如 Web 服务器记录的互联网点击流数据日志。

（2）人为数据。非结构数据广泛存在于电子邮件、文档、图片、音频、视频，以及通过博客、维基，尤其是社交媒体产生的数据流。这些数据为使用文本分析功能进行分析提供了丰富的数据源。

（3）移动数据。能够上网的智能手机和平板越来越普遍。这些移动设备上的 App 都能够追踪和沟通无数事件，从 App 内的交易数据（如搜索产品的记录事件）到个人信息资料或状态报告事件（如地点变更即报告一个新的地理编码）。

（4）机器和传感器数据。机器和传感器数据包括功能设备创建和生成的数据，例如智能电表、智能温度控制器、工厂机器和连接互联网的家用电器生成的数据。这些设备可以配置为与互联网络中的其他节点通信，还可以自动向中央服务器传输数据，这样就可以对数据进行分析。机器和传感器数据是来自新兴的物联网（IoT）所产生的主要例子。来自物联网的数据可以用于构建分析模型，连续监测预测性行为（如当传感器值表示有问题时进行识别），提供规定的指令。

2. 大数据分析的五个基本方面

（1）预测性分析能力。数据挖掘可以让分析员更好地理解数据，而预测性分析可以让分析员根据可视化分析和数据挖掘的结果而做出一些预测性的判断。

（2）数据质量和数据管理。数据质量和数据管理是一些管理方面的最佳实践。通过标准化的流程和工具对数据进行处理可以保证一个预先定义好的高质量的分析结果。

（3）可视化分析。不管是对数据分析专家还是普通用户，数据可视化都是数据分析工具最基本的要求。可视化可以直观地展示数据，让数据自己说话，让观众听到结果。

（4）语义引擎。我们知道非结构化数据的多样性，给数据分析带来了新的挑战。我们需要一系列的工具去解析、提取、分析数据。语义引擎需要被设计成能够从文档中智能提取信息。

（5）数据挖掘算法。可视化是给人看的，数据挖掘就是给机器看的。集群、分割、孤立点分析，还有其他的算法让我们深入数据内部，挖掘价值。这些算法不仅要处理大数据的量，也要处理大数据的速度。

3. 数据分析的步骤

数据分析是用适当的统计分析方法对收集来的大数据进行分析，将它们加以汇总、理解并消化，以求最大化的开发数据的功能，发挥数据的作用。数据分析的目的是把隐藏在一大批看似杂乱无章的数据背后的信息集中和提炼出来，总结出研究对象的内在规律。

数据分析流程主要分为六个步骤。

（1）明确目的和思路。梳理分析思路，并搭建分析框架，把分析目的分解成若干个不同的分析要点，即如何具体开展数据分析，需要从哪几个角度进行分析，采用哪些分析指标（各类分析指标需合理搭配使用）。同时，确保分析框架的体系化和逻辑性。

（2）数据收集。一般数据来源于四种方式：数据库、第三方数据统计工具、专业调研机构的统计年鉴或报告、市场调查。对数据的收集需要预先做埋点，在发布前一定要经过谨慎的校验和测试，因为一旦版本发布出去而数据采集出了问题，就获取不到所需要的数据，影响分析效果。

（3）数据处理。数据处理主要包括数据清洗、数据转化、数据提取、数据计算等处理方法，将各种原始数据加工成为产品经理需要的直观的可看数据。

（4）数据分析。数据分析是用适当的分析方法及工具，对处理过的数据进行分析，提取有价值的信息，形成有效结论的过程。常用的数据分析工具，掌握 Excel 的数据透视表，就能解决大多数的问题，数据挖掘是一种高级的数据分析方法，侧重解决四类数据的分析问题：分类、聚类、关联和预测，重点在寻找模式与规律。

（5）数据展现。一般情况下，数据是通过表格和图形的方式来呈现的。常用的数据图表包括饼图、柱形图、条形图、折线图、气泡图、散点图、雷达图等。进一步加工整理变成我们需要的图形，如金字塔图、矩阵图、漏斗图、帕雷托图等。一般能用图说明问题的就不用表格，能用表说明问题的就不用文字。

(6)撰写报告。一份好的数据分析报告，首先需要有一个好的分析框架，并且图文并茂、层次明晰，能够让阅读者一目了然。结构清晰、主次分明可以使阅读者正确理解报告内容；图文并茂，可以令数据更加生动活泼，提高视觉冲击力，有助于阅读者更形象、直观地看清楚问题和结论，从而产生思考。好的数据分析报告需要有明确的结论、建议或解决方案。

8.5.2 数据挖掘技术

数据挖掘（Data Mining，DM）又称数据库中的知识发现（Knowledge Discover in Database，KDD），是目前人工智能和数据库领域研究的热点问题，所谓数据挖掘，是指从数据库的大量数据中揭示出隐含的、先前未知的并有潜在价值信息的非平凡过程。数据挖掘是一种决策支持过程，它主要基于人工智能、机器学习、模式识别、统计学、数据库、可视化技术等，高度自动化地分析企业的数据，做出归纳性的推理，从中挖掘出潜在的模式，帮助决策者调整市场策略，减少风险，做出正确的决策。下面介绍数据挖掘的一些常用技术。

1. 人工神经网络

人工神经网络（Artificial Neural Network，ANN）是 20 世纪 80 年代以来，人工智能领域兴起的研究热点。它从信息处理角度对人脑神经元网络进行抽象，建立某种简单模型，按不同的链接方式组成不同的网络。在工程与学术界也常直接简称为神经网络或类神经网络。神经网络是一种运算模型，由大量的节点（或称神经元）之间相互链接构成。每个节点代表一种特定的输出函数，称为激励函数。每两个节点间的连接都代表一个对于通过该连接信号的加权值，称为权重，这相当于人工神经网络的记忆。网络的输出则依网络的连接方式，权重值和激励函数的不同而不同。而网络自身通常都是对自然界某种算法或者函数的逼近，也可能是对一种逻辑策略的表达。

最近十多年来，人工神经网络的研究工作不断深入，已经取得了很大的进展，其在模式识别、智能机器人、自动控制、预测估计、生物、医学、经济等领域已经成功地解决了许多现代计算机难以解决的实际问题，表现出了良好的智能特性。

2. 决策树

决策树（Decision Tree，DT）是在已知各种情况发生概率的基础上，通过构成决策树来求取净现值的期望值大于等于零的概率，评价项目风险，判断其可行性的决策分析方法，是直观运用概率分析的一种图解法。由于这种决策分支画成图形很像一棵树的枝干，故称决策树。在机器学习中，决策树是一个预测模型，它代表的是对象属性与对象值之间的一种映射关系。决策树是一种树形结构，其中每个内部节点表示一个属性上的测试，每个分支代表一个测试输出，每个叶子节点代表一种类别。

分类树（决策树）是一种十分常用的分类方法。它是一种监管学习，所谓监管学习，就是给定一堆样本，每个样本都有一组属性和一个类别，这些类别是事先确定的，那么通过学习得到一个分类器，这个分类器能够对新出现的对象给出正确的分类。这样的机器学习就被称为监管学习。

3. 遗传算法

遗传算法（Genetic Algorithm，GA）是模拟达尔文生物进化论的自然选择和遗传学机理的生物进化过程的计算模型，是一种通过模拟自然进化过程搜索最优解的方法。

遗传算法是从代表问题可能潜在的解集的一个种群开始的，而一个种群则由经过基因编码的一定数目的个体组成。每个个体实际上是染色体带有特征的实体。染色体作为基因物质的主要载体，即多个基因的集合，其内部表现是某种基因组合，它决定了个体形状的外部特征，如黑头发的特征是由染色体中控制这一特征的某种基因组合决定的。因此，在一开始需要实现从表现型到基因型的映射，即编码工作。

由于仿照基因编码的工作很复杂，所以往往对其进行简化，如二进制编码，初代种群产生之后，按照适者生存和优胜劣汰的原理，逐代演化产生出越来越好的近似解。在每一代，根据问题域中个体的适应度大小选择个体，并借助于自然遗传学的遗传算子进行组合交叉和变异，产生出代表新的解集的种群。这个过程将导致种群像自然进化一样的后生代种群比前代更加适应于环境，末代种群中的最优个体经过解码可以作为问题近似最优解。

4. 邻近算法

邻近算法，或者说 k 最近邻（k-Nearest Neighbor，kNN）分类算法是数据挖掘分类技术中最简单的方法之一。所谓 k 最近邻，就是 k 个最近的邻居，说的是每个样本都可以用它最接近的 k 个邻居来代表。邻近算法如图 8-4 所示。

kNN 算法的核心思想是如果一个样本在特征空间中的 k 个最相邻的样本中的大多数属于某一个类别，则该样本也属于这个类别，并具有这个类别上样本的特性。该方法在确定分类决策上只依据最邻近的一个或几个样本的类别来决定待分样本所属的类别。

kNN 方法在类别决策时，只与极少量的相邻样本有关。由于 kNN 方法主要靠周围有限的邻近的样本，而不是靠判别类域的方法来确定所属类别的，因此，对于类域的交叉或重叠较多的待分样本集来说，kNN 方法较其他方法更为适合。

如图 8-5 所示，圆要被决定赋予哪个类，是三角形还是正方形？若 $k=3$，由于三角形所占比例为 2/3，圆将被赋予三角形那个类，若 $k=5$，由于正方形比例为 3/5，因此圆被赋予正方形类。

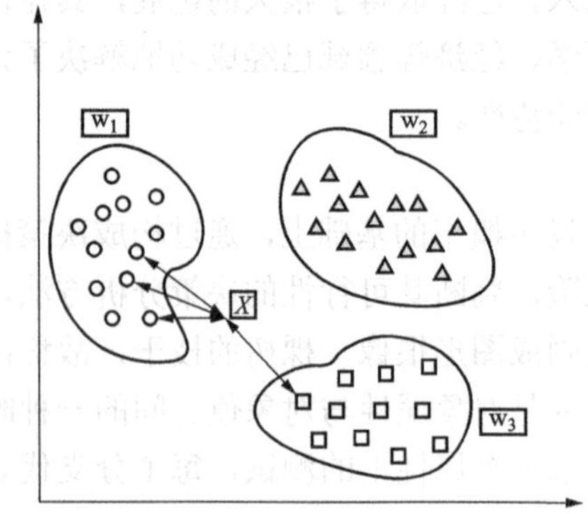

图 8-4　邻近算法图

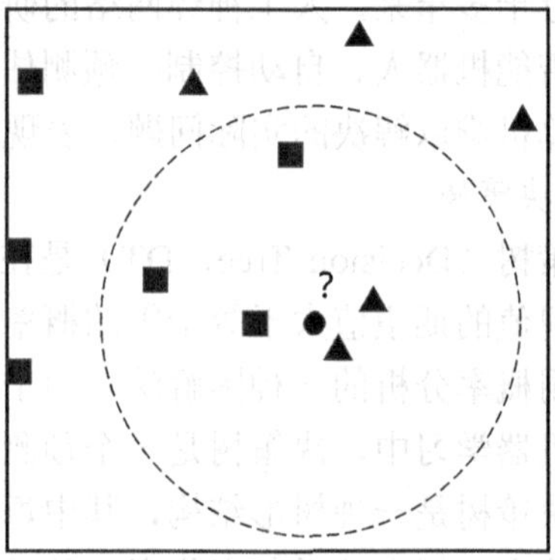

图 8-5　kNN 算法的决策过程

kNN 分类算法是一个理论上比较成熟的方法，也是最简单的机器学习算法之一。该方法的思路是：如果一个样本在特征空间中的 k 个最相似（即特征空间中最邻近）的样本中的大多数属于某一个类别，则该样本也属于这个类别。kNN 算法中，所选择的邻居都是已经正确分类的对象。该方法在定类决策上只依据最邻近的一个或几个样本的类别来决定待分样本所属的类别。kNN 方法虽然从原理上也依赖于极限定理，但在类别决策时，只与极少量的相邻样本有关。由于 kNN 方法主要靠周围有限的邻近的样本，而不是靠判别类域的方法来确定所属类别的，因此对于类域的交叉或重叠较多的待分样本集来说，kNN 方法较其他方法更为适合。

kNN 算法不仅可以用于分类，还可以用于回归。通过找出一个样本的 k 个最近邻居，将这些邻居属性的平均值赋给该样本，就可以得到该样本的属性。更有用的方法是将不同距离的邻居，对该样本产生的影响给予不同的权值，如权值与距离成反比。

8.6　大数据可视化技术

数据可视化技术包含以下几个基本概念：①数据空间，是指由 n 维属性和 m 个元素组成的数据集所构成的多维信息空间；②数据开发，是指利用一定的算法和工具对数据进行定量的推演和计算；③数据分析，是指对多维数据进行切片、块，旋转等动作剖析数据，从而能多维度、多侧面观察数据；④数据可视化，是指将大型数据集中的数据以图形图像形式表示，并利用数据分析和开发工具，发现其中未知信息的处理过程。

数据可视化已经提出了许多方法，这些方法根据其可视化的原理不同可以划分为基于几何的技术、面向像素技术、基于图标的技术、基于层次的技术、基于图像的技术和分布式技术等。

清晰而有效地在大数据与用户之间传递和沟通信息是数据可视化的重要目标，数据可视化技术将数据库中每一个数据项作为单个图元元素表示，大量的数据集构成数据图像，同时将数据的各个属性值以多维数据的形式表示，可以从不同的维度观察数据，从而对数据进行更深入的观察和分析。

（1）数据信息的符号表达技术。除了常规的文字符号和几何图形符号，各类坐标、图像阵列、图像动画等符号技术都可以用来表达数据信息。特别是多种符号的综合使用，往往能让用户获得不一样的沟通体验。各数据类型具体的符号表达技术包括各类报表、仪盘表、坐标曲线、地图、谱图、图像帧等。

（2）数据渲染技术。各类符号到屏幕图形阵列的二维平面渲染技术、三维立体渲染技术等。渲染关键技术还与具体媒介相关，如手机等移动终端上的渲染技术等。

（3）数据交互技术。除了各类 PC 设备和移动终端上的鼠标、键盘与屏幕的交互技术形式，还包括语音、指纹等交互技术。

（4）数据表达模型技术。数据可视化表达模型描述了数据展示给用户所需要的语言、文字和图形图像等符号信息，以及符号表达的逻辑信息和数据交互方式信息等。其中数据矢量从多维信息空间到视觉符号空间的映射与转换关系，是表达模型最重要的内容。数据值、数据趋势、数据对比、数据关系等表达技术都是表达模型中的重要内容。

大数据可视化与传统数据可视化技术和软件工具（如 BI）通常对数据库或数据仓库中的数据进行抽取、归纳和组合，通过不同的展示方式提供给用户，用于发现数据之间的关联信息。而大数据时代的数据可视化技术则需要结合大数据多类型、大体量、高速率、易变化等特征，能够快速地收集、筛选、分析、归纳、展现决策者所需要的信息，支持交互式可视化分析，并根据新增的数据进行实时更新。

当前，数据可视化技术是一个正在迅速发展的新兴领域，已经出现了众多的数据可视化软件和工具，如 Tableau、Datawatch、Platfora、R、D3.js、Processing.js、Gephi、ECharts、大数据魔镜等。许多商业的大数据挖掘和分析软件也包括了数据可视化功能，如 IBM SPSS、SAS Enterprise Miner 等。

（5）可视化设计与开发模型。大数据可视化产品设计开发，遵循一般软件开发的流程。产品研发趋势表现在如下三个方面：开发的对象从小数据到大数据；产品用户从少数专家扩展到广泛的不特定的群体；产品的实际应用强调可视化方法的可扩展性、开发的简捷性和系统的智能性。可视化设计开发模型包含三个方面：一是领域背景和应用场景，明确谁是目标用户；二是抽象，也就是将需求转化为可视化的目标，明确可视化的数据类型、可视化的任务及为何要可视化；三是语法，也就是解决如何可视化。可视化设计与开发模型包含两个关键技术，即可视编码和智能人机交互，如图 8-6 所示。

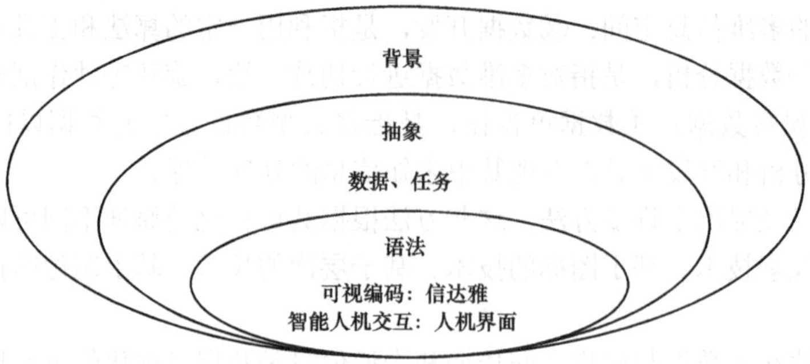

图 8-6 可视化设计与开发模型

8.7 大数据与云计算、物联网的关系

云计算、大数据和物联网代表了 IT 领域最新的技术发展趋势，三者既有区别又有联系。云计算最初主要包含了两类含义：一类是以谷歌的 GFS 和 MapReduce 为代表的大规模分布式并行计算技术；另一类是以亚马孙的虚拟机和对象存储为代表的“按需租用”的商业模式。但是，随着大数据概念的提出，云计算中的分布式计算技术，开始更多地被列入大数据技术，而人们提到云计算时，更多的是指底层基础 IT 资源的整合优化以及服务的方式提供 IT 资源的商业模式。从云计算和大数据概念的诞生到现在，二者之间的关系非常微妙，既密不可分，又千差万别。因此，我们不能把云计算和大数据割裂开来作为截然不同的两类技术来看待。此外，物联网也是和云计算、大数据相伴相生的技术。下面总结一下三者的联系与区别，如图 8-7 所示。

1. 大数据、云计算和物联网的区别

大数据侧重于对海量数据的存储、处理与分析，从海量数据中发现价值，服务以生产和生活；云计算本质上旨在整合和优化各种 IT 资源并通过网络以服务的形式，廉价地提供给用户；物联网的发展目标是实现物物相连，应用创新是物联网发展的核心。

2. 大数据、云计算和物联网的联系

从整体上看，大数据、云计算和物联网这三者是相辅相成的。大数据根植于云计算，大数据分析的很多技术都来自云计算，云计算的分布式数据存储和管理系统提供了海量数据的存储和管理能力，分布式并行处理框架 MapReduce 提供了海量数据分析能力，没有这些云计算技术作为支撑，大多数分析就无从谈起。反之，大数据为云计算提供了“用武之地”没有大数据这个“练兵场”，云计算技术再先进也不能发挥它的应用价值。物联网的传感器源源不断产生的大量数据，构成了大数据的重要数据来源，没有物联网的飞速发展，就不会带来数据产生方式的变革，即由人工产生阶段转向自动产生阶段，大数据时代也不会这么快就到来。同时，物联网需要借助云计算和大数据技术，实现物联网大数据的存储、分析和处理。

可以说，云计算、大数据和物联网三者已经彼此渗透、相互融合，在很多应用场合都可以同时看到三者的身影。在未来，三者会继续相互促进、相互影响，更好地服务于社会生产和生活的各个领域。

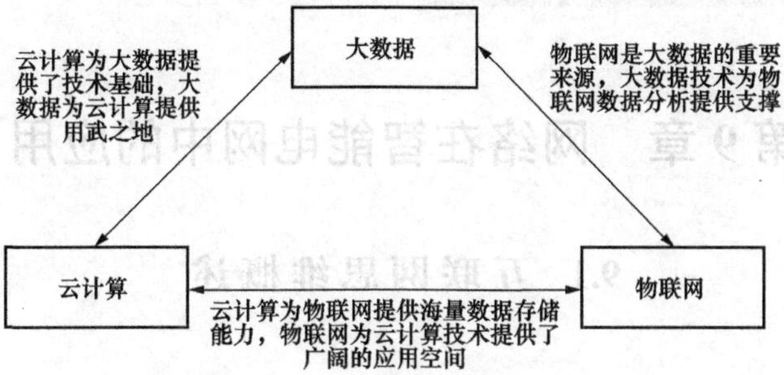

图 8-7　大数据、云计算和物联网三者之间的关系

第 9 章 网络在智能电网中的应用

9.1 互联网思维概述

随着互联网技术作为工具逐步发展，越来越多的商业形态受到互联网的冲击。当这种冲击不断加深、变革不断加剧的时候，互联网就不再仅仅是一种技术，而逐渐演变成为一种思维范式，也就是当前大家热衷探讨的“互联网思维”。

那么什么是互联网思维呢？互联网思维是指在（移动）互联网、大数据、云计算等科技不断发展的背景下，对市场、对用户、对产品、对企业价值链乃至对整个商业生态进行重新审视的思考方式。

传统企业要想转型成功，适应移动互联网时代商业社会的要求，绝非淘宝上开个店或者做个微博营销那么简单，这些都是转变的表面现象而已，转型成功的最核心要义就是传统企业必须具备互联网思维。互联网思维是传统企业转型的制胜之道，抓住这一点才抓住了根本。未来的企业要互联网化，每家企业都要有互联网思维。在未来不用互联网方式来思考问题，就无法在社会上展开竞争。需要说明的是，不是因为有了互联网才有了这些思维，而是因为互联网的出现和发展，使得这些思维得以集中爆发。

以互联网思维建设、改造传统电力系统，需要具备三个层次。第一个层次是多能源互联互通，提高一次和二次能源综合利用效率，这也是新一代能源系统的目标。第二个层次是借鉴互联网及其扩展的网络技术，实现即插即用、能源路由器、大数据、云计算等对能源系统特别是分布式可再生能源、微网、用户在能源生产、消费、市场管理和服务的支持。第三个层次，就是催生能源生产、消费、服务的新业态和商业模式。这一层次电力行业过去很少考虑，而互联网的企业很多都是在商业模式上、在服务模式上下功夫，这一点非常值得能源和电力行业学习。

9.2 能源互联网

预测分析和数据系统将对电力行业产生变革性的影响。大数据技术的整合不仅能使电网运营更加有效率，也从根本上改变了销售电力的人群、定价方式以及监管者、电力公司、电网运营商和终端用户之间的交互方式。

为了充分了解软件和硬件带来的全部影响，我们必须先退后一步，观察一下电力行业与大多数其他行业的差距有多大。电力公司通常不必通过市场份额竞争来增加收入和利润。相反，由于自身特征，它们通过合法的方式生存，享受稳定的价格，并且可以可预测的方式收回在固定资产上的投资。电力公司最关心的是服务质量、稳定性和可靠性，而不是收入。它们是具有受托责任的公共或准公共机构，为服务领域内的每个人提供基本的服务，对社会安全和福祉产生重要的影响。在美国，如果 Facebook 关闭了两个小时，Twitter 就会闹得沸沸扬扬。但如果一个电力公司停电两个小时，高管们必须向消费者群体和管理电力事务的官员解释发生了什么事情。美国能源部估计停电和电力质量问题使美国企业每年花费超过 1000 亿美元。

为了实现这些不同水平的运营要求，电力公司把注意力集中在如何进行控制及消除不同水平的冗余上。美国峰值发电厂耗资数亿美元，制造一种每年只被使用 50 小时的工具，建造它们是因为它们是一种用来抵消需求时间的经过验证的工具。一些人反对利用太阳能和风能等可再生能源，这是因为这些能源的变异性太大。为了控制性和一致性，电力公司通过缓冲、暴力（破解）工程和有意限制可选项来弥补可见性和可预测性的缺乏。

能源互联网的搭建改变了上述措施，它能够为电力公司一次性提供实时反馈和洞察。简言之，通过能源互联网，电力公司终于知道它们的客户在做什么，他们想要什么。如今，在电力公司内部，预测是在系统层面完成的，这是一个基本的操作，但实际上它驱动电力公司所有的运营和规划决策。预测每个电表、变压器、馈线和职责范围的能力，使他们能够提高这些决策的质量，并削减数十亿美元的运营费用。如果一个中型的欧洲电力公司仅在预测能力方面获得 0.1%的提升，那么将有助于减少逾 300 万美元的市场运营成本。

9.3 智 能 电 网

近年来，电力系统正面临着越来越多的挑战，其中包括全球变暖、能源压力和生态文明意识的提升，以及数字化社会对供电可靠性和电能质量的严格要求。为此，需要开展智能电网的研究和实践。从电网的角度看，智能电网的源动力至少包含下属四个方面：实现大系统的安全稳定运行，降低大规模停电的风险和增强灾难性事件后的快速恢复能力；分布式电源的大量接入和充分利用；高级市场化和需求侧管理；数字化社会对电网的供电可靠性和电能质量的高要求。而从广义层面来看，由于技术涉猎广泛，智能电网的一个关键目标是要催生新的技术和商业模式，实现产业革命。

9.3.1 智能电网的特征

智能电网是现代电网的建设目标和发展方向，是保障国家能源安全、实现低碳经济的重要手段。智能电网中先进技术是支撑电网朝着智能化发展的核心要素。与传统电网相比，先进技术赋予智能电网的智能化属性是新一代电网的典型特征，体现了现代电网的核心价值与功能特性。智能化是电网未来发展的侧重点与聚焦点，同时也为新一代智能电网在规划、运行和控制上的经济性、安全性、可靠性、环保性以及适应性等多个方面提出更高的要求与标准。

先进的智能电网技术主要是指电力系统中发电、输电、变电、配电、用电、调度环节所采用的新技术和新设备，具体为一次侧的各电网环节中应用节能减排和使电网安全优化运行的技术，以及支撑电网高效灵活运行的二次侧技术和控制中心技术，包括量测技术、通信技术、信息集成处理技术、电力电子技术、控制决策技术等。技术为智能电网带来的积极效益一般体现为提高电网管理大容量间歇式能源发电能力，降低电网运行的经济成本，强化电网安全可靠运行的能力，实现与用户灵活高效互动，以及节能减排带来的社会效益。评估先进技术对智能电网规划、运行和控制的影响，不仅能够反映电网智能化的水平，还可以衡量智能化带来的社会经济效益。然而，智能电网是一项建设周期长、技术难度高、投资规模大的系统性综合工程，定量地评估先进技术在智能电网建设过程中的实施效果通常较为困难。因此，为了保证智能电网建设能够健康、科学、有序地推进，需要开展智能电网规划和运行中的技术先进性评估研究。

技术先进性，从经济管理学的角度来看，是指工程项目中选择的技术设备可以展现其所能够发挥的先进的成果效益，在技术水平、优化性能、智能化程度、降低成本、节能环保、新技术普及等诸多方面具有技术上的先进特征和优势。对于现代电力系统及能源工业领域，技术先进性是指智能电网技术应用在电网各环节中，并为电网带来积极影响所表现出的特性，通常以技术进步、技术效率、技术效益等技术经济指标作为其衡量标准。

智能电网在未来发展的过程中，必将经历和面临各种新技术对电网带来的效益与冲击，如大规模可再生能源接入电网、分布式电源即插即入、多样化的负荷需求等。智能电网技术为电网智能化发展带来红利的同时，也将更多的不确定因素引入电网的规划、运行与控制领域。从微观角度，分析未来不确定因素下的新技术对智能电网规划与运行的影响，量化评估技术先进性与不确定性之间的相互关系，可以精准把握智能电网在规划与运行上的新技术投入强度和力度。随着智能电网的建设不断深入，新技术将在电力系统各个领域中得到更加广泛的应用与发展，这也将是智能电网发展的必然趋势。

9.3.2 智能电网的技术特点

智能电网最本质的技术特点是：电力和信息的双向流动性，并由此建立起一个高度自动化和广泛分布的能量交换网络；把分布式计算、通信和互联网的优势引入电网，实现信息实时交换和达到设备层次上近乎瞬时的供需平衡。可以从如下四个方面来讨论。

1. 具有灵活的网络拓扑和集成的能量与通信基础设施

由于分布电源广泛接入，电力网（含输电网和配电网）每条支路的电流都可能是双向的和时变的，欲使智能电网的潜在效益最大化，配电网络的拓扑应该是灵活的、可重构的，使用柔性交直流输配电装置和以智能万用变压器为代表的电力电子装置，均有可靠的双向通信，从底层的传感器和智能代理开始能源网和信息通信网高度融合。

2. 广泛的分布式电源

分布式电源包括分布式发电、分布式储能和需求响应。太阳能、风能和需求响应在地理上天然是分布的。这里“需求响应”的定义是：在正常耗电模式下，终端用户用电情况能够随着电价的变化而变化，或当电力零售市场电价过高或系统可靠性受到损害时，能够促使用户减少用电量。

（1）鉴于分布式电源靠近电力负荷，功率与能量可以就地消纳，所以它可以节省电网的投资、降低网损和运营成本。再加之传统电价逐年上升，太阳能光伏成本迅速下降，储能价格也在不断下降，以燃气为主的分布式冷热电联产系统的能源利用率大于 80%，这一切预示着分布式电源的单位电能成本与电网平价的时机已在视野之中。而且分布式电源可以提高对用户供电的可靠性、增强电网的安全性。所以世界上智能电网的研究、开发和实施，主要是关于分布式和智能配用电的。

在我国，未来将有高渗透率的分布式太阳能光伏接入智能电网，因此如何处理数以万计的 DER 并应对其间歇性、多变性和不确定性的特点，同时确保电网的可靠性以及人身和设备安全，并激发市场的问题已经历史性地摆在我们面前。

（2）研究表明，电网中存在大量的可平移负荷，这些负荷可与电网友好合作，从而实现削峰填谷和达到设备层次上近乎瞬时的供需平衡。同传统电网把时时刻刻满足负荷需求作为刚性约束相比，这是革命性的变化。智能电网将通过高级量测基础设施、即插即用和高级电力市场化使其得以实现。同时负荷的控制和管理必须与配电系统的控制和管理综合考虑。

(3)插电式混合动力电动汽车与 V2G 技术具备负荷和电源的双重属性，其充电功率和存储能量均很大，且与分布式光伏、风电等相比，其接入电网的位置和容量具有更大的不确定性。一方面，作为一种新型负荷，电动汽车的大量接入使得配电网的负荷大增且特性更加复杂多变，对未来电网的规划与运行提出了挑战；另一方面，作为一种储能装置，电动汽车又可为电网的削峰填谷、频率调节等提供重要的潜在调控手段。为此，要求智能电网为其提供科学使用的平台。

除了在电动汽车中的应用，分布式储能可应用于配电系统的各个环节，对于提高系统的运行可靠性、改善电能质量、提高可再生能源的接入能力等具有重要意义。因此，智能电网将实现分布式储能与配用电系统间的更多交互与协调控制，以充分发挥其优势。令人可喜的是，近年来分布式储能技术的创新发展十分迅速，有望突破其成本过高的瓶颈。

3. 分布式智能基础设施

(1) 微处理器时代之前创建的集中规划和控制的电力基础设施，在很大程度上限制了电网的灵活性，失去了效率，致使在安全性、可靠性等几个关键方面承担着风险。由于未来电网将接入数量巨大的分布式电源，且 DER 的输出难以预测，传统的集中控制模式将难以适用。所以智能电网特别是智能配电网将是分布式智能基础设施。

如图 9-1 所示，以智能配电网为例，它被分成许多片。正常运行条件下，两片之间的交换功率可以根据制定好的计划进行调度。每片中有许多由片内通信连接起来的智能网络代理 INA，这些代理能够收集和交流系统信息，可以对局部控制做出自主决策，也可以通过片中的配电快速仿真与建模一起协调做出决策；同时各片之间有通信联系，由装有 DFSM 系统的配电运营中心协调各片的决策；进而输、配电运营中心之间也通过通信联络起来；装有输电快速仿真与建模系统的输电运营中心，根据区域电力系统的要求协调决策，实现跨地理边界和组织边界的智能控制，使整个系统增强自愈能力和韧性。

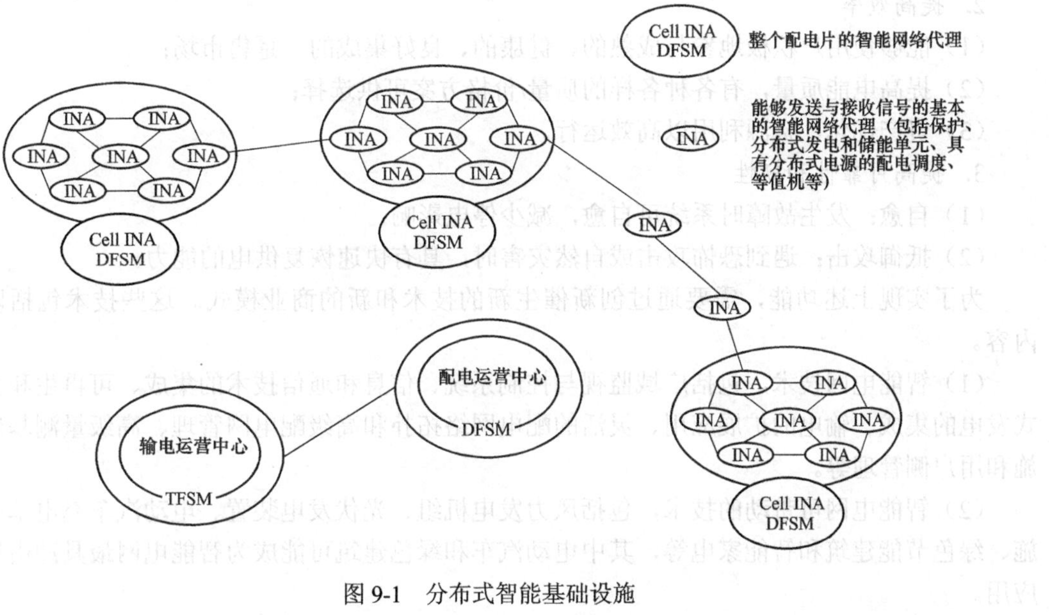

图 9-1　分布式智能基础设施

（2）“韧性”包括承受蓄意的攻击、偶然事故或自然发生的威胁或事件，并从中恢复的能力。这要求我们在关于系统、系统结构和目前研究的许多复杂的交互网络的思维方法方面做出重要的改变。如图10-1所示的分布式智能基础设施使其能够对前述扰动做出自愈的响应，在紧急状态下它能分片实现“自适应孤岛运行”，并在其后能够快速恢复全系统的正常运行，从而把电力系统的停电损失降到最低。

（3）智能电网的结构与控制策略必须能支持现在电网所不能支持的两个基本要求：

1）终端用户控制和总体配电系统综合考虑。终端用户系统除拥有可与电网友好合作的可平移负荷之外，还有分布式电源、电力调节设备、无功补偿设备和能量管理系统。所有这些设备和负荷的控制必须和配电系统控制综合考虑，以达到系统性能的最优和期望的安全性与质量。

2）支持高比重的分布式电源。

4. 信息的实时交换与高度共享

一个称作“智能”的电网，在输电网运行时使用的信息技术会和在配电网中使用的信息技术一样多。实质上，任何智能电网的命脉都是用以驱动应用的数据和信息，而这些应用又反过来使要开发的新的和改进的运营策略成为可能。电力系统任一层，从用户量测到配电、输电、发电和市场运营，所收集到的数据都可能同其他层运行的改善相关。所以以实时的方式共享数据，达到实时并且都能使用或有权了解这些数据，是智能电网的基本要素。

9.3.3 智能电网的基本功能和相关技术

智能电网是一个推动者。一个良好设计的智能电网应该有如下基本功能。

1. 便于更广泛的参与

（1）能够激励电力用户：向用户提供充分的实时电价信息，有许多方案和电价可供用户选择；

（2）能够容易地和透明地接受任何种类的能源；

（3）以大量即插即用的分布式电源补充集中式发电，从而创造新的机遇和市场。

2. 提高效率

（1）能够使用户积极地参与成熟的、健康的、良好集成的、趸售市场；

（2）提高电能质量，有各种各样的质量/价格方案可供选择；

（3）资产优化、资源利用以高效运行。

3. 提高可靠性和韧性

（1）自愈：发生故障时系统可自愈，减少停电影响；

（2）抵御攻击：遇到恐怖攻击或自然灾害时，具有快速恢复供电的能力。

为了实现上述功能，需要通过创新催生新的技术和新的商业模式。这些技术包括以下内容。

（1）智能电网技术，包括广域监视与控制系统、信息和通信技术的集成、可再生和分布式发电的集成、输电的扩展应用、灵活的配电网络拓扑和高级配电网管理、高级量测基础设施和用户侧管理等。

（2）智能电网可带动的技术，包括风力发电机组、光伏发电装置、电动汽车充电基础设施、绿色节能建筑和智能家电等，其中电动汽车和绿色建筑可能成为智能电网最具冲击性的应用。

（3）为智能电网创建平台的技术，包括综合的通信技术、传感和测量技术、储能技术、电力电子技术、诊断技术和应用超导技术等。

为了加速智能电网的实现，在智能电网中将应用工业界最好的技术和理念，如开放式的体系结构、互联网协议、即插即用技术、共同的技术标准、非专用化和互操作性等。事实上，有些技术已经在电网中得到应用，但只有在体现智能电网的双向数字通信和即插即用能力的时候，其潜能才会充分喷发出来。

9.3.4 智能电网需注意的问题

（1）智能电网的效益是广泛而巨大的：根据美国电科院 2011 年的估计，在 2010～2030 年之间，为在美国实现电网的现代化所需成本大约为 3380 亿～4760 亿美元；而在 20 年内的效益估计为 12940 亿～20280 亿美元，大约为成本的 2.8～6 倍。我国实施智能电网发展战略，还能提高国家的能源安全，改善环境，推动可持续发展，同时能够激励市场与创新，从而提高国家的国际经济竞争力。

（2）智能电网面临的挑战和研发机遇是巨大的：智能电网面临的挑战是极其广泛的，涉及许多技术、体制和社会问题；电网变迁的过程必将改变整个行业的业务模型。厘清其发展过程中关键性的障碍，可以帮助明确如何才能使其最大限度地发挥潜能。这些挑战所带来的是前所未有的机遇。

（3）SG 发展的必要条件是要有一个整体的良好环境，包括如下五个方面。

1）法律、政策、标准和发展路线图：智能电网的性质决定其参与者不再局限于电力公司和电力设备厂商，还应包括广大消费者和众多其他产业，不仅涉及广泛的利益相关者，而且其组织、研发和实施均十分复杂，因此，需要由国家尽早制定相应的法律、政策、标准和发展路线图，以鼓励、支持和指导更多的企业和人群参与。

2）开放高级电力市场：为了激励在智能电网方面的投资，亟须建立一个成熟的、健康的和集成的电力市场。其中包括：实施分时或实时电价，使以电能作为商品的市场价值得到合理的体现；制定鼓励分布式电源卖电回电网的政策，如分布式清洁能源的上网电价政策等；保证电力公司智能电网投资成本回收的政策等。

3）智能电网与互联网：事实上，智能电网是一个跨学科的产物，互联网思维与生俱存。早在 20 世纪 20 年代到 50 年代，电力领域的专家基于互联、对等、分布和共享四个基本原则构建了联合电力系统，实行区域电力系统的互联，并在全球输电网广泛实施。而之后发展起来的互联网也是及上述四个原则构建的。智能电网愿景的最终实现需要引入互联网领域最新的技术与理念，为了加速智能电网的创新，能源领域的科学家和工程师需要与通信、信息和互联网领域的同行密切合作，使用共同的语言和规约，这样可以使智能电网发挥最大潜能，从而为人类提供广泛的社会效益和经济效益。

4）智能电网的近期目标和远期目标：智能电网将像互联网那样改变人们的生活和工作方式，并激励类似的变革。由于智能电网需要持续的研发和颠覆性的技术突破，所以其实现过程会是一个较为漫长的过渡和多种技术长期共存的过程，回顾一下互联网的发展历史就会明白。短期内可以着眼于实现一个较为智能的电网，即利用已有的或即将可配置的技术使目前的电网更有效，使其在提供优质电力的同时，还可以创造较大的社会效益。

5）重视效益：智能电网是不断发展的，需要进行持续的研究以预测不断变化的需求，评估不断变化的收益和成本。在实施智能电网时，需要时刻考虑所做的工作是否适用于市场，是否激励用户参与，是否可实现资产优化，是否能够获得高效运行。电力公司和监管机构应该持续地向消费者证明：智能电网的效益最终会超过其成本的投入。

9.4 新一代能源系统

新一代能源系统的核心目标是最大限度地开发利用可再生能源，最大幅度地提高能源综合利用效率。新一代能源系统应以电力为中心，以智能电网为主干，并涵盖智能能源网络，与信息技术、互联网进行进一步广泛融合。以互联网思维改造传统电力系统，是构建新一代能源系统的关键步骤。构建新一代能源系统需要大力推进我国能源和电力体制改革，从而更好地解决我国长期存在各类能源问题。

9.4.1 新一代能源系统的特征

与传统能源系统比较，新一代能源系统有四个主要特征：一是实现可再生能源优先、因地制宜的多元能源结构；二是实现集中与分布并举、相互协同的可靠能源生产和供应模式；三是实现各类能源综合利用，以及供需互动、节约高效的用能方式；四是面向全社会，具有平台性、商业性、服务性。

9.4.2 互联网思维下的电力系统

能源革命的主要目的，是以可再生能源逐步替代化石能源，从而实现可再生能源和核能等清洁能源在一次生产和消费中占更大的份额，从而建立可持续发展的能源系统。在这一条件下，电网将面临新的使命，或者说电网的任务将发生很大的变化。首先，电网将成为大规模新能源电力传输和分配的网络。其次，电网和分布式电源、储能装置、能源综合高效利用系统有机融合，成为灵活、高效的智能能源网络。同时，智能电网还将具有极高的供电可靠性或者功能的可靠性，基本排除大面积停电的风险。特别是随着电网和信息通信系统的广泛融合，进一步建成能源电力和信息综合的全新服务体系，使智能电网承担新的使命，发挥更大的作用。

1. 以电力为中心、以电网为主干

我国国民经济和能源电力发展面临严峻的形势。2014 年，我国碳排放占全球碳排放总量的 29%，位居世界第一，而化石燃料污染造成的雾霾现象也十分严重，大规模、高比例地开发利用可再生能源迫在眉睫。至 2014 年年底，我国风电和太阳能发电并网装机达到 1.2 亿千瓦，约占总发电量的 3.2%。所占比例较小，仍难担当大任。同时，我国总体能源利用效率低下，综合能源效率不足 40%。因此，我们亟须大幅度提高能源综合利用效率，以减少能源消耗总量。此外，电网承受波动性，以及消纳可再生能源电力的能力受限。2014 年全国平均弃风率 8%，三北地区都存在不同程度的弃风现象，对大规模、高比例风电、光电等可再生能源的消纳问题仍然未找到经济有效的解决途径，这就需要寻求新的综合能源解决方案。我国政府庄严承诺，在 2030 年左右二氧化碳排放达到峰值。因此，在我国建立新一代能源系统，是践行能源革命、确保能源安全、应对全球气候变化和实现政府重任的重要举措。

新一代能源系统，是以电力为中心、以电网为主干的各种一次、二次能源的生产、传输、使用、存储和转换装置，以及它们的信息、通信、控制和保护装置直接或间接连接的网络化物理系统。构建新一代能源系统的目标，是最大限度地开发和利用可再生能源，最大幅度地提高能源综合利用效率。而新一代能源系统是新形势下第三代电网向综合能源系统的扩展。

与传统能源系统比较，新一代能源系统具有前述重要特征。然而，建立以电力为中心、电网为主干的新一代能源系统，需要克服我国长期存在的各类能源计划单列、条块分割，以及缺乏有效的能源市场配置等系统性缺陷，这需要借助能源改革，重新配置资源。

2. 构建综合能源解决系统

新一代能源系统还需要包括源端、受端和传输等方面的科学和工程技术进行支撑。源端，特别是我国西部，需要大规模可再生能源的生产、存储、转化、消费整个链条中的系统科学、能源转化储存和综合利用科学及相关工程科学技术。受端，各类分布式能源生产、储存和需求消费中与电网紧密结合，实现高效、互补、综合利用链条中的系统科学和相关工程科学技术。传输，以电网为主干的新型输电、输能方式，以及网络构建的系统科学和新型输电、输能方式的工程科学技术。

以源端能源电力系统为例，在西电东送中，要构建西部直流输电网，实现源端综合能源利用等。有一项正在进行的相关研究课题，以人均用电量的增长作为坐标，来预测其他能源消费在未来的发展情况。根据分析数据和计算结果显示，到 2050 年，我国的人均用电量将会从目前的 4000 千瓦·时逐步达到 1 万千瓦·时，在此情况下，清洁能源消费占比将有望达到 60%至 70%。

根据这一情况，在西部提出西电东送的方案，实现西部的风电、太阳能、水电等可再生能源之间的协调，以及相互之间的补充和配合，同时，也能提高东送输电的利用率和稳定性。而这需要依靠电网来解决西部大规模的风电、太阳能和水电的输送，但目前这一大规模输送还有一定的困难。因此要建立源端的综合能源系统，将风和光转化为氢和天然气，将电网同燃气管网配合起来，实现能量规模转化和存储，更好地利用风能和太阳能等可再生能源。将风能和太阳能转化成其他形式的能源，也是一种很好的储能方式。类似的一些能源转换和储能项目，正在源端实施，如内蒙古正在进行的风电、煤电、电解铝的综合系统，以及青海等地正在做的风电、光电、储能、储热、供电的综合系统，这些都能综合解决能源的利用不充分的问题。

在受端则要构建综合能源系统，对受端不同供能系统进行整体上的协调、配合和优化，是实现社会用能效率最优、促进可再生能源规模化利用、实现能源可持续发展的必由之路。发展区域综合能源供应系统，将受端的供电、供气、供热/冷系统进行统一规划设计、协调优化运行，提高能源综合利用效率，保证供能系统的安全性和自愈能力。

3. 互联网思维下的电力系统

互联网思维体现在社会生产方式上的理解主要有两点：即生产要素配置的去中心化和生产管理模式的扁平化。基于互联网的开放、平等、协作、分享精神，各种系统生产要素配置的主要形式是去中心化，是分布式的；企业管理也会从传统的多层次走向更加扁平、更加网络化。

现在，能源互联网正为业内所热议，但要看到，传统的电力系统，其实已经具有网络化的基本特征——分散的电源结构，通过大规模互联的电力网络，连接千家万户，这本身就具有网络化的特点。电力系统终端用户并不需要了解使用的电是从哪家电厂生产的，而是直接从电网取电，并且很早就实现了即插即用。而这是计算机信息系统多年奋斗才得以实现的目标。曾经有互联网人士提到计算机网络的形成最早来自电力网络。计算机一开始并没有形成目前这样的互联网，互联网刚刚开始时，把大的计算机资源连接起来，实现大规模科学计算用的网络计算，之后就有了互联网、云计算。

然而，电力网络有自身的短板。传统的电力系统并不支持多种一次、二次能源之间的相互转化和互补。电力系统集中统一管理的管理、调度、控制系统，并不能适应大规模分布式发电以及用电，同时，传统的电力系统功能也无法支持分散化用户充分参与到能源电力系统中，能源互联网涉及的很多事项，目前的电力网络还无法适应。

参 考 文 献

[1] Andrew S．Tanenbaum．计算机网络．潘爱民．译．4版．[M]．北京：清华大学出版社，2004．

[2] James F．Kurose，Keith W．Ross．计算机网络——自顶向下方法与Internet特色．陈鸣．译．[M]．北京：机械工业出版社，2008．

[3] 谢希仁．计算机网络．5版．[M]．北京：电子工业出版社，2008．

[4] 王卫红，李晓明．计算机网络与互联网．[M]．北京：机械工业出版社，2009．

[5] 蔡开裕，朱培栋，徐明．计算机网络．2版．[M]．北京：机械工业出版社，2008．

[6] 黄传河．计算机网络．[M]．北京：机械工业出版社，2010．

[7] 吴功宜，吴英．计算机网络技术教程——自顶向下分析与设计方法．[M]．北京：机械工业出版社，2010．

[8] 胡亮，徐高潮，魏晓辉．计算机网络．2版．[M]．北京：高等教育出版社，2008．

[9] William Stallings．齐望东，薛卫娟等．译．高速网络与互联网－性能与服务质量．[M]．齐望东，薛卫娟等．北京：电子工业出版社，2003．

[10] 徐恪，吴建平，徐明伟．高等计算机网络——体系结构、协议机制、算法设计与路由器技术．[M]．北京：机械工业出版社，2003．

[11] 史忠植．高级计算机网络．[M]．北京：电子工业出版社，2002．

[12] 胡道元．计算机网络（高级）．[M]．北京：清华大学出版社，1999．

[13] 徐昌彪，鲜永菊．计算机网络中的拥塞控制与流量控制．[M]．北京：人民邮电出版社，2007．

[14] Bruce Davie Yakov Rekhter．多协议标签交换技术与应用．罗志祥，朱志实等．译．[M]．北京：机械工业出版社，2001．

[15] 吴伟．下一代的IP网络技术保障——多协议标签交换．[M]．北京：清华大学出版社，2002．

[16] 李晓东．MPLS技术与实现．[M]．北京：电子工业出版社，2002．

[17] 王群．计算机网络管理技术．[M]．北京：清华大学出版社，2008．

[18] 郭军．网络管理．3版．[M]．北京：北京邮电大学出版社，2008．

[19] 原荣．宽带光接入网．[M]．北京：电子工业出版社，2003．

[20] 张云青，胡家彦，孙莉．下一代计算机网络技术．[M]．北京：国防工业出版社，2006．

[21] 王相林．IPv6技术．[M]．北京：机械工业出版社，2008．

[22] 韩立刚．奠基计算机网络．[M]．北京：清华大学出版社，2011．

[23] 牛少彰．信息安全概论．[M]．北京：北京邮电大学出版社，2004．

[24] 徐国爱，张淼，彭俊好．网络安全．[M]．北京：北京邮电大学出版社，2007．

[25] 唐雄燕，左鹏．智能光网络．[M]．北京：电子工业出版社，2005．

[26] 张宝富，等．宽带光网络技术与应用．[M]．北京：电子工业出版社，2002．

[27] 孙强，周虚．光接入网技术及其应用．[M]．北京：清华大学出版社，2005．

[28] 蒋亮，郭健．下一代网络移动IPv6技术．[M]．北京：机械工业出版社，2005．

[29] 张云青，胡家彦，孙莉．下一代计算机网络技术 [M]．北京：国防工业出版社，2006．

[30] 乔正洪，葛武滇．计算机网络技术与应用．[M]．北京：清华大学出版社，2008．

[31] 格伦·克雷默．基于以太网的无源光网络．陈雪．译．[M]．北京：北京邮电大学出版社，2007．

[32] 朱刚，谈振辉，周贤伟. 蓝牙技术原理与协议. 北京：北京交通大学出版社，2002.
[33] 孙利民，李建中. 无线传感器网络. 北京：清华大学出版社，2005.
[34] 沈庆国. 现代通信网络. 北京：人民邮电出版社，2004.
[35] 王利群，魏迎春，徐淳宁. LMDS宽带无线接入技术及其应用. [J]. 电信工程技术与标准化，2007, 20（12）：14-18.
[36] 方旭明，何蓉. 短距离无线与移动通信网络. [M]. 北京：人民邮电出版社，2004.
[37] 吴功宜，吴英. 计算机网络高级教程. 2版. [M]. 北京：清华大学出版社，2015.
[38] 李向丽. 高级计算机网络. [M]. 北京：清华大学出版社，2010.
[39] 王平，王恒. 无线传感器网络技术及应用. [M]. 北京：人民邮电出版社，2016.
[40] 徐毅，陈立家等. 无线传感器网络技术原理及应用. [M]. 北京：清华大学出版社，2015.
[41] 樊重俊，刘臣，霍良安. 大数据分析与应用. [M]. 上海：立信会计出版社. 2016.
[42] 娄岩. 大数据技术概论——从虚幻走向真实的数据世界. [M]. 北京：清华大学出版社. 2017.
[43] 刘鹏，张燕. 大数据可视化. [M]. 北京：电子工业出版社. 2018.
[44] 李联宁. 大数据技术及应用教程. [M]. 北京：清华大学出版社. 2016.
[45] 林子雨. 大数据技术原理与应用——概念、存储、处理、分析与应用. [M]. 北京：人民邮电出版社. 2015.
[46] 余贻鑫. 智能电网的挑战与研发机遇，国际工程科技发展战略高端论坛. [M]. 北京：高等教育出版社. 2017.